뉴런의 정원

뉴런의

윌리엄 A. 해리스 지음 · 김한영 옮김

하나의 세포에서
나의 세계가 되기까지,

인간의 뇌는
어떻게 형성되는가

정원

위즈덤하우스

인간 뇌의 기원을 탐구하고 그렇게 해서

이 이야기에 벽돌을 얹어준 모든 과학자에게 이 책을 바친다.

차례

　어머니가 갓난아기의 작은 손가락을 만지작거린다. 아기의 빛나는 눈을 들여다보면서 말한다. "아, 우리 아기, 정말 예쁘구나!" 아기는 어머니의 몸에서 태어났지만 완전히 독자적이다. 꼬물거리는 손가락과 빛나는 눈을 가졌을 뿐 아니라 독립된 생각도 지녔다. 아기의 뇌는 두개골로 감싸져 있어 그것까지 보면서 감탄할 수는 없지만, 뇌야말로 진정한 기적이자 경이다. 뇌는 '뉴런(신경세포)'이라 불리는 전기적으로 활성화된 수십억 개의 질척질척한 세포 집단으로 이루어져 있으며, 모든 세포가 수조 개의 접합부로 연결된 상태에서 웅웅거리며 쉴 새 없이 돌아가는 슈퍼컴퓨터이기 때문이다. 세상에 나올 때부터 아기의 뇌는 세계와 관련된 정보를 모으고 저장한 다음 결정을 내릴 때마다, 심지어 온종일 부모의 보살핌이 필요한 시기에도 그렇게 모으고 저장한 정보로 계산을 수행한다. 아기의 뇌에는 본능과 경험을 종합적으로 다루는 능력, 호기심을 느끼고 불가사의한 것을 조사하는 능력, 실험하고 발명하는 능력, 새로운 감촉과 새로운 감정을 느끼는 능력 등이 있다. 게다가 이제 막 돋아나는 **자아감**에 없어서는 안 될 매우 중요한 능력이 아기의 뇌에 존재한다. 1862년에 에밀리 디킨슨(Emily Dickinson)은 뇌에 관한 시에서 이 능력을 대단히 간명하게 표현했다.

뇌는 하늘보다 넓어라

둘을 나란히 포개면

하늘이 쉬 들어오고

게다가 당신마저 안긴다[1]

뇌와 뇌의 작동 방식은 지난 수백 년간 매혹과 의문을 지피는 불씨였다. 오늘날 뇌에 관한 진실이 속속 밝혀지는 중이지만, 이 신체 기관은 여전히 많은 비밀을 감추고 있다.

뇌의 가장 큰 비밀 중 하나는 뇌가 애초에 어떻게 형성되는가, 즉 수정이 이뤄지는 순간부터 출생의 순간까지 자궁에서 뇌가 어떻게 만들어지고 발달하는가와 관련이 있다. 1970년대에 내가 젊은 과학자로서 이 분야에 처음 들어왔을 때는 이 주제에 관해서 알려진 것이 거의 없었다. 무엇보다도 뇌 발달이라는 역동적인 과정을 관찰하기가 쉽지 않아서였다. 하지만 이후 뇌 발달을 연구하는 발달신경생물학 분야가 눈에 띄게 발전했다. 이 분야에 뛰어든 전 세계 과학자들은 갈수록 더 정교한 방법을 사용해서 뇌의 발생과 형성에 관한 단서들을 조사하고 발달생물학, 진화생물학, 유전학, 신경과학의 경계를 지워나갔다. 그 결과 지난 몇십 년 사이에 뇌의 발달과 진화를 엿볼 수 있는 새롭고 흥미진진한 과학적 사실이 많이 발견되었다. 이 책에서 우리는 그 발견을 들여다보면서 아기의 뇌가 어떻게 만들어지는지 더 명확히 이해할 것이다. 흥미롭고 혁신적인 실험을 통해 뇌 발달에 관여하는 기제들이 어떻게 밝혀졌는지를 묘사할 때 나는 어떤 질문이 그러한 실험을 촉발했는지도 기술할 것이다. 또한 그 실험들이 어떻게 끝났는지까지 살펴볼 것이다. 어떤 결과와 해석이 나왔고, 언제 의외의 결과가 나왔으며, 언제 해석이 틀렸는가? 각각의 실험들 그리고 그로부터 얻은 지식은 뇌와 뇌 발달에 관한 우리의 시각을 어떻게 변화시켰는가? 이 책은 인간 뇌가 어떻게 만들어지는지를 현재와 같이 이해할 수 있게 해준 과학 발전의 연대기에 해당한다.

이 모든 이야기가 하나의 수정란에서 시작한다는 말은 본 줄거리의 서막에 불과하다. 그 수정란에서 배아가 발생하고, 이 배아에서 한 무리의 세포가 뇌를 만드는 임무를 배정받거나 스스로 헌신하게 된다. 다음으로 이 세포들이 뉴런을 만들어내면 이 뉴런들이 서로 연결되면서 뇌가 성장하고, 결국 우리가 예상하는 대로 완전한 인간 뇌가 형성된다. 이 이야기는 대부분 세포 차원에서 일어나는데, 그런 이유로 뇌를 만드는 과정에 관여하는 기본 원리와 단계 들은 바로 이 차원에서 더 쉽게 이해된다. 어떤 관점에서 내 이야기는 성년을 향해 가는 뉴런의 전기처럼 읽힐 수도 있다. 그 과정에 중요한 질문들이 수면으로 떠오른다. 배아세포 집단은 어떤 사건들을 거쳐서 뇌세포가 될까? 뇌에는 얼마나 많은 종류의 세포가 있을까? 뉴런의 계통과 그 환경은 뉴런의 구체적인 운명, 즉 해당 뉴런의 유형 및 개별성에 어떤 영향을 미칠까? 뉴런은 어떻게 전기적으로 활성화된 연장부, 즉 '축삭'과 '수상돌기'라 불리는 실 같은 부위를 종류별로 성장시켜서 뇌의 연결을 정확히 만들어낼까? 왜 수많은 뉴런이 생애 초기에 자연적으로 사망할까? 하나의 뉴런이 뇌의 영구적인 부분이 되기까지는 어떤 일들을 겪어야 할까? 그 뉴런은 시간이 지남에 따라 어떻게 변할까? 뉴런의 생물학은 놀라울 정도로 미세한 세포와 분자 차원에서 펼쳐지지만, 거기에는 드라마틱한 일이 가득하다. 이 책은 그 무대를 조망하는 창이 될 것이다.

뇌 발달 스토리는 훨씬 더 이전으로 거슬러 올라가는 비슷한 이야기와 뒤얽혀 있다. 인간 뇌가 어떻게 진화했는지에 관한 더 일반적인 이야기, 다시 말해서 인간 뇌가 어떻게 인간 뇌가 되었는가에 관한 이야기다. 그 이야기도 단세포에서 시작하지만, 이 세포들은 지구의 원시 생명체 안에서 수십억 년을 존재했다. 그 진화 이야기가 끝나는 지점은 발달 이야기가 끝나는 곳, 즉 완전히 형성된 인간 뇌에서 끝이 난다. 그래서 두 이야기는 각기 다른 줄거리가 아니다. 예를 들어, 진화 및 발달 분야에서 과학자들은 다음과 같은 사실을 발견했다. 우리 뇌의 여러 배아 발달 단계에 영향을 주는 많은 유전자 및 분자 경로가 인간종 진화의 단계들을 이끌었던 유전자 및 분자 경로와 일치한다는 것이다.[2] 그래서 비록 이 책은 주로 뇌 발달 이야기에 초점을 맞추고 있지만, 또한 진화적 관점을 도입해서 더 큰 맥락과 더 깊은 통찰을 제시하고자 한다. 발달의 기원과 함께 진화적 기원의 렌즈로 인간 뇌를 들여다볼 때 우리는 인간으로서 주어진 선천적인 특징들을 더욱 풍부하게 볼 수 있다.

우리가 진화를 통해 물려받은 인간 유전체(우리의 인간 '본성')에는 인간 뇌의 기본적인 설계도가 담겨 있으며, 우리와 환경의 상호작용('양육')이 그 건설 과정에 영향을 주고 방향을 결정한다. 또한 역으로 환경의 작용 역시 개체 간의 유전적 차이로부터 종종 영향을 받는다. 이렇듯 본성은 양육에 영향을 미치고, 양육은 본성에 영향을 미친다. 본성 대 양육의 구도를 지나치게 중시하는 사람들은 또 다른 주요 변수인 우연을 종종 무시한다. 뇌 발달에는 무작위 사건이 다방면으로 영향을 미친다. 이 책에 제시된 사례들은 유전자, 환경, 행운의 여신이 모두 뇌를 만드는 데 한몫을 한다는 점을 분명히 한다.

지금까지 발달신경생물학자들은 뇌 형성에 참여하는 다수의 유전자와 분자 경로에 관해서 더 많은 사실을 알아냈으며, 그에 비례하여 우리는 신경학적, 심리적, 정신적 증상(어떤 증상은 유아기와 유년기 이후에 출현한다)과 유전자들의 새로운 연관성을 발견했다. 뇌 형성에는 수천의 유전자와 수천의 단계가 관여하기 때문에 많은 일이 잘못될 수가 있다. 이 다양한 증상의 치료법을 개발하고자 할 때, 어느 유전자 및 분자 경로가 뇌 형성에 관여하고 궁극적으로 문제의 증상을 치료하는 데 필요한지를 아는 것은 극도로 가치 있는 일이다. 또 다른 의학적 도전으로서, 부상자나 환자의 뇌를 어떻게 회복시켜야 할지를 알아내는 것 역시 중요하다. 태아기에는 수십억 개의 뉴런이 만들어지지만, 성인의 뇌에서는 새로운 뉴런을 만들어 상해나 질병으로 소실된 뉴런을 대체하는 그 어린 시절의 능력이 사라진다. 또한 발달기에는 뇌의 뉴런이 정확히 배선되지만, 성인의 뇌에서 절단된 축삭은 다시 자라거나 알맞게 배선되지 않는다. 성숙하는 뇌는 나이가 들수록 새로운 뉴런이나 연결부를 재생하는 능력을 잃어버리기 때문에 '망가진' 인간 뇌를 수리하는 일은 의학의 막중한 도전이 된다. 이 도전이 아주 어려운 것은, 뇌 형성이 대단히 복잡하고 민감한 과정이기 때문이고(뒤에서 살펴볼 것이다), 그와 동시에 수많은 중요한 과정이 태어나기 전에 이루어지기 때문이다. 자궁은 그 비밀들을 철통 방어하기 때문에 특히 실험 과학의 영역에서는 한 걸음 전진할 때마다 극도로 신중해야 한다. 하지만 과학자들은 놀라운 진보를 이뤄왔고 지금도 이루고 있다. 예를 들어, 신경발달에 대한 연구 성과 덕분에 오늘날 과학자들은 배양 중인 줄기세포를 유도해서 특수한 뉴런형으로 키우거나, 오가노이드(organoid, 줄기세포를 시험관에서 키워 사람의 장기 구조와 같은 조직을 구현한 것-옮긴이), 즉 인간 뇌의 초소형 축소판을 성장시킨다. 이렇게 얻은 오가노이드는 뇌질환을 연구하는 데 쓰이거나 고통을 줄여주는 복구법, 치료법을 찾는 데 활용할 수 있다.

한 가지 의문이 고개를 든다. 인간 뇌가 어떻게 만들어지는지 더 많이 안다면 작동 방식을 더 잘 이해할 수 있을까? 결국, 우리는 어떤 것을 만들 줄 알아도 그 어떤 것이 무슨 일을 하는지는 모를 수 있으니 말이다. 하지만 이 경우에 우리는 이미 뇌가 어떻게 작동하는지에 대해서 엄청나게 빠른 속도로 증가하는 과학 지식으로 무장했고, 그래서 이미 뇌 작동 방식을 잘 이해하고 있다. 이러한 맥락에서 뇌가 만들어지는 과정을 처음부터 다시 들여다본다면, 뇌가 어떻게 그런 일들을 하게 되는지, 구체적으로 말하자면 정보가 뇌 곳곳에 **어떻게** 효율적으로 흐르는지를 아는 데 도움이 될 것이다.

이 책의 마지막 장에서는 우리와 가장 가까운 영장류 친척들과 인류의 조상으로부터 인간 뇌가 어떻게 진화했는지에 초점을 맞출 것이다. 인간 뇌와 우리의 멸종한 조상 및 살아 있는 친척의 뇌는 근본적으로 어떻게 다르고, 그 차이는 어떻게 발생했을까? 다른 종들의 뇌에서는 볼 수 없는 현생 인류의 특유한 뇌 형성에는 어떤 특수한 기제가 필요할까? 태어날 때 주어진 인간 뇌는 경험(특히 유년기 경험)의 결과로 어떻게 변하며 개인이 정보, 기술, 기억을 저장할 때는 어떤 변화가 일어날까? 인간 뇌를 만드는 발달 기제는 어떤 두 사람의 뇌도 똑같지 않게 한다. 과연 무엇이 모든 인간을 각각 다르게 만들까?

따라서 내가 다음 장에서 시작할 이야기는 풍부하고 복잡한 내용이 될 것이다. 실험신경과학 분야에 직접 참여하고 목격한 사람의 관점에서 나는 최초의 배아 발생부터 출생과 생애 초기에 이르기까지 발달기의 뇌 구조와 기제들이 과학을 통해 어떻게 밝혀졌는지를 묘사할 것이다. 그리고 인간 뇌가 실제로 성장하고 발달하는 궤적을 따라 연대순으로, 한 걸음 한 걸음 나아갈 예정이다. 전체적으로 다양한 모델 생물, 즉 선충, 파리, 개구리, 물고기, 새, 생쥐, 그리고 간혹 비인간 영장류에 관한 연구 결과가 이야기에 들어와서 발달과 진화 과정을 나란히 볼 수 있을 것이다. 이 책의 마무리에서는 무엇이 인간 뇌를 독특하게 만드는지, 그리고 우리가 초기 신경발달에 관한 연구를 통해서 어떻게 생애 후기에야 드러나는 많은 신경 및 인지 특성의 유전적, 배아적 기원을 더 잘 이해하게 되었는지를 이야기하려 한다. 임신에서 출생까지 인간 뇌가 어떻게 발달하는지에 관한 스토리는 다른 어떤 이야기로도 수렴하지 않는다. 그것은 우리가 영원히 추적해야 할 이야기다.

1.

이 시기에 어떤 배아세포들은 신경계의 토대인 신경줄기세포가 되고,

그 과정에서 우리는 뇌의 진화를 엿보게 된다.

전능성 줄기세포

19세기 말은 발생학이 엄청나게 진보한 시기였다. 단일 세포인 난자에서 어떻게 모든 부위를 가진 유기체가 발생하는가? 이와 관련하여 수백 년 동안 논란을 일으켰던 문제들이 마침내 논쟁이 아닌 실험을 통해 답을 찾아가기 시작했다. 그중 가장 근본적인 문제 하나를 살펴보자. 하나의 수정란이 분할해서 2개의 세포가 될 때, 그 2개의 세포에는 각기 완전한 존재가 될 능력이 있을까, 아니면 잠재력이 어떤 방식으로든 나뉘게 될까? 이는 논쟁으로는 도저히 답을 구할 수 없는 문제였다. 실제 배아로 실험을 해야만 답을 구할 수 있었다.

1888년 브로츠와프 소재 발생학연구소(Institute for Embryology)에서 일하던 빌헬름 루(Wilhelm Roux)는 이 질문에 답하려고 2세포기에 있는 개구리 배아를 사용했다. 루는 두 세포 중 하나에 뜨거운 바늘을 꽂고, 그 뒤 나머지 살아 있는 세포에서 배아가 발생하는지 지켜보았다. 실험 배아는 대부분 동물의 절반처럼 보였다. 예를 들어, 온전한 배아라기보다는 배아의 오른쪽 절반이나 왼쪽 절반에 가까웠던 것이다. 이 결과를 바탕으로 루는 최초의 세포분열이 일어날 때 완전한 동물을 만드는 능력도 둘로 분할한다고 주장했다.[1] 루는 종을 막론하고 배아로 최초의 과학 실험을 했기 때문에 실험발생학 분야의 아버지라는 명성을 얻기에 충분했다. 그 후로 실험발생학은 발달생물학의 초석이 되었다.

루의 결과는 의심할 여지 없이 분명했지만, 결과에 대한 그의 해석은 즉각적인 관심을 불러일으켰다. 죽은 세포가 살아 있는 옆 세포의 발달에 영향을 줬다고 볼 수도 있었기 때문이다. 그래서 몇 년 후 나폴리 소재 해양생물학 기지에서 일하는 또 다른 발생학자, 한스 드리슈(Hans Driesch)가 개구리 배아가 아닌 성게 배아를 가지고 대단히 비슷한 실험을 했다. 성게 배아의 놀라운 점은 2세포기일 때 부드럽게 흔들어주기만 하면 두 세포가 분리된다는 것이다. 그렇다면 원칙상 인접한 죽은 세포가 아무 영향도 미치지 않는다. 드리슈의 실험 결과는 루의 결과와 정반대였다. 각각의 세포에서 절반의 동물이 아닌 완전한 성게가 만들어진 것이다.[2]

물론 드리슈의 결과가 알려지자 루의 실험에서 죽은 세포의 존재가 결과에 영향을 미쳤을지 모른다는 의심이 더욱 증폭되었다. 하지만 그 차이는 성게와 개구리의 발달이 근본적으로 다르다는 것을 가리킬 수도 있었다. 따라서 개구리 배아에서 처음 분열된 두 세포를 살아 있는 채로 완전히 분리한다면 어떻게 될지에 큰 관심이 쏠렸다. 하지만 이 실험은 극도로 어려웠다(지금도 어렵다). 양서류 배아의 경우 이 단계에서는 아직도 두 세포를 완전히 분리할 수 없다. 그럼에도 1903년에 뷔르츠부르크 대학교의 한스 슈페만(Hans Spemann)이 신생아의 미세한 머리카락으로 작은 올가미를 만들어서 분리에 성공했다. 슈페만은 두 세포 사이에 올가미를 건 뒤 아주 천천히, 조금씩, 극도로 침착하고 끈기 있게 손을 움직여 올가미를 조였다. 올가미가 완전히 조여지자 두 세포는 산 채로 완전히 분리되었다. 여러 번에 걸쳐서 이렇게 분리된 세포들은 완전한 배아를 형성했다.[3] 잠재력이 분리된다는 루의 해석은 실제로 옳지 않았고 죽은 세포의 영향을 잘못 이해한 결과로 보이지만, 그 후로 루의 결과에 대한 생물학적 설명은 자세히 조사되지 않았다.

포유동물은 어떨까? 1959년 바르샤바 대학교의 안제이 타라콥스키(Andrzej Tarakowski)는 2세포기나 4세포기의 생쥐 배아에서 세포를 개별 분리한 뒤 각각의 세포를 대리모 생쥐들의 자궁에 주입했다. 이렇게 분리된 세포들은 대개 건강한 새끼 생쥐로 성장했다.[4] 다른 많은 포유동물에 대해서도 비슷한 실험을 행했다. 인간의 경우 일란성쌍둥이는 단일한 배아가 자연발생적으로 분리되어 생긴다. 이 분리가 언제 또는 어떻게 발생하는지는 정확히 알려지지 않았으나 적어도 그렇게 분리되는 시점까지 배아세포들은 저마다 완전한 인간이 될 능력을 간직하고 있었다. 부부에게 유전적 기형이 심한 아기를 낳을 가능성이 있다면, 먼저 시험관 배아를 얻은 뒤 초기 배아의 유전자를 검사한다. 검사자는 4세포기나 8세포기에 있는 인간 배아에서 세포 하나를 떼어내 시험한다. 그런 뒤 명백한 유전적 결함이 발견되지 않으면 나머지 3세포나 7세포 배아를 자궁에 이식한다. 세포 하나를 제거해도 나머지 세포들은 완전한 인간을 만들 수 있기 때문이다. 이 모든 과정은 대체로 행복하게 마무리된다. 이 단계의 배아세포는 모든 것을 다 할 수 있다는 뜻으로 '전능성(totipotent)'이라 불린다.

뇌의 발생

우리 유전자에는 인간 뇌가 진화해온 영겁의 역사가 기록돼 있다. 모든 아기는 거기 적힌 정보를 이용해서 완전히 새로운 뇌를 재구성한다. 우리는 모두 아주 작은 수정란, 소금 알갱이보다 더 작은 단세포에서 생을 시작한다. 40억 년 전 세포가 출현한 이후 진화를 거듭한 모든 조상의 세포와 마찬가지로 그 세포도 막으로 둘러싸여 있고 핵을 품었다. 난세포의 핵 안에는 완전한 인간을 만드는 지침이 담겨 있다. 정자세포는 일련의 보완적인 지침을 갖고 있어서 난자를 찾아 몸속으로 진입한다. 양쪽 부모의 유전체 사본을 모두 갖춘 수정란은 분열을 시작한다. 먼저 2개의 세포가 된다. 2개의 세포는 4개가 되고 8개가 되는 식으로 2배씩 늘어난다. 배아는 곧 수천 개의 세포가 된다. 이 모든 세포에 핵이 있으며, 모든 핵 하나하나가 그 모든 지침을 사용할 수 있다.

뇌를 만드는 데 필요한 지침의 일부는 원생누대(Proterozoic eon,

25억 년 전에서 5억 4200만 년 전까지-옮긴이)의 단세포생물에서 넘어온 것이다.[5] 이 원생동물은 주변 환경을 감지하고 그에 따라 행동했다. 원생동물에 독립된 뇌는 없었지만, 뇌를 만들 소질은 있었다. 현대의 많은 원생동물은 흥분성과 운동성이 있어서 먹이와 짝을 찾아다니고, 새로운 환경에 적응하고, 사건에 대한 기억을 저장하고, 결정을 내린다. 예를 들어 짚신벌레 같은 현대의 단세포생물은 다세포동물보다 적어도 10억 년을 앞서 출현한 머나먼 누대의 유물이다. 유리벽 안에서 헤엄치는 짚신벌레는 변화에 반응하고 새로운 방향으로 나아간다. 짚신벌레의 추진력은 온몸에 난 작은 섬모 수천 개의 조화로운 박동에서 나온다. 살짝 건드려서 기계적인 자극을 가하면 짚신벌레의 세포막에 있는 칼슘 통로가 열린다. 열린 통로를 통해서 칼슘 이온과 함께 전류가 흐르고, 그로 인해 막 안팎의 전압에 변화가 발생한다. 근처에 있는 다른 통로들 역시 이 전압 변화에 민감해서 그에 대한 반응으로 일제히 열린다. 전압에 민감한 이 통로들이 열리면 막 사이로 더 많은 칼슘이 흐르고, 막 전압이 더욱 변하면서 더 많은 통로가 열린다. 이 폭발적인 전기적 피드백은 뇌 속에서 뉴런이 사용하는 신경 임펄스(신경충격)의 핵심이다. 다만, 뉴런은 임펄스를 만들어낼 때 칼슘 이온이 아니라 주로 나트륨 이온을 사용한다. 이 전기 임펄스는 짚신벌레에 어떤 작용을 할까? 칼슘 이온이 막 전체를 통해 일제히 들어오고 섬모의 박동이 동시에 멈추는 순간 짚신벌레는 벽에서 굴러떨어진다. 그리고 세포가 원 상태로 돌아오면 새로운 방향으로 나아간다. 기계적 변형에 의해 활성화되는 짚신벌레의 통로와 전압에 의

해 활성화되는 통로는 모든 동물의 뉴런에서 발견되는 통로와 진화적으로 관련이 있다. 뇌에 고유한 많은 특징이 우리 단세포 조상의 DNA에 이미 암호화되어 있는 것으로 보인다. 단세포 조상들이 뉴런과 비슷한 특징들을 갖게 된 경위는 훨씬 더 이전, 즉 지구에서 생명이 처음 진화한 시기로 거슬러 올라간다.

짚신벌레 같은 원생동물은 세포의 각기 다른 구획에 여러 가지 기능이 분화되어 있다. 예를 들어 소화계, 호흡계, 운동을 위한 섬모, 생명이 출현한 이래 축적된 주요 정보가 저장된 핵, 행동을 빨리 전환할 수 있는 흥분성 표피막 등이다. 짚신벌레는 단 하나의 세포에서 이 모든 일과 그 이상의 일을 해야 한다. 다세포동물의 출현으로 세포는 이 모든 노동을 나누고 분화할 수 있었다. 뇌는 시냅스를 이용해 서로 소통하는 뉴런 집합체다. 실제 뉴런과 시냅스로 이루어진 신경계는 다세포 생명이 출범하기 전에는 출현하지 않았고, 출현할 수도 없었다. 해파리는 약 6억 년 전에 출현한 자포동물이라는 문(phylum)에 속한 동물이다. 자포동물은 상호 연결된 뉴런의 망으로, 그 뉴런은 우리를 비롯한 좌우대칭동물의 특징을 많이 가지고 있다. 다세포동물의 수형도를 보면 좌우대칭동물도 매우 이른 분기점에서 출현했다. 자포동물과 좌우대칭동물은 각자 독립적으로 뉴런과 시냅스를 진화시켰을 수도 있지만, 그 특징들이 오래전에 두 집단의 공통조상에서 진화했을 가능성도 배제할 수 없다. 최초의 척추동물은 4억 5000만여 년 전에 출현했다. 칠성장어는 뉴런이 우리와 비슷할 뿐 아니라 신경계의 배치도 비슷해서, 칠성장어의 뇌는 인간에 이르러 대단히 크게 확장된 뇌

부위인 대뇌피질의 해부학적, 기능적 단초를 보여준다.[6]

신경줄기세포를 찾아서

동물의 몸에서 뉴런은 언제, 어디서, 어떻게 처음 출현했을까? 35억 년 전쯤에 단세포생물들이 이따금 몸을 합쳐 단순한 다세포 생명체를 이루었고 그런 뒤에는 일을 분담할 수 있었다. 인간이라 불리는 다세포생명체에서도 세포들이 각기 특수한 일을 분담하기 시작한다. 어떤 세포는 근육과 뼈가 되고, 어떤 세포는 피부가 되고, 또 어떤 세포는 소화계가 된다. 뇌와 그 밖의 신경계가 될 세포는 신경줄기세포다.

이른 봄날, 숲속 연못에 가서 싱싱한 개구리알을 채집하면, 가장 먼저 눈에 들어오는 것은 알의 절반은 밝고 절반은 어둡다는 점이다(그림 1-1). 어두운 절반은 '동물' 쪽, 밝은 절반은 '식물' 쪽이라고 알려져 있다. 동물 쪽 극에서 식물 쪽 극으로 가상의 선을 그으면 배아의 동물-식물 축이 나온다. 정자가 개구리 난자를 수정시키면, 난자에서는 정자가 진입한 지점을 향해 어두운 색소 과립들이 이동한다. 이렇게 이동하면 난자의 반대쪽이 밝아지고, 초승달 같은 모양의 이른바 '회색신월환(gray crescent)'이 생겨난다. 회색신월환은 개구리 배아에서 미래에 태어날 올챙이의 등쪽이 될 부분이다. 이제 등쪽에서 배쪽으로 가상의 선을 하나 더 그어보자. 이 어두운 부분, 밝은 부분, 회색 부분은 개구리 배아가 포배기라

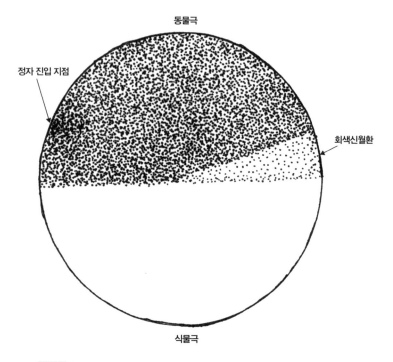

동물극

정자 진입 지점

회색신월환

식물극

그림 1-1 수정된 직후의 개구리 알. 색소 과립이 모여 있는 곳에서 정자 진입의 흔적을 볼 수 있다 (그림의 좌상단). 맨 위에 동물극이 있고, 맨 아래에 식물극이 있다. 동물 반구에서 회색의 초승달 형태는 정자 진입점 반대편에 형성된다. 회색신월환은 발달 중인 개구리 배아의 등 쪽을 나타낸다.

는 발달 단계에 도달할 때까지 유지된다. 포배는 기본적으로 가운 데에 액체가 들어찬 몇백 개의 세포 덩어리다. 인간 배아는 수정 후 1주일경에 이 포배기에 도달한다.

1800년대 말에 발생학자들은 이 세포 덩어리가 어떻게 작은 올 챙이로 변신하는지 알고자 했고, 그래서 동물-식물 축과 등-배 축 을 따라 몇몇 좌표에 꾸준히 위치한 세포들을 추적하기 시작했다. 학자들은 그 세포들을 영구 염색체로 착색하고 염색된 부분을 지켜보았다. 이 실험은 이제 전 세계 대학에서 발생학 과정을 가르칠 때마다 행해지고, 강좌를 수강하는 학생들은 척추동물의 배아에서 3개의 커다란 배엽층, 즉 외배엽(ectoderm, 그리스어로 바깥층), 중배엽(mesoderm, 중간층), 내배엽(endoderm, 안층)이 발달하는 것을 직접 관찰한다. 포배에서 밝은색을 띤 3분의 1은 내배엽이 되어 소화관과 그 기관계를 발생시킨다. 동물극과 식물극의 중간에 적도 모양을 한 3분의 1, 즉 등쪽이 될 회색신월환은 중배엽이 되고 근육과 뼈가 된다. 배아에서 동물캡[동물극의 모자(cap) 부위-옮긴이]에 해당하는 어두운 부분은 외배엽이 되고 표피와 신경계를 발생시킨다. 발생학 강좌를 듣는 학생들은 더 나아가 외배엽의 등쪽 절반, 즉 회색신월환 바로 위에 있는 부위에서 원시적 신경계가 생겨나는 것을 발견하기도 한다.

형성체

지금은 프라이부르크에서 연구하는 한스 슈페만은 포배에서 어느 세포들이 신경줄기세포가 될지를 알아냄으로써 그 세포들이 다른 조직도 발생시킬 수 있는지 아니면 단지 신경계를 만드는 일만 하는지를 테스트하기 위해 실험을 고안했다. 실험을 위해 슈페만은 한 배아(공여자)의 특정한 위치에서 세포들을 채취해서 다른 배아(수혜자)의 다른 위치에 이식하는 방법을 생각해냈다. 명성에 걸맞게 슈페만은 이 실험에 쓸 다양한 마이크로 공구를 발명했다. 예를 들어, 공여자 배아 조직에서 떼어낸 아주 작은 조각을 조심스럽게 수혜자 배아로 옮길 수 있고 버튼으로 조종하는 놀라운 파인글라스 피펫(실험실에서 소량의 액체를 재거나 옮길 때 쓰는 작은 관-옮긴이), 조직 파편을 잘라낼 수 있는 초미세 메스 등이다. 그러한 도구에 특유의 재주를 더해서 슈페만은 양서류의 배아 위에서 정밀한 오려 붙이기 실험을 할 수 있었다. 일련의 실험에서 슈페만은 영원(도롱뇽목 영원과의 동물-옮긴이)의 포배에서 등쪽 외배엽 한 조각(즉, 원래 자리에 있었다면 신경계가 되었을 조각)을 떼어낸 뒤 수혜자 포배상의 다른 위치에 이식했다. 아무 일도 일어나지 않았다. 이 포배에서 발생한 동물은 정상이었다. 예를 들어, 비정상적인 뇌 조직 같은 건 나타나지 않았다. 공여자 세포들은 예전의 운명을 잊거나 무시하고 새로운 위치에 멋지게 녹아들었다. 세포는 이 단계에서도 여전히 전능성과 유연성을 유지하는 것처럼 보였다.

획기적인 사건은 불과 2~3주 후인 다음 단계에서 일어났다. 이 단계를 '낭배기'라고 부른다. 인간 배아는 세포가 수천 개에 도달하는 임신 3주경에 이 단계에 도달한다. 낭배기가 시작되면 중배엽 세포들이 포배 중심부의 움푹한 곳으로 이동하기 시작한다. 발달생물학자들은 세포들이 "안으로 말려 들어간다(involute)"라고 말한다. 왼손으로 부드러운 풍선을 들고 있다고 상상해보자. 이제 오른손 손가락으로 그 풍선을 지그시 눌러보자. 가장 먼저 들어가는 중배엽 세포는 가장 등쪽에 있는 세포들이고(그림 1-2), 회색신월환의 세포들이다. 슈페만은 공여자 영원의 배아가 낭배기에 막 진입할 때 이 말려 들어가는 등쪽 중배엽에서 작은 조각을 떼어내

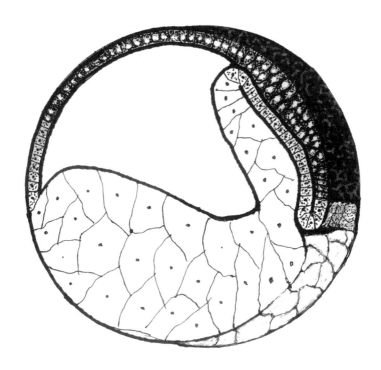

수혜자 배아의 배쪽에 이식했다. 그러자 놀라운 일이 발생했다. 슈 페만은 경악했다! 같은 실험을 포배기에 했을 때와는 달리 이식받 은 동물의 모습은 정상이 아니었다. 공여된 조직이 제약을 받았다 면 나타날 법한 특이한 모습 또한 아니었다. 슈페만이 본 것은 이 배아에서 완전히 새로운 2차 배아가 발달하는 광경이었다.[7] 두 번 째 배아가 종종 원래 배아와 함께 움직이는 모습이, 마치 샴쌍둥이 가 마주 보고 있는 것 같았다!

낭배기에 일어나는 일은 배아 형성에 절대적으로 중요하다. 낭배 형성이 되지 않으면 개구리 배아든 인간 배아든 신체 부위를 만들지 못하고 뇌는 아예 생성되지 못한다. 그런 이유로 다음 장에서 소개할 영국의 발달생물학자 루이스 월퍼트(Lewis Wolpert)는 강연장에서 청중에게 이렇게 말한다. "우리 일생에서 가장 중요한 시기는 출생, 결혼 또는 죽음이 아니라 낭배 형성기입니다." 슈페만의 다음 과제는 이 놀라운 결과를 세포, 조직, 생물학적 기제에 비추어 설명하는 것이었다. 주된 가능성은 두 가지였다. 첫째, 이식된 등쪽 중배엽 조각은 여전히 전능성이며, 그 조각이 이식의 트라우마를 겪은 탓에 완전히 새로운 배아를 형성했다는 것이다. 둘째, 이식된 조직이 주변 세포들을 유인해서 새로운 배아를 형성하게 했다고 볼 수 있었다.

　　슈페만에게는 젊고 뛰어난 대학원생 힐데 프뢰숄트(Hilde Proescholdt)가 있었다. 프뢰숄트는 이 가능성을 푸는 문제를 학위 논문의 주제로 삼았다. 만일 공여된 등쪽 중배엽이 쌍둥이 중 하나로 성장한다면 이 쌍둥이는 공여된 세포들로 이루어질 것이다. 반면에 이식의 영향으로 주변 조직에서 배아가 만들어진다면, 그 두 번째 배아는 대부분 수혜자의 배아세포로 이루어질 것이다. 이 문제를 풀기 위해 프뢰숄트는 종이 다른 두 영원의 배아를 선택해서 한 종의 배아는 밝은색으로 염색하고(공여자 배아), 다른 종의 배아는 어두운색으로 염색했다(수혜자 배아). 밝은 배아의 세포를 현미경 아래 놓으면 색소 과립의 부족을 확인할 수 있었다. 그런 뒤 슈페만이 했던 것처럼 프뢰숄트는 등쪽 중배엽이 낭배기에 접어들었을 때 한 조각을 떼어내서 다른 배아의 배쪽에 이식했다. 유일한 차이는, 이번에는 공여자 세포가 밝고 수혜자 세포가 어둡다는 것이었다.

프뢰슐트의 실험은 문제를 즉시 해결했다. 이식된 세포들이 두 번째 배아에 단지 작은 부분만 기여한 것이다(그림 1-3). 뇌와 척수를 포함하여 두 번째 배아는 대부분 공여자 세포가 아닌 수혜자 세포로 구성돼 있었다.[8] 한 실험을 통해 프뢰슐트는 등쪽 중배엽에서 낭배기 초기에 작은 조각을 가져와 이식하면 그 세포들이 주변 조직을 유도해서 완전한 배아가 되게 한다는 것을 입증했다. 슈페만은 다음과 같이 말했다. "그러므로 이 실험을 통해서 알 수 있듯이 배아에는 특별한 부위가 있는데, 그 부위의 세포를 다른 배아의 무관한 곳에 이식할 때 그 자리에서 2차 배아를 위한 원기(원시 세포)가 형성된다."[9] 슈페만은 이 조직을 '형성체(organizer)'라 명명했다. 이는 발달생물학의 역사를 통틀어 가장 근본적인 발견이라 할 수 있다.

이 연구를 주제로 박사학위 논문을 완성한 뒤 프뢰슐트는 오토 만골트(Otto Mangold)와 결혼했고, 아기를 낳은 후 남편과 함께 베를린으로 이사했다. 얼마 되지 않아 비극적인 일이 발생했다. 새집에서 가스히터가 폭발한 것이다. 끔찍한 화상을 입은 프뢰슐트는 1924년에 자신의 유명한 논문이 출판되는 것도, 자신과의 공동 발견으로 1935년에 슈페만이 노벨상을 받는 것도 보지 못하고 눈을 감았다.

개구리 배아의 형성체 부위는 포유동물 배아에서 '결절(node)'

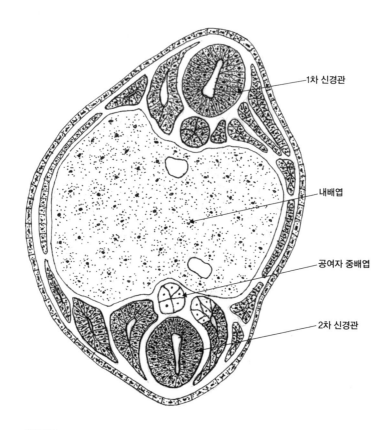

1차 신경관

내배엽

공여자 중배엽

2차 신경관

그림 1-3 슈페만과 만골트의 1924년 실험 결과. 힐데 만골트(결혼 전 성은 프뢰숄트)가 작성한 이 그림은 염색하지 않은 공여자 배아에서 형성체를 가져와 이식한, 염색한 영원 배아의 단면도다. 그림에서 볼 수 있듯이 힐데 만골트는 염색하지 않은 공여자 중배엽 위에서 공여자 형성체에서 유래한 2차 신경관을 자주 목격했다.

이라 불리는 것과 비슷하다. 슈페만의 형성체처럼 포유동물의 결절은 말려 들어가는 등쪽 중배엽의 부위로, 자기 위에 있는 외배엽을 유도해서 신경줄기세포가 되게 한다. 결절이나 형성체 부위는 모든 척추동물의 배아에서 비슷한 일을 하는 것으로 보인다. 닭 배아에서 얻은 결절을 개구리 배아에 이식하면 그곳에서 형성체처럼 행동하고, 생쥐 배아에서 얻은 결절은 2차 닭 배아를 유도하기 때문이다. 현재까지 생쥐-개구리, 닭-물고기, 물고기-개구리, 닭-생쥐, 생쥐-닭 이식 실험에서 비슷한 결과가 나왔다.

신경 유도물질

힐데 만골트와 슈페만이 그들의 결과를 발표하자 즉시 생물학자들은 형성체가 어떤 원리로 작동하는지 알고 싶어 했다. 그 작은 세포 조직이 어떤 일을 하기에 주변에 완전한 배아가 형성되는 것일까? 형성체는 인접한 세포들과 어떻게 정보를 주고받고, 그들에게 무슨 말을 할까? 예를 들어, 그중 일부에게 뇌를 만들라고 지시할까? 이런 질문이 전 세계 발달생물학연구소의 주된 과제가 되었다. 곧 하나의 사실이 밝혀졌다. 형성체 조직이 자리를 잡고 말려 들어가야만 2차 배아를 유도할 수 있는 건 아니었다. 낭배의 움푹한 중심부에 형성체 조직을 채워 넣기만 해도 주변 조직에서 2차 배아가 유도되었다. 심지어 형성체 조직과 수혜자 조직 사이에 여과지 한 장을 끼워 분리했을 때도 같은 결과가 나왔으므로, 세포 간 접촉은 필수 조건이 아니었다. 이러한 실험들로 봤을 때 형성체는 어떤 확산성 신호 분자를 방출하고 있는 것 같았다. 이종 간 결절 이식 실험들은 다음과 같은 사실을 가리키고 있었다. 이 신호 분자가 있다는 것은 세포 덩어리가 체계적인 배아로 바뀌는 과정에서 근본적이고 오래된 양상이었다. 그에 따라 이 신기한 분자의 성질을 발견하는 일에 많은 관심이 집중되었다.

이식된 형성체와 가장 가까운 수혜자 세포들은 대체로 2차 배아의 중추신경계가 되었으며, 그래서 형성체 물질을 찾는 일은 어떤 연구소에서는 '신경 유도물질'을 찾는 일이 되었다. 신경 유도물질이란 포배의 전능성 세포를 낭배의 신경줄기세포로 변하도록 유도하는 가상의 물질이었다.

어떤 연구소들은 형성체 조직을 생화학적으로 분석해서 형성체 물질 또는 신경 유도물질을 찾으려 했지만, 시재료(starting material)가 워낙 극소량이라 진척을 이룰 수 없었다. 다른 연구소들에서는 형성체의 속성이 있을지 모를 다른 조직을 찾아 나섰고, 간과 신장 조각을 포배 안에 넣으면 그 조각이 형성체처럼 작용한다는 것을 발견했다. 하지만 얼마 후에는 신경을 유도하는 조직이 너무 많다는 사실이 분명해졌다. 신경 유도물질을 찾다가 낙담한 요하네스 홀트프레터(Johannes Holtfreter)는 1955년에 다음과 같이 심경을 표현했다. "다양한 양서류, 파충류, 조류 그리고 인간을 포함한 포유류에서 어떤 기관이나 조직을 떼어내 사용해도 거의 다 신경이 유도되었다."[10] 심지어 때로는 실험실 선반에서 무작위로 고른 화학물질도 신경을 유도했다. 문제는 영원 배아의 캡 세포는 어쨌든 신경이 될 준비가 되어 있고, 그래서 그 세포들을 정상적으로 유도하는 물질을 발견하는 일은 극히 어려울 것 같다는 것이었다. 그 결과 신경 유도물질을 찾는 일은 수십 년 동안 중단되었다.

오늘날 작은 여담이 인증된 사실로 자리 잡았다. 1927년 영국의 내분비학자 랜슬롯 호그벤(Lancelot Hogben)은 남아프리카의 시골로 이주해서 운 좋게도 제노푸스(*Xenopus*)라고 알려진 발톱개구리가 주변에 많다는 걸 알게 되었다. 호그벤은 즉시 이 풍부한 재료를 호르몬 연구에 이용했다. 호그벤은 소의 뇌하수체에서 추출한 호르몬을 다 자란 암컷 제노푸스에 주입했고, 놀랍게도 주사를 맞은 개구리는 곧 많은 알을 낳기 시작했다. 임신한 여성의 소변에 몇 가지 뇌하수체 호르몬이 들어 있는 것을 알았던 호그벤은 동료들과 함께 출산 예정인 임부의 소변을 농축해서 성체 암컷 제노푸스에 주입했고, 개구리의 산란이 여성의 임신을 매우 정확하게 예고한다는 것을 발견했다. 그 결과 제노푸스는 1960년대까지 전 세계에서 임신 진단 검사에 사용되었다.

발달생물학 분야에 더 중요한 사실은 제노푸스의 알을 1년 내내 얼마든지 얻을 수 있다는 것이다. 영원과 도롱뇽처럼 산란철을 기다리지 않고 암컷에 호르몬을 주입만 하면 된다. 과학자로서 초기에 나는 도롱뇽 배아로 연구했고, 그래서 발생학 실험은 봄철에만 할 수 있었다. 사실 그 연구의 계절적 속도를 좋아했다. 후에 나는 제노푸스 배아로 전환했다. 구하기가 훨씬 쉬웠고, 덕분에 연구를 더 빨리 진행할 수 있어서였다. 하지만 여전히 신경 유도물질을 찾던 사람들에게 제노푸스의 가장 큰 장점은 새로운 분자적 접근법으로 형성체를 찾을 때 제노푸스의 동물캡 세포를 채택하면 실험 체계가 명료해진다는 점이었다. 제노푸스 배아에서 동물캡을 잘라 배양접시에 놓으면, 동물캡은 신경조직을 만들지 않는 반면 영원과 도롱뇽의 조직은 이렇게 조금만 떼어놓아도 신경조직을 만들어낸다. 제노푸스의 동물캡을 배양접시에 떼어놓으면 순수한 표피가 된다. 하지만 낭배기에 이르기까지 2시간 정도 기다렸다가 동물캡을 잘라 배양접시에 놓으면 그 세포는 신경조직을 만든다. 고립된 제노푸스에서 볼 수 있는 이 현상, 즉 목표 조직이 표피에서 신경조직으로 바뀌는 이 명확한 변화를 바탕으로 베일에 싸인 신경 유도물질을 찾는 새로운 방법이 출현했다.

만골트와 슈페만이 처음 형성체를 보고한 순간으로부터 68년이 지난 1992년에 캘리포니아 대학교 버클리 캠퍼스의 리처드 할랜드(Richard Harland)와 그의 팀은 제노푸스 배아와 현대적인 분자생물학 기법을 통해 슈페만이 보고한 형성체에서 최초로 유효 성분을 발견했다고 보고했다.[11] 그것이 신경 유도물질이었다. 할랜드와 동료들은 그들이 발견한 단백질에 '머리'를 뜻하는 속어로 '노긴(Noggin)'이라는 이름을 붙였다. 노긴은 형성체의 세포들이 만들고 분비하는 단백질로, 전능성 배아줄기세포를 신경줄기세포로 직접 유도한다.

신경 유도의 비밀과 인간의 미니-뇌

나를 포함한 발달신경생물학자들은 대부분 이렇게 생각했다. 결국 신경 유도물질이 발견되면 그건 세포에 명령을 내려서 신경줄기세포가 되게 하는 분자일 것이다. 그래서 우리는 노긴이 하는 일이 아마 그러할 거라고 생각했다. 하지만 추측은 보기 좋게 빗나갔다. 이런 일은 생물학에서 종종 발생한다. 어떤 것이 이런 식으로 작동할 거라고 미루어 짐작하지만, 결국 거의 정반대라고 밝혀지곤 했다. 신경 유도 역시 그런 경우였다. 예상이 가장 먼저 뒤집힌 곳은 하버드 대학교 생화학분자생물학과에 있는 도 멜턴(Doug Melton)의 실험실이었다. 멜턴은 제노푸스 배아의 동물캡에 이식했을 때 이 동물캡을 중배엽 조직(근육과 뼈)으로 변화시키는 신호 단백질을 찾고 있었다. 그들은 연구 범위를 일련의 신호 단백질로 좁힌 상태였다. 그때 멜턴의 연구실에서 박사후 과정을 밟고 있던 알리 헤마티브리반루(Ali Hemmati-Brivanlou)가 이 잠재적인 중배엽 유도 신호의 수용을 차단하는 방법을 발견했다. 그와 멜턴은 배아의 동물캡을 이 방식으로 처리하면 그 캡은 중배엽 유도 신호에 노출되어도 중배엽이 되지 않을 거라고 기대했다. 하지만 결과는 모두의 예상을 뒤엎었다. 그 동물캡은 노긴 같은 신경 유도물질에 노출되었을 때와 똑같이 신경이 되었다.[12]

이 새로운 결과로부터 충격적인 가능성이 떠올랐다. 노긴은 명령을 하는 물질이 아닐지 모른다. 세포가 신경이 되도록 유도하는 것이 아닐 수 있었다. 대신에 노긴은 단지 세포가 다른 어떤 것이 되는 걸 막기만 할 수도 있다. 실제로 이게 사실임이 밝혀졌다. 동물캡으로 스며들어 표피가 되게 하는 신호가 있다. 노긴은 이 신호를 막는 작용을 한다. 노긴은 명령을 하지 않는데, 다시 말해서 세포에 신경줄기세포가 되라고 지시하지 않는다. 노긴은 세포가 표피가 되는 것을 막기만 한다. 따라서 '신경 유도'의 단순한 비밀은 '유도'라는 용어가 완전히 부적절하다는 것이다. 세포를 유도해서 신경이 되게 하는 것은 신경 유도물질이 하는 일이 아니다. '신경 유도물질'이 세포가 표피가 되도록 유도되는 걸 막아주는 한에서 세포는 기본적으로 신경줄기세포가 되는 것이다.

현재 노긴을 비롯한 신경 유도물질들(뒤이어 몇몇 다른 물질이 발견되었다)은 골형성단백질(bone morphogenetic proteins, BMP)이라는 일련의 신호 분자를 차단하는 기능을 한다고 알려져 있다.[13] BMP는 외배엽세포가 표피세포가 되도록 유도하는 분비단백질이다. BMP라는 이름은 애초에 뼈 형성을 유도하는 기능 때문에 붙었지만, 그 이후로 몸 전체에서 특히 초기 발달에 영향을 주는 것으로 밝혀졌다. 노긴과 그 밖의 신경 유도물질이 BMP 신호를 차단하는 기제는 간단하다. 신경 유도물질은 BMP를 수용하는 단백질로 위장해서 근처에 떠다니는 BMP를 모두 흡수하고 그렇게 해서 BMP가 진짜 수용체를 찾아가지 못하게 한다. 하지만 형성체 부근에 있지 않은 세포들은 이 BMP 스펀지의 보호를 받지 못하고, 결국 소량의 BMP 신호를 받아서 표피가 되라고 명령하는 유전자에 복종한다. 표피세포가 더 많은 BMP를 만들어 이웃 세포들에 분비하면, 표피 유도 현상이 동물캡 전체에 파도처럼 퍼져 세포들을 표피줄기세포로 변화시킨다. 노긴과 그 밖의 반BMP 분자가 없다면 이 세포들은 BMP 파도에 영향을 받을 수밖에 없고 결국 신경계와 뇌는 발생하지 않을 것이다. 노긴 같은 반BMP 분자들은 조류 및 포유류 배아의 결절에서 분비되는데, 그런 이유로 결절은 종의 경계를 뛰어넘어 신경조직을 유도할 수 있다.

모든 척추동물이 동일한 분자 기제를 사용해서 신경조직을 발생시킨다면 그 기제는 척추동물보다 먼저 발생했을 가능성이 크다. 18세기 초에 프랑스 박물학자 에티엔 조프루아 생틸레르(Éti-enne Geoffroy Saint-Hilaire)는 모든 동물을 아우르는 근본적인 유사성 하나를 강조했다. 이전에 많은 학자가 말했듯이, 모든 동물은 기본적으로 신체 기관과 장기가 똑같다고 지적한 것이다. 모든 동물에는 소화계, 순환계, 분비계, 근골격계, 외피(가죽이나 표피), 신경계 등이 있다. 이 계통들은 벌레, 파리, 오징어, 인간에서 제각기 달라 보이지만, 동물은 모든 기관을 빠짐없이 갖추고 있다.

진위가 의심스러운 이야기지만, 생틸레르는 바닷가재가 주요리로 준비된 디너파티에서 손님들에게 특별한 즐거움을 선사했다고 한다. 요리된 이 무척추동물을 접시에 뒤집어놓으면 몇 가지 측면에서 척추동물과 놀라울 정도로 비슷함을 관찰하게 한 것이다. 똑바로 놓였을 때 바닷가재의 신경계는 배쪽에 있고 소화기관은 등쪽에 있다. 척추동물과는 정반대다. 그래서 바닷가재를 뒤집어놓으면 바로 놓은 척추동물과 부위들의 배열이 같아진다. 이 추론은 생틸레르의 도치 가설(inversion hypothesis)로 알려져 있다. 도치 가설은 즉시 조롱거리가 되었고 그 후 150년 동안 무시당했다. 그러던 중 1996년에 캘리포니아 대학교 샌디에이고 캠퍼스의 이선 비어(Ethan Bier)가 도치 가설을 재검토하는 연구를 수행했다. 그는 초파리 배아에서 BMP가 등쪽에서 발현되고 반BMP가 배쪽에서 발현된다는 사실을 발견했다.[14] 비어는 BMP의 배쪽 신호를 차단하면 신경계가 배쪽에 형성된다는 것을 보여주었다. 등과 배가 뒤집혔을 뿐, 분자 논리는 척추동물과 동일하다. 생틸레르의 도치 가설이 부활하자 진화생물학자들은 대략 5억 년 전 캄브리아기에 척추동물이 출현할 때 '뒤집힘'이 일어났을 가능성을 진지하게 고려하기 시작했다.

2012년에 존 거던(John Gurdon)은 신체의 거의 모든 세포를 전능성 배아줄기세포와 더 가깝게 재프로그래밍할 수 있음을 입증하는 연구로 야마나카 신야(山中伸彌)와 노벨상을 공동 수상했다. 세포가 이 배아 상태로 재프로그래밍될 수 있다는 것은 이제 동물 복제가 가능함을 의미한다. 거던은 성체의 세포핵으로 새로운 동물을 복제한 최초의 사람이 되었다.[15] 복제된 동물은 발톱개구리인 제노푸스였다. 양(돌리), 말, 고양이, 개, 원숭이가 그 뒤를 이었다. 미래를 그린 코미디 영화 〈슬리퍼(Sleeper)〉는 살아남은 코 세포로 위대한 지도자를 복제하려는 시도가 어떻게 실패하는지를 묘사했다. 그로부터 몇 년 후 캘리포니아 대학교의 과학자들은 후각 뉴런을 재프로그래밍해서 온전한 생쥐를 복제했다.[16]

지난 수십 년 동안 발달생물학자들은 조직 배양을 통해 전능성 줄기세포를 키워내는 방법과 이 세포들의 분화를 제어해서 신체 기관, 특히 다양한 뇌 부위로 자라게 하는 방법을 알아내 세상을 극도로 흥분시켰다. 요즘은 다음과 같은 일도 가능하다. 인간으로부터 얻은 줄기세포 몇 개를 분자 재프로그래밍 양생법으로 배아줄기세포처럼 되게 한 뒤 조직을 배양해서 세포를 늘리고, 개수가 충분해졌을 때 BMP 신호를 차단하는 신경 유도물질에 세포를 노출하는 방식으로 세포를 '유도'해서 신경줄기세포를 얻는 것이다. 2011년 일본 고베에 있는 이화학연구소, 리켄(RIKEN, 약칭)의 사사이 요시키(笹井芳樹)는 발달생물학에서 배운 기술을 배아줄기세포에 적용해서 망막과 대뇌피질 같은 다층적인 신경 구조로 유도하는 데 성공했다.[17] 사사이는 신경계의 초기 발달에 관한 놀라운 연구와 신경조직을 배양하는 획기적인 기술, 두 분야 모두에서 나의 영웅이었다. 대체로 사사이의 연구 덕분에 과학자들은 인간의 발달과 질병을 연구하는 데 그러한 전략이 얼마나 유용한지를 알게 되었다. 슬프게도 사사이는 우리 곁을 떠났다. 사사이의 연구소에서 일하는 박사후 연구원이 성체 세포를 산성 용액에 잠시 담가서 재프로그래밍하는 간단한 방법을 발표해 일시에 유명해지려 했기 때문이다. 연구원이 예상한 대로 그의 논문은 헤드라인을 장식했지만, 다른 연구소에서는 그의 결과를 재현하지 못했다. 리켄은 내부 조사를 통해 그 이유를 밝혀냈다. 박사후 연구원이 실험을 조작한 것이었다! 비록 사사이는 데이터 조작과 완전히 무관한 것으로 밝혀졌지만 감독을 부실하게 한 책임은 있었다. 이 일을 극도로 수치스러워한 사사이는 우울증에 걸렸고, 논문이 발표된 지 6개월 만에 스스로 목숨을 끊었다. 얼마나 큰 손실인가! 오늘날 사사이가 개발한 뒤 확실히 검증된 생화학적 방법들이 수많은 실험실과 병원에서 세포를 재프로그래밍하는 데 수시로 사용되고 있다. 요즘 과학자와 의사는 유전적 요인으로 신경학적 질환을 앓는 환자의 세포를 채취해서 배양접시 안에 초소형 미니-뇌를 만든다. 이 소형 뇌 조각들은 종종 환자와 비슷한 문제를 보이고, 그렇게 해서 의학적 진보를 앞당긴다.[18]

접시 위에 미니-뇌를 만들어 연구할 수 있다는 사실은 대단히 흥미롭지만, 인간 배아에 있는 신경줄기세포만이 온전한 인간 뇌가 될 수 있다. 2장에서 우리는 이 원시적인 신경줄기세포와 그 후손들이 여러 세대를 거치면서 겪는 이야기 중 두 번째 단계를 살펴볼 것이다.

이 시기에 신경계는 다양한 부위로 편제되고, 주요 조절유전자는 진화적으로 오래된 패턴 형성 과정을 작동시킨다.

신경관

임신 3기에 이르면 인간 배아의 신경줄기세포들은 서로 뭉쳐서 신경상피(neuroepithelium)라는 단층의 얇은 조직을 형성한다. 이 신경상피가 배아 표면의 일부를 덮는다. 그리고 가장자리를 따라 주변의 표피상피에 들러붙어 한 몸이 된다. 과일 바구니에 담긴 오렌지가 방금 낭배 형성을 끝낸 영원 배아라고 상상해보자. 안쪽에 중배엽과 내배엽이 있다. 두 배엽은 나중에 영원의 근육, 뼈, 장기가 된다. 물론 오렌지의 껍질은 외배엽이다. 볼펜으로 껍질 표면에 동그란 패턴을 그려보자. 그 선은 표피줄기세포(원의 외부)와 신경줄기세포(원의 내부)를 가르는 경계와 같다. 신경상피라는 대륙이 표피상피라는 대양에 둘러싸인 형국이다. 인간 배아에서 신경상피와 표피상피가 만나는 이 경계를 자세히 들여다보면 가장자리가 약간 솟아오른 둥근 테두리 같은 모습을 하고 있어서 신경상피가 접시와 비슷하게 보인다. 그런 모습 때문에 이 단계의 신경상피층을 '신경판(neural plate)'이라 부른다. 신경판은 접시처럼 둥글지 않다. 앞뒤 길이가 좌우 길이보다 더 길고, 앞부분이 뒷부분보다 더 넓다.

배아의 세포는 계속 분열하고 그에 따라 배아는 계속 성장한다. 배아는 옆으로 넓어지기보다 더 빠른 속도로 길어지고, 이러한 성장 탓에 배아와 신경판은 머리–꼬리 축으로 길게 늘어난다. 한편 신경판의 좌우 끝 지점에서 테두리가 더 높이 솟아올라 안으로 말리기 시작한다. 솟아오르는 양쪽 테두리는 안쪽으로 들이쳐 부서지는 파도와 같은 패턴이다. 오른쪽에서 오는 파도와 왼쪽에서 오는 파도는 서로를 마주 보면서 이동하고, 마침내 파도의 능선이 부딪히기 시작한다. 이 단계에서 배아의 해부 구조는 파도가 양쪽에서 밀려와 충돌하는 모습이다(그림 2-1). 좌우 신경능선이 만나 서로 융합함에 따라 신경판이 신경관(neural tube)으로 변형된다. 신경관의 벽은 신경상피로 이루어진다. 관 중심의 빈 구멍은 나중에 척수의 중심관과 뇌실이 되고, 곧 여기로 뇌척수액이 스며들기 시작한다.

신경능선이 솟아오를 때 거기에 붙은 표피상피층도 딸려 올라간다. 그로 인해 양쪽의 표피상피층도 중간에서 만나고, 신경관 바로 위에서 서로 융합한다. 이러한 사건들을 통해서 발달기의 신경계는 배아의 외부 표피층 아래에 안전하게 보호된다. 표피층은 곧 든든한 피부(가죽)가 되기 시작한다. 보통 임신 4주경에 인간의 신

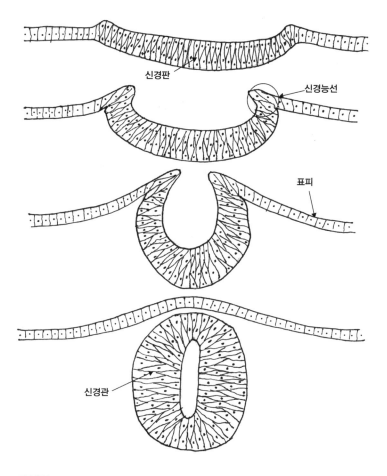

그림 2-1 신경관 폐쇄. 신경판이 신경관으로 변형되는 모습을 단면도로 표현했다. 신경판이 양쪽 끝에서 말려 올라가 신경능선을 이룬다. 신경능선은 꼭대기(등쪽)에서 서로 융합해 신경상피세포로 이루어진 신경관을 형성한다. 표피세포도 서로 융합하고, 피부 안에서 신경관을 울타리처럼 에워싼다.

경관은 완전히 폐쇄된다.

　신경관이 성공적으로 폐쇄되는 것은 모든 사람의 생을 결정하는 중대한 사건이다. 신경관 형성에 결손이 발생하는 경우는 드물지 않아서 1000건의 임신 중 1건 정도 발생한다. 뇌 형성을 가로막는 신경관 결손, 무뇌증(anencephaly)은 완전히 치명적인 반면 신경관이나 그 덮개인 표피가 불완전하게 닫히는 이른바 척추갈림증(*Spina bifida*, '갈라진 척추'라는 뜻의 라틴어)은 가장 흔히 발생하는 신경관 결손으로, 모든 신경관 결손의 약 40퍼센트를 차지한다. 척추 부위에서 발생하는 척추갈림증은 출생 후 생존율과 직결된다. 척추갈림증으로 신경관이 불완전하게 닫히면 출생 직후 수술로 봉합할 수도 있지만, 이미 척수 발달이 심각하게 손상된 경우가 대부분이다. 이럴 경우 손상 부위 아래에서 운동 및 감각에 영구적인 문제가 발생하고 손상 부위 위에서 뇌척수액의 순환 및 유지의 문제로 인해 신경학적 문제들이 발생해서 결국 환자의 평균 수명을 끌어내린다. 이런 이유로 요즘에는 태아가 자궁에 있는 동안 시행할 수 있는 수술 치료법을 개발하기 위해 노력하는 중이다. 결손을 더 일찍 치료할수록 더 좋은 결과를 볼 수 있기 때문이다.[1] 인간의 경우 신경관 결손 발생률이 70퍼센트가량 줄어들었는데, 임신 초기에 비타민 B9(일명 엽산)을 충분히 섭취하게 한 덕분이다. 하지만 신경관은 대부분의 여성이 임신 사실을 알기 이전에 닫히기 때문에 이 시기 이후에 섭취하는 엽산은 신경관 결손 예방에 효과가 없다. 그런 이유로 캐나다와 미국 같은 일부 국가에서는 곡물, 시리얼, 밀가루에 엽산을 첨가해서 강화하도록 법으로 규정했고, 그 결과 이들 국가에서 신경관 결손 발생률이 현저하게 떨어졌다. 다른 나라에서도 이렇게 한다면 신경관 결손 발생을 수천 건 예방하게 될 것이다!

계통전형기의 뇌

신경관 단계는 꼬리돌기(tailbud) 단계라고도 알려져 있다. 인간 배아는 임신 1개월경, 크기가 참깨 씨만 할 때 이 단계에 도달한다. 또한 이 단계에서 인간 배아는 작은 꼬리가 있는 것처럼 보인다. 성인의 꼬리뼈는 인간의 척추동물 조상이 가지고 있던 몇몇 꼬리뼈들의 퇴화기관이다. 진화하는 과정에서 그 꼬리뼈들이 작은 뼈 하나로 합쳐지고 척추 기저부에 자리했다. 개인이 발달하는 중에서 이와 비슷한 일이 펼쳐진다. 먼저 꼬리 같은 구조가 발달하고 그런 뒤 발달 중에 다시 흡수되는 것이다. 꼬리 같은 구조 때문에 인간 배아는 꼬리가 있는 다른 척추동물들의 배아와 비슷해 보인다. 아리스토텔레스는 종이 다른 동물들이 성체일 때보다는 배아기에 서로 더 유사해 보인다고 지적했다. 동물들의 배아는 심지어 같은 종의 성체보다는 다른 종의 배아와 훨씬 닮아 보인다. 수백 년에 걸친 관찰 결과를 바탕으로 박물학자 카를 폰 베어(Karl von Baer)는 발생학 제1법칙을 발표했다. 한 분류군에 여러 종이 속해 있을 때 그 그룹에 공통되는 특징이 공통되지 않은 특징보다 먼저 발달한다는 것이다. 이 말은 분명 진화와 발달의 관계, 서로 뒤얽혀 있는 그 이야기를 꿰뚫어 본 최초의 통찰이었다. 야심만만했던 발생학자 에른스트 헤켈(Ernst Haeckel)은 자신만의 발생학 법칙을 찾기 시작했다. 오늘날 악명 높은 진술이 돼버린 "개체발생은 계통발생을 되풀이한다"는 바로 그가 만든 문장이다. 이 세 어절을 통해서 헤켈은 발달하는 모든 동물은 일련의 발달 단계를 거치는데, 각 단계는 진화적 조상들이 더 성숙했을 때 거치는 단계와 비슷하다고 주장했다. 그렇다면, 예를 들어 초기 단계의 인간에게 왜 작은 꼬리가 있는 것처럼 보이는지 설명할 수 있었다.

헤켈이 과학사에서 악명 높은 인물이 된 것은 배아 그림을 그릴 때 자신의 가설을 뒷받침하는 특징을 과장되게 그려서였다. 이미지 변조가 그의 몰락을 특별히 부추긴 까닭은 그의 생각이 도발적인 데 그치지 않고 틀린 것이었기 때문이다. 진화생물학자 스티븐 J. 굴드(Stephen J. Gould)가 유명한 저서 《개체발생과 계통발생(Ontogeny and Phylogeny)》에서 지적했듯이 진화적 변화는 단순히 조상의 성체 단계에 어떤 걸 덧붙이는 것이 아니다. 진화는 발달의 여러 단계에 영향을 미칠 수 있고 실제로 영향을 미친다.[2] 하지만 발달은 동물이 전체적으로 점점 더 복잡해지는 장기적인 과정이다. 따라서 진화는 초기 단계보다는 후기 단계에 더 강하게 작용하며, 이 사실은 폰 베어의 발생학 법칙에 부합한다. 조상의 성체 단계와 비슷한 일련의 단계를 거친다는 헤켈의 개념은 오늘날 불합리하게 여겨진다.

척추동물을 비롯한 동물군에서 아주 이른 발달 단계가 종을 구분할 때 유용한 건 사실일 때가 많다. 새를 예로 들어보자. 엄청나게 크고 하얗게 빛나는 타조 알을 보기만 해도 우리는 거기서 무엇이 나올지 금방 알고, 하늘색 반점이 있는 작은 알 3개가 모여 있으면 개똥지빠귀가 태어날 거라고 쉽게 짐작한다. 전문가들은 수백 종의 새알을 구별한다. 따라서 꼬리돌기 단계에서 모든 척추동물

(어류, 양서류, 파충류, 조류, 포유류)의 배아가 구별하기 어려울 정도로 대단히 비슷하게 생겼다는 사실은 다소 의외로 느껴질 수도 있다. 꼬리돌기 단계보다는 가장 이르거나 가장 늦은 발달 단계에서 척추동물 간의 차이가 더 크다는 사실은 진화 및 발달의 '모래시계(hourglass)' 모형을 낳았다.[3] 이 이론에 따르면, 한 분류군에 속한 배아들에는 해부학적으로 가장 비슷한 시기, 즉 초기나 말기가 아니라 발달의 중간쯤인 시기가 있다는 것이다. 한 그룹에 속한 모든 배아가 가장 비슷한 모습을 하는 이 시기를 계통전형기(phylotypic stage)라고 부른다.

척추동물의 계통전형기는 꼬리돌기 단계이며, 이 시기에 신경관이 특히 계통전형적이다. 모든 척추동물에서 신경관이 머리에서 꼬리 방향으로 길쭉한 모습을 한다. 신경관은 거의 똑바르거나 등쪽이 약간 굽었고, 꼬리로 내려가면서 가늘어진다. 신경관의 앞부분, 즉 뇌가 될 부분은 크게 부풀고 안정된 곡선과 주름이 생긴다. 관을 따라 잘록한 곳들이 있다. 마치 길쭉한 마술 풍선 중간중간에 고무 밴드를 끼운 모습이다. 이 협착부 사이사이에 볼록한 돌출부가 있는데, 이 배치는 모든 척추동물이 비슷하다(그림 2-2).

1920년대에 닐스 홈그렌(Nils Holmgren)은 모든 척추동물의 배아 신경관에 존재하는 이 해부학적 유사성들이 척추동물의 뇌를 위한 기초적인 바우플란('건축설계'를 뜻하는 독일어-옮긴이)일 수 있음을 깨달았다. 일례로, 신경관 앞부분에 있는 3개의 돌출은 모든 척추동물의 머리에서 전뇌, 중뇌, 후뇌가 된다. 홈그렌의 통찰에 힘입어 과학자들은 각기 다른 종의 각기 다른 뇌 부위에서 과거에

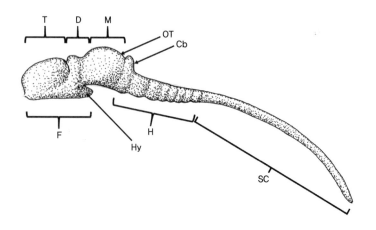

그림 2-2 꼬리돌기 단계에 있는 척추동물 신경관. 이 계통전형기에 발달 중인 중추신경계는 모든 척추동물종에서 상당히 비슷해 보인다. 전뇌(forebrain, F)는 종뇌(telencephalon, T)와 간뇌(diencephalon, D)로 구성되는데, 종뇌의 윗부분(등쪽)은 대뇌피질이 되고 간뇌의 아랫부분은 시상하부(hypothalamus, Hy)가 된다. 중뇌(midbrain, M)는 전뇌 뒤에 있으며, 중뇌의 등쪽 부분은 시개(optic tectum, OT)가 된다. 중뇌 뒤의 후뇌(hindbrain, H)는 일련의 볼록한 돌출로 구성되며, 가장 부리 쪽 또는 앞쪽이 소뇌가 된다. 후뇌 뒤에는 척수(spinal cord, SC)가 있다.

는 알지 못했던 몇 가지 해부학적 유사성을 발견했다.[4] 예를 들어, 그때까지 조류의 뇌와 포유류의 뇌는 근본적으로 다르다고(이를테면, 조류에는 대뇌피질이 전혀 없다) 알려져 있었다. 하지만 뇌의 바우플란에 비추어볼 때 우리는 조류의 배아에도 포유류와 똑같은 신경상피 부위(대뇌피질, 외피 또는 뇌 바깥 면의 신경조직을 발생시키는 부위)가 있다는 걸 알 수 있다. 다만 포유류에서는 그 부위가 바깥쪽으로 접히지만 조류의 뇌에서는 안쪽으로 접힌다. 최근 연구에 따르자면, 조류의 뇌에서도 이 안쪽 부위에 포유류의 대뇌피질과 비슷한 뉴런이 들어차 있으며, 뉴런의 연결 방식도 그것과 비슷하다.

두화

뇌에 관한 기본적인 질문 중 하나를 생각해보자. 우리 머릿속에 왜 뇌가 있을까? 가장 오래된 동물들에는 신경계만 있을 뿐 머리와 뇌는 없었다. 신경계가 있는 이 초기 동물의 후손 중 제일 변하지 않은 동물은 해파리로 대표되는 방사상 대칭의 자포동물이다. 해파리에는 신경계만 있고 뇌가 없으며, 뉴런이 몸 전체에 흩어져 있다. 중앙에 지휘 본부가 없는 셈이다. 좌우대칭동물은 약 6억 5000만 년 전에 진화해서 주로 한 방향, 즉 전방으로 이동하기 시작했다. 이 전진하는 동물들은 입과 함께 2차 기관들 그리고 2차 정보를 처리하며 통합하는 많은 뉴런을 전면으로 이동시켰다. 이 진화 과정을 '두화(頭化, cephalization)'라고 한다. 두화를 통해서 동물은 머리 부위를 진화시켰고, 머리 안에 뇌라는 뉴런의 결집체가 형성되었다.

가장 고도로 두화된 동물은 벌을 비롯한 일부 곤충, 문어를 포함한 두족류, 우리와 같은 척추동물이다. 진화 계통수를 보면, 척추동물이 문어나 벌과의 공통조상과 갈라진 시기보다는 우리가 그보다 덜 두화된 불가사리와의 공통조상과 갈라진 시기가 더 최근이다. 마찬가지로 두족류와 곤충은 서로보다는 그보다 덜 두화된 분류군들과 더 가깝다. 이로 미루어 볼 때, 두화는 동물계를 아울러 적어도 3개의 큰 가지에서 독립적으로 작용한 강력한 진화의 힘이라는 것을 알 수 있다.

모든 척추동물의 두화는 신경 유도 시기에 시작된다. 신경관에서 뇌가 될 전반부는 척수가 될 후반부보다 이미 훨씬 커진 상태다. 신경관이 닫히고 나면 몇 개의 돌출, 굴곡, 협착이 나타나기 시작하고, 신경관은 뇌의 여러 부위, 즉 전뇌, 중뇌, 후뇌로 나뉘기 시작한다. 발달이 진행되면 더 많은 협착부와 더 많은 부위가 뚜렷해진다. 후뇌는 몇 개의 작은 돌출로 나뉘게 되며, 각각의 돌출은 나중에 후뇌의 여러 부위를 발생시킨다(예를 들어, 가장 앞쪽 또는 부리 쪽 돌출은 소뇌를 발생시킨다). 신경관은 벌레처럼 분절화하는 중이다. 이 분절화는 성인의 척추에서 매우 두드러진다. 우리에게는 33개의 척추골이 있으며, 척추골 사이사이의 간극을 가로질러 한 쌍의 척수 신경이 달린다. 각 쌍의 신경분절은 척수와 특정한 신체 부위를 연결한다. 전뇌와 중뇌 부위도 분절화한다. 예를 들어, 중뇌는 '종뇌(telencephalon, 그리스어로 '끝'과 '뇌')'라는 앞쪽 부위와 '간뇌(diencephalon, 그리스어로 '사이'와 '뇌')'라는 뒤쪽 부위로 나뉘는데, 종뇌는 대뇌피질의 원천이고 간뇌는 망막, 시상, 시상하부의 출발점이다. 신경관의 모든 소부위는 모든 척추동물의 뇌에서 동일한 부분을 발생시키고, 그래서 이 기본적인 구성은 아주 오래전에 확립된 것이다. 따라서 다양한 척추동물의 뇌를 가장 뚜렷이 구분하는 것은 기본적인 구성이 아니라 부위의 상대적인 크기다. 예를 들어, 실험실 쥐와 땅다람쥐는 뇌의 크기가 비슷한 반면 공간정위(空間定位)와 관련이 있는 등쪽 중뇌 부위인 위둔덕(상구)은 다람쥐가 10배 크다.[5] 화석화된 티라노사우루스 렉스의 머리를 보면, 티라노사우루스는 그 정도 크기의 공룡에 비해 상대적으로 큰 뇌

를 가졌으며 특별히 큰 후각망울이 날카로운 후각을 뒷받침했음을 알 수 있다.[6]

머리-꼬리 축

이제 잠시 다른 곳으로 눈을 돌려 발달생물학의 역사상 가장 신나는 발견을 살펴보자. 주인공은 자그맣고 수줍고 멋진 유전학자, 에드 루이스(Ed Lewis)다. 루이스는 캘리포니아 공과대학교에 있는 자신의 실험실에서 주로 밤에 혼자 연구했고, 오랫동안 사람들의 관심을 거의 끌지 못했다. 한 번의 예외가 1957년의 연구였다.[7] 루이스는 히로시마와 나가사키에 투하된 원자폭탄 생존자들의 의료 기록을 연구한 끝에 방사능에 조금만 피폭되어도 암 발생 위험이 높아진다고 전 세계에 경고했다. 루이스는 상원위원회에 출석해서 자신의 데이터를 제시했으며, 그 후 다른 연구자들도 그의 데이터를 확인했다. 루이스의 이른 연구는 방사능 피폭에 관한 다양한 정책과 입법에 중요한 역할을 했다. 하지만 정말로 특별한 연구, 1995년 그에게 노벨상을 안겨준 연구는 따로 있었다. 초파리 배아의 각기 다른 체절에 고유한 정체성을 부여하는 일련의 유전자를 발견한 것이다.

루이스는 토머스 헌트 모건(Thomas Hunt Morgan)의 동료인 앨프리드 스터티번트(Alfred Sturtevant)의 학생이었다. 모건은 1900년대 초에 컬럼비아 대학교의 유명한 드로소필라 유전학연구소에서 일했다. 이 연구소에서는 노랑초파리(*Drosophila melanogaster*, 과일 바구니 주변으로 몰려드는 작은 녀석들)라는 종의 돌연변이체를 수집했다. 따라서 모건연구소에는 다양한 돌연변이가 유형별로 가득 담긴 우유병이 수천 개 있었다. 대개 성체 파리의 해부 구조, 예를 들어 다양한 신체 기관의 유무, 크기, 색깔, 패턴을 기준으로 발견한 개체들이었고, 그에 따라 날개 돌연변이, 눈 돌연변이, 다리 돌연변이, 강모 돌연변이 등이 있었다. 모건과 동료들은 이러한 돌연변이를 이용해서 유전학의 중요한 원리들을 발견했다. 예를 들어 그들은 1800년대 중반에 멘델이 완두콩 실험에 기초해서 제시한 기본 개념, 즉 우성 및 열성 유전자의 분리와 관련된 개념들을 '재발견'했다. 스터티번트는 한 걸음 더 나아갔다. 변이들을 염색체상의 구체적인 부위와 연결한 것이다. 바로 그 부위들이 구체적인 변이 특성을 조절하는 원인유전자의 자리였다.

루이스는 하나의 신체 부위가 다른 신체 부위처럼 변형된 돌연변이에 특히 흥미를 느꼈다. 이런 경우를 '호메오시스(homeosis, 그리스어로 '비슷해짐')'라고 부른다. 호메오 돌연변이의 예로 더듬이가 머리 앞에서 자라는 다리처럼 생긴 사례들이 있다. 루이스는 파리의 다양한 체절이 다른 체절로 변형된 호메오 돌연변이를 많이 연구했다. 그는 유전자 지도 작성 실험을 통해서 몇몇 돌연변이는 염색체상의 짧은 단일 구간에서 발생한다는 것을 알아냈다. 더욱 놀랍게도 그 돌연변이들의 배열을 살펴보니 염색체상의 위치와 신체에 미치는 결과가 규칙적으로 관련되어 있었다. 루이스가 발견한 건 바로 이것이었다. 염색체상 돌연변이의 나란한 배열은 돌연변이체의 몸에 발생한 호메오 변이의 문측(吻側)-미측(머리-꼬리) 위치들을 반영한다. 약간 달리 표현하자면, 인접한 유전자는 인접한 체절에 영향을 미친다.[8]

또한 돌연변이들이 속한 DNA 서열에서 그 유전자들은 머리-꼬리 방향을 따라 순서대로 활성화한다는 것이 밝혀졌다. 첫 번째 유전자는 가장 앞쪽에 있는 체절에서 활성화하고, 두 번째 유전자는 다음 체절에서 활성화하는 식이다. 각각의 유전자는 약간 다르지만 공통된 아미노산 서열을 가진 전사인자를 암호화하는데, 이 인자의 호메오틱 기능을 들어 그 서열을 '호메오박스(homeobox)'라 부른다. 전사인자는 세포의 DNA 중 구체적인 자리에 결합해서 그 근처에 있는 유전자들을 활성화하거나 차단하는 단백질이다. 이런 방식으로 혹스(Hox) 전사인자를 비롯한 전사인자들은 다른 유전자 수백 개에 영향을 줄 수 있다. 파리는 이 호메오박스, 또는 우리가 앞으로 부르게 될 이름으로 '혹스' 유전자를 8개 가지고 있다. 가장 부리 쪽에 있는 혹스 유전자는 머리를 형성하고, 가장 꼬리 쪽에 있는 혹스 유전자는 복부 체절(배마디)을 형성한다. 루이스는 혹스 유전자가 하나라도 없으면 특정한 체절에 변형이 발생해서 중간가슴마디가 하나 더 활성화하는 것을 발견했다. 유명한 실험이 있다. 제3가슴마디에서 활성화하는 혹스 유전자를 제거하자 그 체절이 중간가슴마디(날개가 발생하는 체절)로 변형되어 날개 2장이 아닌 4장을 단 파리가 탄생한 것이다.

날개가 2장인 파리의 진화적 조상은 나비와 벌처럼 날개가 4장인 곤충이었다. 약 2억 4000년 전 파리의 출현이라는 사건의 핵심은 날개 한 쌍이 사라진 일이다. 이 혹스 유전자의 돌연변이는 그 오래전의 진화적 사건을 되돌리는 것처럼 보인다. 노래기와 지네 같은 다체절 절지동물은 곤충보다 오래되었고, 대부분의 체절이 서로 비슷하다. 수많은 체절에 다리가 한 쌍씩 달려 있고 신경삭이 있다. 원시적인 혹스 유전자 하나가 몇 번의 중복을 거쳐 혹스 유전자 군집이 되었고, 이것이 구체적인 체절들과 차례로 관련지어진 것으로 보인다. 각각의 혹스 유전자는 고대의 균일한 정체성에서 벗어나 새로운 정체성을 향해 체절들을 변형시킨다. 곤충의 꼬리 쪽 체절에서 혹스 유전자가 활성화하면 다리가 생겨야 할 체절이 특수한 복부 기관이 된다. 혹스 유전자가 머리 부위에서 활성화하면 다리가 달려야 할 체절에 더듬이나 주둥이 같은 머리 구조물이 생긴다. 다른 곤충과 마찬가지로 쌀도둑거저리(flour beetle)는 다리가 6개지만, 배아에서 혹스 유전자를 모두 제거하면 다리가 15쌍이나 생기는 통에 거기서 성장하는 생물은 곤충보다는 지네와 더 비슷해 보인다. 이 곤충을 진화시킨 4억 년의 노고가 한순간에 잘리는 셈이다.[9]

동물계 전체에서 배 발달기에 혹스 유전자를 이용하면 머리-꼬리의 위치에 해당하는 체절 또는 부위를 배아에서 식별할 수 있다. 대부분의 척추동물처럼 인간도 결국 4개의 혹스 유전자 군집(cluster A, B, C, D)을 갖게 되었으며, 하나의 군집에는 HoxA1, HoxB2 같은 이름을 가진 혹스 유전자가 10개 남짓 들어 있다. A에서 D에 이르는 철자는 이 유전자가 어느 군집에 속했는지를 가리키고, 1에서 13에 이르는 숫자는 유전자가 군집 안에서 몇 번째인가를 나타낸다. 낮은 숫자의 혹스 유전자는 전방의 뇌 부위에서 활성화하고, 높은 숫자의 혹스 유전자는 후방의 척수 부위에서 활성화한다.

진화는 완전히 새로운 유전자를 만드는 일에 능숙하지 않다. 대신에 이미 존재하는 유전자를 선택하고 변화시켜서 다른 일을 하게 한다. 혹스 유전자 군집이 4개라면 그 유전자는 스스로 용도를 변경해서 더 분화된 기능을 할 수 있다. 혹스 유전자가 척추동물과 파리에 미치는 효과가 종종 다르게 나타나는 것도 그런 이유에서다. 하지만 정말 위대한 발견은 혹스 유전자가 오래 존속해왔고 신체 형성과 관련하여 비슷한 종류의 일을 한다는 것이다. 생쥐의 경우 특정한 혹스 유전자를 삭제하면 후뇌의 특정 부위들이 영향을 받는다. 인간의 경우 그 혹스 유전자에 돌연변이가 발생하면 애서배스칸 뇌간 발달장애 증후군(Athabaskan Brainstem Dysgenesis Syndrome)이 나타나는데, 미국 원주민 애서배스카족 또는 데네(Dené)족의 극소수 주민에게서 처음 발견되어 붙여진 이름이다. 생쥐의 경우처럼 인간 돌연변이도 후뇌의 똑같은 분절들에 영향을 미쳐서 청각 소실, 호흡 저하, 안면 마비를 부르고, 생쥐의 경우와도 비슷하게 주시 장애를 유발한다. 주시 장애가 오는 것은 눈을 움직이는 데 중요한 역할을 하는 다수의 운동 뉴런도 그 분절들에 포함돼 있기 때문이다.[10]

기형유발물질

돌연변이 파리의 세계에서 노닐다 보니 어느덧 뇌의 세계로 돌아오게 되었다. 이제 1950년대 위트레흐트 소재 네덜란드 발달생물학연구소에서 일한 발생학자 피터르 뉴쿱(Pieter Nieuwkoop)의 실험실 문을 두드려보자. 뉴쿱은 아직 유도되지 않은 외배엽을 한 자락 채취한 다음 수혜자 개구리 배아가 신경판이나 초기 신경관 시기에 이르렀을 때 배아의 머리-꼬리 축을 따라서 몇몇 위치에 외배엽 조각을 삽입했다. 뉴쿱은 조직 조각을 수혜자 동물의 신경 상피에 집어넣은 뒤 조직의 세포들이 신경 유도 과정을 거치게 했다. 결과는 놀라웠고, 두 가지로 요약할 수 있다. 첫째, 항상 말단부, 즉 수혜자의 몸통으로부터 가장 멀리 떨어진 곳에서 전뇌 구조들이 발달했다. 조직 조각을 수혜자 배아의 앞쪽에 이식하든 뒤쪽에 이식하든 항상 말단에서 전뇌가 발달했다. 둘째, 이식된 조각에서 발달한 부위 중 가장 꼬리 쪽에 속하는 부위는 수혜자 배아의 꼬리 쪽 부위에서 발달했다. 예를 들어, 수혜자의 전뇌 부위에 조각을 이식했을 때 그 조각은 언제나 전뇌 신경조직으로 발달했다(그림 2-3). 조각을 수혜자의 중뇌 부위에 이식했을 때는 처음에 수혜자의 몸통과 가까운 곳에서는 중뇌 구조가 발달했고 그런 뒤 말단으로 가면서 전뇌가 발달했다. 조직 조각을 후뇌에 이식했을 때 그곳에서 처음에는 후뇌를 만들고, 다음으로 중뇌를 만들고, 마지막으로 말단에서 이번에도 전뇌를 만들었다. 이 결과를 설명하기

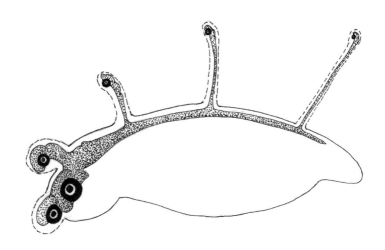

그림 2-3 1952년 뉴쿱의 실험. 다양한 머리-꼬리 위치에 외배엽을 이식한(점선으로 둘러싸인 부분) 수혜자 배아의 전체 모습. 이식된 모든 위치에서 수혜자의 중추신경계(점묘 부분)와 연결된 신경조직(역시 점묘 부분)이 길게 형성되었다. 이식된 조직은 항상 말단에서 전뇌가 되지만(눈 포함), 시간이 지남에 따라 수혜자 신경관의 체절과 같은 정체성을 띤다. 각각의 이식으로부터 같은 양의 신경조직이 형성되었고, 그래서 전뇌(검은 점)에 들어간 신경조직의 양이 꼬리 쪽으로 갈수록 더 줄어들었다.

위해 뉴쿱은 다음과 같이 추정했다. 외배엽이 신경이 되도록 유도된 후에는 조직이 수혜자의 꼬리 부위에 가까울수록 그 조직은 꼬리 쪽 정체성을 많이 갖게 되는 건 아닐까.[11]

뉴쿱은 꼬리 쪽이 높고 머리 쪽이 낮은 어떤 기울기(gradient)가 있어서 신경조직이 꼬리 쪽에 더 가까운 신경 구조로 변형된다고 주장했다. 이 생각은 옳다고 입증되었다. 이렇게 작용한다고 밝혀진 최초의(그리고 가장 강력한) 분자가 바로 레틴산이다. 다양한 척추동물의 배아를 아주 낮은 농도의 레틴산에 노출시키면 꼬리는 크고 머리는 작게 발달한다. 레틴산의 농도를 약간 높여서 노출시키면 머리가 전혀 발달하지 않는다. 레틴산은 세포 안에서 일어나는 일련의 효소 반응을 통해 비타민A로부터 만들어진다. 레틴산을 만드는 효소의 활동은 배아의 꼬리 쪽 끝에서 가장 활발하다. 부리 쪽 끝에 있는 세포들은 레틴산을 분해하는 효소를 생산한다. 이로부터 일종의 소스앤드싱크 역학(source-sink dynamics, 생태학자들이 서식지 성격의 변화가 유기체의 개체수 성장 또는 감소에 어떻게 작용할 수 있는지 설명하기 위해 사용하는 이론적 모델-옮긴이)이 성립한다. 신경관의 꼬리 쪽 끝이 높고 부리 쪽 끝이 낮은 다소 안정적인 레틴산 기울기가 작동하는 것이다. 높은 기울기에 놓인 세포일수록 꼬리 쪽에 가까운 특성을 더 잘 발달시킨다.

이제 우리는 신경상피 세포막을 통과하는 레틴산 분자를 추적해서 레틴산의 효과와 혹스 유전자를 연결할 수 있다. 막을 통과한 레틴산은 핵을 찾아간 뒤 기다리고 있는 수용체와 결합하고 활성화한다. 수용체가 활성화되면 혹스 유전자가 켜진다. 레틴산 수치가 낮으면 작은 숫자의 혹스 유전자(즉, 머리 쪽에서 켜지는 혹스 유전자)만 활성화되고, 세포 내 레틴산 농도가 올라가면 높은 숫자의 혹스 유전자가 활성화된다. 숫자가 높을수록 혹스 유전자는 꼬리 쪽에 더 가까운 정체성을 부여하기 때문에, 레틴산이 신경조직에 미치는 변형 효과는 명백히 꼬리화를 유도하는 효과일 거라고 뉴쿱은 예측했다.[12] 각각의 혹스 유전자는 레틴산의 특정한 역치에서 활성화되므로 매끄러운 레틴산 기울기는 몇 개의 체절 정체성으로 나뉘며, 각각의 정체성은 구체적인 혹스 유전자의 발현에 의해 결정된다.

당근 등에서 발견되는 비타민A는 시력에 필수적이다. 하지만 임신기에 비타민A가 부족하면 레틴산 결핍으로 태아기형 스펙트럼(일련의 병원균이나 증상을 묶어 스펙트럼이라고 한다. 일례로 자폐스펙트럼이 있다-옮긴이)이 발생한다. 레틴산이 너무 많은 것도 해롭다. 배아가 높은 수치의 레틴산에 노출되면 많은 발달 과정에 문제가 발생한다. 레틴산 수치는 신중하게 조절되어야 한다. 레틴산 수치가 약간만 과해져도 인간 배아는 위험해진다. 이 사실은 1960년대에 스위스 제약회사 로슈(Roche)에서 알아냈다. 로슈는 레틴산이 중증 여드름에 효과적인 치료제지만 임신부에게는 선천적 결손증을 유발한다는 것을 발견했다. 레틴산은 기형유발물질, 즉 인간 배아에 기형을 초래하는 물질로 알려져 있다. 1980년대에 로슈는 경고문과 함께 아큐테인(Accutane)이라는 제품명(일명 로아큐탄)으로 약을 출시했지만, 가끔 임신부에게 처방되어 수천 명의 아기가 심한 선천적 결손증을 갖게 되었고 그중에는 회복 불가능한 뇌 결손증도 포함되어 있었다. 오늘날 레틴산을 여드름 치료제로 사용하는 것이 훨씬 더 엄격히 통제되고 있다. 여러 해 동안 미국국립보건원(NIH)에서 기형학을 담당하는 부서가 미국의 거의 모든 발달신경과학 연구를 지원했다. 미국국립보건원에는 발달신경과학을 담당하는 기관은 없지만, 아동 건강과 인간 발달을 담당하는 기관은 있으며 이곳에서 현재 뇌 발달에 관한 많은 연구를 지원하고 있다.

등-배 축

부리-꼬리(머리-꼬리) 축을 따라 신경판과 신경관이 형성되면 신경계에는 체절 같은 영역들이 만들어진다. 이제 신경판 위에서 다른 축을 그리는 선을 생각해보자. 등-배 축 방향으로 체절들을 절단하면 어떻게 될까? 척수를 따라서 각기 다른 체절이 각기 다른 신체 부위를 제어한다. 날카로운 물건에 맨발이 찔렸을 때, 통증을 등록하는 말초신경이 척수로 신호를 보내서 (뇌를 거쳐) 운동 뉴런을 활성화하고 발을 들어 올리게 한다. 통증을 감지하는 감각 뉴런의 축삭은 요추 분절의 등쪽으로 들어가서 운동 뉴런과 시냅스로 연결된다. 이 운동 뉴런의 다른 쪽에는 그 분절의 배쪽을 뚫고 나오는 축삭이 있다. 손가락이 뜨거운 물체에 닿았을 때도 이와 비슷한 회피반사가 발생하지만, 이번에는 감각 및 운동 신경이 경추 분절(목뼈 분절)의 등쪽과 배쪽으로 들어갔다 나온다. 이렇게 해서 신경관의 머리 쪽(손)에서 꼬리 쪽(발)으로 이어지는 분절 패턴이 등쪽(감각)에서 배쪽(운동)으로 나가는 구조 위에 포개진다.

통증, 촉감, 온도를 감지하는 뉴런은 신경관의 등쪽에서 생겨난다. 운동 뉴런은 신경관의 배쪽에서 생겨난다. 결국 우리는 신경관의 이 등쪽-배쪽 영역들을 설비하는 모르포겐(morphogen, 형태 형성을 제어하는 화학물질-옮긴이)을 이미 알고 있다. 신경 유도에 관여하는 바로 그 분자이기 때문이다. 신경관의 등쪽은 덮개 역할을 하는 표피와 가장 가깝다. 1장에서 보았듯이, 표피는 골형성단백질

(BMP)을 분비하고, 신경관의 배쪽 부분은 슈페만이 밝혀낸 형성체의 1차 파생물이자 노긴 같은 반BMP의 원천인 척삭에 직접 닿아 있다. 이로써 신경관의 모든 분절을 포괄하는 BMP 활성의 등쪽-배쪽, 고-저 기울기가 완성된다.

반대 기울기로 작용하는 두 번째 모르포겐은 동물의 패턴 형성에 대한 독창적이고 야심 찬 실험을 통해서 발견되었다. 1980년대에 튀빙겐 소재 막스플랑크 발달생물학연구소에서 크리스티아네 뉘슬라인폴하르트(Christiane Nüsslein-Volhard)와 에리크 비샤우스(Eric Wieschaus)는 그들의 연구팀과 함께 초파리의 거의 모든 단일 유전자를 돌연변이로 변화시켜서 몸체 패턴화를 제어하는 단백질을 모두 찾아보았다.[13] 그들은 부화기에 이르지 못했지만 기형이 심해서 알껍데기를 깨고 나올 수 없는 배아들에서 수천 건의 돌연변이를 발견했다. 다음으로 그들은 자그마한 돌연변이 배아를 조심스럽게 알에서 꺼내 현미경 슬라이드 위에 놓고 자세히 조사했다. 눈앞에 놀라운 광경이 펼쳐졌다! 어떤 배아는 양쪽 끝에 머리나 꼬리가 달려 있었고, 어떤 배아는 모든 분절의 앞쪽 절반이 뒤쪽 절반으로 변해 있었으며, 분절이 사라졌거나 중복된 돌연변이, 등쪽-배쪽 패턴 형성에 다양한 결손이 있는 돌연변이가 목격되었다. 수백 개의 새로운 유전자가 그러한 패턴 형성 결함과 관련이 있었다. 그들은 다양한 동물을 대상으로 이 유전자들을 실험해서 실험생물학 분야에 지각 변동을 일으켰고, 뉘슬라인폴하르트와 비샤우스는 그 공로를 인정받아 1995년에 노벨상을 공동 수상했다.

뉘슬라인폴하르트와 비샤우스가 발달 돌연변이를 찾는 중에 발견한 유전자 중 많은 것이 돌연변이로 태어났을 때 발생한 결손의 이름을 따서 명명되었는데, 이는 유전자에 이름을 붙이는 비교적 흔한 관행이다. 어느 새로운 유전자 때문에 돌연변이가 된 배아를 살펴보니 애벌레의 각각의 분절에서 매끄럽거나 벌거벗은 절반은 사라지고 털이나 강모로 덮인 절반만 남아 있었다. 알껍데기를 제거하니 배아는 짧고 뭉툭하고 전체가 뾰족뾰족했고, 그래서 고슴도치라는 뜻의 헤지호그(hedgehog)란 이름을 얻게 되었다. 이 파리 유전자가 복제되자마자 물고기와 닭 배아를 연구하는 발달생물학자들은 이 유전자의 척추동물 버전을 복제했다. 그리고 고슴도치 같은 이 유전자가 척추동물 배아의 패턴 형성에도 어떤 역할을 한다는 것을 즉시 입증했다. 파리 유전자의 주요한 척추동물 버전은 소닉헤지호그(sonic hedgehog)로 알려져 있다(유명한 비디오게임의 캐릭터에서 따온 이름이다). 척추동물 배아에서 소닉헤지호그 단백질은 BMP에 대해서 역기울기로 작용한다(즉, 배쪽으로 갈수록 높고 등쪽으로 갈수록 낮다). 닭 신경관의 중간에서 채취한 신경상피를 배양접시에 놓고 소닉헤지호그에 노출시키면 운동 뉴런이 생성되고, BMP에 노출시키면 감각 뉴런이 된다.

신경관의 등-배에는 많은 영역이 있다. 이 등-배 영역들은 신경관 세포들이 BMP 기울기와 소닉헤지호그 기울기를 해석함에 따라 발생한다. 기울기가 개별 영역으로 어떻게 분할되는가를 이해하게 된 건 소닉헤지호그가 유전자 쌍을 정반대로 조절한다는 것을 보여준 연구 덕분이었다. 소닉헤지호그의 특정한 역치값에 도달하면 유전자 쌍의 한쪽은 켜지고 다른 쪽은 꺼진다. 이 유전자 쌍은 전사인자를 암호화할 뿐 아니라 수많은 하류 유전자를 활성화하면서 상대방을 억압한다. 이 교차 억압 때문에 세포는 쌍에서 한쪽만 활성화할 뿐, 양쪽 다 활성화하지는 못한다.[14] 결과적으로 세포는 어느 한쪽 영역에 속하게 되고, 영역 사이의 경계는 소닉 헤지호그의 특정한 역치에서 날카롭게 정해진다. 각기 다른 유전자 쌍은 각기 다른 역치값에 반응하고, 그래서 반응의 경계선이 몇 개 그려진다. 그에 따라 각각의 영역이 표현하는 전사인자들의 결합이 각기 다른 표적 유전자를 조절하고, 이 유전자를 통해 특수한 종류의 뉴런들이 만들어진다.

모르포겐

레틴산, 소닉헤지호그, BMP 같은 분자의 기울기는 확산성 기울기로 작용해서 조직을 형태화하는데 이런 분자를 모르포겐이라 한다. 유니버시티 칼리지 런던에서 일하는 발달생물학자 루이스 월퍼트는 단일 모르포겐의 기울기가 발달기 동물의 패턴 형성에 적용될 수 있음을 보여주었다.[15] 월퍼트는 배아의 한 부위가 어떤 모르포겐을 생산하는 상황을 생각했다. 이것이 '소스(source)'다. 다음으로 그 활성 모르포겐은 조직 전체에 퍼지지만, 그 모르포겐을 중화하는 인자가 배아의 다른 부위에서 분비된다. 이것이 '싱크 (sink, 감소 또는 저감-옮긴이)'다. 이러한 구조 때문에 소스 근처에서는 모르포겐 수치가 높아지고 싱크 근처에서는 수치가 낮아진다. 둘 사이에 모르포겐의 기울기가 존재한다. 월퍼트는 이 개념을 사용해서, 그러한 기울기를 통해 어떻게 신체 기관계의 표준적인 비율, 크기, 형태, 방향, 순서가 결정될 수 있는지를 설명했다. 그가 선택한 비유는 프랑스 국기인 삼색기(tricolore)였다. 모르포겐의 소스는 파란색 옆 왼쪽 모서리고, 싱크는 빨간색 옆 오른쪽 모서리다. 왼쪽에서 오른쪽으로 국기를 가로질러 가면 모르포겐의 농도가 감소한다. 자, 국기에 모르포겐의 농도를 감지할 수 있는 세포가 가득 차 있다고 상상해보자. 농도가 특정한 역치보다 높은 것을 감지할 때 세포들은 '파란색' 유전자를 활성화하고, 그 역치보다는 낮지만 더 낮은 어떤 역치보다 높을 때는 '흰색' 유전자를 활성화한다. '빨간색' 유전자는 초기 상태, 즉 모르포겐의 농도가 아주 낮아서 파란색 유전자도 흰색 유전자도 활성화하지 않을 때 활성화된다. 양쪽 모서리에 있는 소스앤드싱크가 유효하고 양쪽 중간에 기울기가 균등하다면, 이 세포 국기는 크든 작든 간에 파란색-흰색-빨간색을 유지할 것이다.

배아가 성장하고 신경관이 점점 커지면서 새로운 모르포겐 소스앤드싱크들이 생겨나 신경계의 패턴을 형성한다. 예를 들어, 소닉헤지호그는 척삭이 맨 처음 만드는 모르포겐으로, 척삭은 신경관의 배쪽 정중선(midline) 밑에 있다. 그 결과 신경관의 배쪽은 높은 농도의 소닉헤지호그에 노출된다. 또한 신경관의 가장 등쪽인 부분은 가장 높은 농도의 BMP에 노출된다. 덮개 역할을 하는 표피에서 BMP가 만들어지기 때문이다. 이렇게 노출된 결과로 신경관에서 가장 등쪽에 있는 부위는 BMP를 발현하기 시작하고, 가장 배쪽에 있는 부위는 소닉헤지호그를 발현하기 시작한다. 배아가 성장함에 따라 이 모르포겐들의 원 소스(척삭과 표피)는 신경관으로부터 점점 멀어지고, 가까이 있는 새로운 신호 중추들이 더 중요해진다.

중뇌와 후뇌의 연접부 역시 신경관 발달에 중요한 또 다른 국부 신호 중추다. 이 연접부는 신경관에서 최초의 협착부 중 하나에 있는데, 여기서 생산하는 모르포겐들은 인접한 뇌 부위들의 체계적인 형성에 중요한 역할을 한다. 다시 말해서, 신경관의 이 작은 조각이 하나 또는 그 이상의 모르포겐을 분비해서 주변의 뇌 부위들을 체계적으로 구성하는 것이다. 중뇌-후뇌의 경계에 위치한 세포들에서 분비되는 중요한 모르포겐 중 하나는 Wnt('윈트'라고 발음한다)라는 이름의 작은 분비단백질이다. Wnt는 일부 바이러스('종양바이러스')가 왜 암을 일으키는가를 연구하던 중에 처음 발견되었다. 1983년에 로엘 누세(Roel Nusse)와 해럴드 바머스(Harold Varmus)는 생쥐의 유방종양을 조사하고 있었다. 그들은 바이러스가 세포를 감염시킬 때 자신의 DNA 사본을 만들고 이 사본이 종종 숙주세포의 DNA 속으로 '점프'해 들어가는 것을 발견했다. 두 과학자는 이렇게 통합되어 종양을 일으키는 DNA 부위를 찾았고, 그러한 통합이 일어나는 첫 번째 자리에 'int-1'이란 이름을 붙였다.[16] 그들은 int-1 자리에서 바이러스 DNA가 통합하면 근처에 있는 암 유발 유전자가 활발하게 발현한다고 추측했다. 그들의 추측은 옳았다. int-1 근처의 유전자는 이미 날개 없는 돌연변이 계열의 노랑초파리를 만들어낸다고 확인된 분비단백질의 동족체였다. 파리에 있는 유전자의 이름은 (여러분의 짐작대로) '날개 없는 (*wingless*)' 유전자였고, 그래서 int-1 유전자에는 Wnt1이란 이름이 붙게 되었다. 사람은 각기 다른 20개 정도의 Wnt 유전자를 가지고 있다. 생쥐에서 Wnt1 유전자를 제거했을 때, 생쥐는 물론 날개를 잃어버릴 수는 없지만 중뇌와 소뇌의 대부분을 잃어버린다. 중뇌/후뇌 연접부에서 분비되는 Wnt1은 반Wnt 분자들로부터 방해를 받는데, 어떤 분자에는 제대로 기능하지 않았을 때 나타나는 결손을 본뜬 화려한 이름이 붙어 있다. 예를 들어, 그리스 신화에서 살아 있는 존재가 지하 세계에 들어가지 못하도록 문을 지키는 머리 셋 달린 개, '케르베로스(Cerberus)'가 있고, '우둔하다'는 뜻의 독일어 '딕코프(Dickkopf)'가 있다. 중뇌/후뇌의 경계에서는 Wnt가 만들어져서 분비되고 신경관의 앞쪽 또는 머리 쪽 끝에서는 반Wnt가 만들어져서 분비되므로, 그 결과 이 강력한 모르포겐에 대한 소스앤드싱크가 출현하고, 이로부터 뇌의 앞부분을 패턴화하는 데 일조하는 국부적인 모르포겐 기울기가 형성된다.

다양한 모르포겐 소스앤드싱크, 즉 머리 쪽-꼬리 쪽, 등쪽-배쪽, 새로운 국부적 소스앤드싱크들이 작동한 결과로 신경관은 부위별로 독특한 정체성을 가진 신경줄기세포 그룹들로 나뉜다. 머리 쪽-꼬리 쪽 모르포겐과 등쪽-배쪽 모르포겐이 각기 다른 모르포겐 역치로 전사인자들을 조절하는 방식에서 파리와 생쥐는 놀라울 정도로 비슷한데, 이 유사성은 그 모든 것이 뇌의 패턴을 형성하는 진화적으로 오래된 속성임을 가리킨다. 아마 곤충과 척추동물은 그와 비슷한 발달 기제를 사용한 공통조상으로부터 기초적인 바우플란을 물려받았을 것이다.

이 개념을 더 깊이 조사하기 위해서 하이델베르크 소재 유럽분자생물학연구소의 데틀레프 아렌트(Detlef Arendt)는 플라티네레이스(*Platynereis*)라 불리는 갯지렁이의 신경계를 연구하고 있다. 체절동물인 이 다모류 벌레는 모든 체절에 곤두선 부속지가 1쌍씩 달려 있다. 화석 기록을 보면 이 분류군은 약 5억 15만 년 전인 캄브리아기 초기에 출현했으며, 진화 계통수로는 척추동물의 기원보다 앞선 가지에서 생겨났음을 알 수 있다. 갯지렁이는 이 초기 화석들과 형태학적으로 대단히 유사한데, 이 사실은 현대의 후손들에게 고대 조상의 많은 속성이 전해졌음을 가리킨다. 갯지렁이는 몸 길이를 따라 이어진 분절화된 신경삭을 가지고 있으며 머리에 뇌와 눈을 비롯한 감각기관이 있다. 아렌트와 동료들이 밝혀낸 바에 따르면, 갯지렁이 배아에는 뉘슬라인폴하르트와 비샤우스가 노랑초파리에서 처음 발견한 것과 일치하는 패턴 형성 유전자가 많이 있으며, 이 유전자들이 신경계의 패턴 형성을 주도한다.[17] 신경계 패턴 형성을 이끄는 고대의 프로그램이 뇌의 여러 부위를 발달시키고, 파리와 인간처럼 다양한 동물의 특수한 기능들이 비례상 비슷한 위치에 보존되어 있다는 사실은 우리를 진지하게 만든다.

이 장을 비롯한 여러 장에서 논의하는 발달 경로 중 많은 경로가 아주 오래됐으며, 다양한 동물종이 비슷한 목적으로 거듭 사용해온 것이다. 하지만 혹스 유전자의 경우와 마찬가지로, 뇌의 패턴 형성에 사용되는 모르포겐도 뇌가 진화함에 따라 새로운 일을 하도록 용도가 바뀐 경우가 많았다. 예를 들어, 1장에서 보았듯이 신경이 유도될 때 BMP는 외배엽세포를 신경이 아닌 표피가 되게 하지만, 이 장에서는 즉시 역할을 변경해서 등쪽 신경관의 패턴을 형성한다. 나중에 BMP는 뇌의 여러 부위를 세분화하는 데 다시 사용된다. Wnt는 뇌를 여러 부위로 패턴화하는 데 쓰이지만, 또한 조직의 성장을 촉진하는 데 이용되기도 한다. 사실, 암 유전자를 처음 발견한 것도 이 때문이다. 다양한 생물을 축조하는 일은 건반이 똑같은 피아노를 가지고 방식과 조합을 달리하면서 라흐마니노프, 베토벤 또는 부기우기를 연주하는 것과 비슷하다는 인상을 준다. 새로운 구조를 축조할 때 반드시 새로운 유전자가 있어야 하는 건 아니다.

눈

이제 신경계에서 대단히 특수한 부분, 우리 눈의 망막을 살펴보자. 무섭더라도 숨을 한번 크게 쉬고 외눈박이 거인족 키클롭스의 하나인 폴리페모스(Polyphemus)를 생각해보자. 폴리페모스는 오디세우스의 꾐에 빠져 술에 곯아떨어진 사이 그의 창에 외눈을 찔려 시력을 잃었다. 시칠리아의 폴리페모스는 신화 속에서 양을 치는 거인이었다. 하지만 1957년에 현실 세계인 아이다호주에서는 머리 중앙에 눈 하나를 가진 외눈박이 양이 많이 태어나 목양업자들을 놀라게 했다. 농무부의 도움으로 범인이 밝혀졌다. 붓꽃과의 캘리포니아 익시아(*Veratrum Californicum*)에서 자연적으로 생성되는 화학물질이 원인이었는데, 임신한 양들이 가끔 그 풀을 뜯은 것이다. 이 화학물질이 '사이클로파민(cyclopamine)'으로 불리게 된 이유는 명백했고, 그 작용 기제는 수십 년 동안 베일에 싸여 있었다. 하지만 소닉헤지호그가 발견되고 모르포겐 효과까지 밝혀졌으므로, 사이클로파민의 주 작용이 소닉헤지호그의 신호를 억제하는 것임을 어렵지 않게 밝혀낼 수 있었다.[18]

모든 척추동물과 마찬가지로 임신한 양의 배아에서도 두 눈은 '눈 영역(eye field)'이라는 단일 영역에서 발생한다. 눈 영역의 위치는 신경판의 앞쪽과 중간이다. 신경판이 동그랗게 말려서 관이 될 때 전뇌 부위에서 2개의 배쪽 돌출부가 나타나기 시작한다. 단일한 눈 영역의 좌우 날개에 해당하는 이 돌출부가 오른쪽 눈과 왼쪽 눈의 싹이 되는 중이다. 단일한 눈 영역이 2개의 돌출부로 나뉘는 것은 정중선에서 분비되는 소닉헤지호그에 달려 있다. 아마도 폴리페모스가 배아였을 때 소닉헤지호그 신호 경로에 돌연변이가 있었거나 어미의 음식에 사이클로파민이 들어 있었기 때문에, 눈 영역이 분리되지 않았고 그래서 단안증이 나타났을 것이다. 인간에게 그런 일이 발생하면 거의 모두 목숨을 잃는다.

아기의 아름다운 눈은 배아 중앙의 이 단일한 눈 영역에서 출발한다. 눈 영역이 눈의 고유한 성격을 결정하는 전사인자들에 의해 분화되는 것이다. 눈 발달을 이끄는 리더를 뽑는다면 단연 Pax6라는 유전자가 강력한 후보로 떠오른다. 생쥐의 배아에서 Pax6 유전자의 양쪽 사본이 돌연변이일 때 그 생쥐는 눈이 없이 태어난다. Pax6 유전자는 지금까지 실험한 모든 척추동물의 눈 영역에서 예외 없이 발현했다. 포유동물 사이에서 그 단백질은 보존성이 강하다. 예를 들어, 생쥐의 것과 인간의 것이 동일하다. Pax6가 모든 동물 사이에서 대단히 잘 보존되어 있다는 사실이 발달생물학계에 충격을 일으킨 것은 1994년 발터 게링(Walter Gehring)과 동료들의 발견 때문이었다. 초파리 가운데 (여러분이 짐작하는 이유로) '눈 없는(eyeless)'이라는 이름의 돌연변이체가 있다는 사실은 1920년대부터 알려져 있었다. 게링의 연구팀은 이 파리의 Pax6 유전자에 돌연변이가 있음을 알아냈다. Pax6 유전자의 높은 보존성은 유전자 도입 실험을 통해 입증되었다.[19] 파리의 Pax6 유전자를 인간의 Pax6 유전자로 대체하면 눈 없이 태어났을 돌연변이 파리를 구할 수 있다. 이 사실이 특히 놀라운 것은 그 시점까지 대부분의 생물학자가 곤충의 겹눈은 카메라 같은 척추동물의 눈과 완전히 별개로 진화했다고 생각했기 때문이다. 실제로 횟수는 꽤 다양했지만 동물계 안에서만 눈이 40번까지 개별적으로 진화했다는 것이일반적인 생각이었다. 하지만 요즘 통념은 어떤 단순한 눈이 단 한번 진화했고 그 뒤 다양해져서 수많은 형태에 이르렀다는 것이다.

조직을 눈으로 변형하는 데 필요한 모든 유전자를 켜기 위해서는 전사인자들이 정확해야 한다. 파리에는 Pax6 외에도 다른 유전자가 많이 있는데, 어느 하나라도 돌연변이일 때는 눈이 발달하지 않는다. '눈 없는' 유전자뿐 아니라, '눈 없는 쌍둥이 형제(twin of eyeless)', '눈이 사라진(eye-gone)', '눈이 부재한(eye-absent)', '시네 오쿨리스(sine oculis, 라틴어로 '눈이 없는')' 등의 이름을 가진 유전자가 있다. 이 눈 유전자들은 전사인자를 암호화하고 많은 것이 서로를 활성화하는데, 그에 따라 모든 눈 유전자를 가동하는 자동조절식 분자 경로가 완성된다. 이 네트워크는 자동으로 조절되기 때문에 어느 하나라도 활성화하면 네트워크 전체가 시동이 걸릴 수 있다. 이를 매우 극적으로 입증한 사건이 있다. 게링의 연구팀은 발달 중인 파리의 더듬이, 다리, 날개, 생식기 등의 부위에서 Pax6 유전자를 발현했다. 결과는 그 모든 부속지가 눈으로 변형된 파리였다. 몸 전체에 다리, 날개, 더듬이, 생식기는 없는데 눈이 15개나 달린 파리를 상상해보라! 마찬가지로 실험자가 발달 중인 개구리 배아에서 여러 부위에 눈 영역 유전자를 활성화하면, 심지어 배나 꼬리 영역에서도 눈이 발생한다![20]

뇌의 다른 영역도 마찬가지지만, 척추동물의 신경판에서 눈 영역이 발생하는 것은 신경관을 형성하고 Pax6 같은 필수 전사인자를 모두 켜는 다양한 모르포겐 기울기 위에서 눈 영역이 위치를 정확히 잡은 결과다. 그 기울기들을 통해 신경관이 형성되고 Pax6를 비롯한 필수 전사인자가 모두 켜지는 것이다. 눈 형성에 관여하는 모르포겐 신호와 핵심적인 조절유전자를 알게 된 덕분에 오늘날 과학자와 의사 들은 인간의 배아줄기세포를 배양해서 그로부터 망막 조직을 만들어낸다. 이렇게 하면 망막 치료에 도움이 되는 세포 유형들을 만들어낼 수 있다. 또한 연구자들은 환자에게서 얻은 줄기세포를 이용해서 간상체와 추상체 같은 망막세포를 만들기도 한다. 이 세포는 환자 본인의 세포와 유전적으로 동일하므로 의학 실험이나 치환술에 큰 도움이 된다.

대뇌피질의 영역

1909년 베를린 대학교 신경생물학연구소에서 일하던 신경학자 코르비니안 브로드만(Korbinian Brodmann)은 다양한 포유동물의 배아에서 수십 곳에 달하는 대뇌피질 영역을 확인했다.[21] 이를 위해서 브로드만은 피질의 절편들을 현미경 아래 놓고 조직학적인 특성(예를 들어, 각기 다른 피질층에서 나온 각기 다른 뉴런형의 배열과 수)을 주의 깊게 관찰했다. 브로드만은 인간 피질에서 조직학적으로 다른 영역을 52개나 발견했다. 오늘날 브로드만 영역이라고 알려진 그 영역 중 많은 것이 특수한 종류의 정보들을 처리하는 영역과 일치한다(그림 2-4). 예를 들어, 브로드만 영역 1은 체성감각 피질이고, 영역 17은 시각 피질, 영역 22는 청각 피질이다. 브로드만의 도해는 오랫동안 상당히 유효했지만, 현재는 그가 밝힌 것보다 더 많은 기능적 영역이 알려져 있다(9장을 보라). 각각의 영역에는 자체적인 신경 구조, 구성, 기능 방식 그리고 다른 영역과 주고받는 입력과 출력이 부여되어 있다. 일부 영역들의 경계는 때로는 점진적이고 때로는 날카로운데, 많은 영역과 많은 경계선을 임신 중기에 있는 태아의 뇌에서 볼 수 있다.

짧은꼬리원숭이의 대뇌피질은 우리보다 10배가량 작지만, 그럼에도 인간과 똑같은 피질 영역이 많으며 피질 전체에서 비슷한 방식으로 배열되어 있다. 심지어 생쥐의 피질 영역도 상대적인 조직 구조가 비슷하게 배치되어 있다. 따라서 이 피질 영역들이 발달

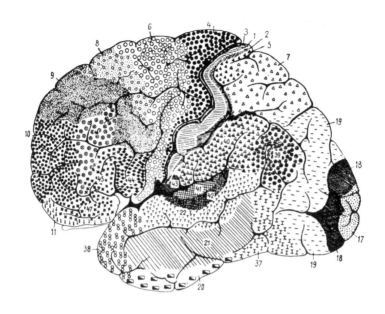

그림 2-4 인간 대뇌피질의 브로드만 영역. 왼쪽 대뇌피질의 측면도다.

하는 것은 유전자 활성의 경계를 나누고, 그렇게 해서 그 모든 피
질 영역에 고유한 성격을 배분하는 공통의 기제(가령 모르포겐 기울
기)를 통해서라는 걸 알 수 있다. 생쥐 연구가 분명히 암시하는 바
에 따르면, 발달 중인 대뇌피질에는 몇몇 국부적인 패턴 형성 또는
신호 중추가 존재한다. 예를 들어, '섬유아세포성장인자(fibroblast
growth factor, FGF)'라는 모르포겐이 보통 발달 중인 대뇌피질의 맨
앞쪽 가장자리에서 생성된다. 만일 생쥐의 피질 발달 초기에 실험
자가 뇌 앞쪽 부위에 FGF를 추가로 투입하면, 운동 피질을 포함
해서 뇌 앞쪽의 피질 영역들이 더 커지고, 체성감각 영역 등(보통
피질의 중간 부분에 있는 영역들)을 뒤로 밀어서 시각 피질 같은 뇌의

뒤쪽 영역들을 압축시킨다. 만일 실험자가 FGF 발생원을 뇌의 뒤쪽에 놓아서 동물에 기울기가 앞쪽에 하나 뒤쪽에 하나, 둘이 되게 하면 많은 피질 영역이 중복 발생한다. 이 경우에 체성감각 영역이나 운동 영역은 2개가 되는 반면, 보통 피질 뒤쪽에 있는 시각 피질은 앞쪽과 뒤쪽에서 밀려나 중간으로 이동한다.

어느 특정한 시기에 부위 및 영역들 사이에 경계가 생기는데, 그 시기에 위와 같은 변화가 기울기 형태에 발생한다고 가정해보자. 그렇다면 영역들의 크기와 위치가 정상적인 경우보다 더 많이 변할 수 있다. 물론 세포들은 예를 들어, 기울기의 순간적인 변화에 기초해서 결정하기보다는 장시간 신호를 통합하는 것과 같은 다양한 기제를 이용해서 그 가변성을 억제하지만, 경계가 정확히 어디에 그어지는가는 개체마다 약간씩 다를 것이 분명하다. 피질 영역의 정확한 형태와 크기는 사실 상당히 가변적이어서 그걸 보고 두 사람을 구별할 수도 있다(8장).

변화는 진화 이론의 중요한 요소이므로 이 맥락에서 대뇌피질을 살펴보는 것도 유용하다. 포유동물에서 피질 영역의 상대적인 크기가 종에 따라 다르다는 건 이미 알려진 사실이다. 고슴도치[모르포겐(헤지호그)이 아니라 포유동물!]의 대뇌피질은 포유동물 중에서 대단히 원시적인 편이다. 고슴도치는 시력이 나쁘다. 시력을 담당하는 피질의 양이 상대적으로 적은 데다가 시각 정보를 해석하는 피질 영역이 몇 개 되지 않는다. 반면에 우리나 짧은꼬리원숭이 같은 영장류는 대단히 시각적인 포유류로, 우리의 대뇌피질에는 각기 다른 시각 영역이 30여 개나 존재한다. 이 영역들은 한 장면의 여러 양상, 즉 운동, 색, 거리, 배경 등에 차별적으로 맞춰져 있다. 다른 포유동물은 다른 감각에 특화되어 있다. 예를 들어, 박쥐는 길을 찾고 사냥을 할 때 반향정위를 사용한다. 고주파 울음소리의 메아리를 듣는 것이다. 박쥐는 청력을 전담하는 피질 영역이 비교적 크고, 몇 개의 특수한 피질 영역을 통해서 메아리의 각기 다른 측면을 처리한다. 너구리는 손으로 세계를 탐험하고 생쥐와 쥐는 수염을 이용하는 만큼 이 체성감각 정보를 전달하는 피질의 양이 상대적으로 크다. 동물 사이에 피질 영역이 이렇게 다른 것은 출생 이후의 감각적 경험 때문이 아니라 진화와 발달 때문이다. 이 변화 뒤에 놓인 기제들은 비교적 탐구되지 않았지만, 이 장에서 줄곧 논의한 모르포겐 기울기와 전사인자가 피질 영역을 가르는 일에 관여한다고 볼 근거는 충분하다.

임신 1개월에 인간의 신경판은 둥글게 말려 관이 된다. 이 신경관은 머리-꼬리 축과 등-배 축을 따라 패턴이 형성되었고, 그와 더불어 성인의 신경계를 구성할 다양한 배아 부위가 신경관의 영역별 좌표에 따라 분화되었다. 그 패턴 형성 기제들은 '모르포겐'이라는 확산성 신호의 기울기와 관련이 있으며, 이 모르포겐들은 전사인자를 암호화하는 유전자를 활성화하거나 억제하는 특정한 역치에 따라서 작용한다. 매끄러운 기울기가 서로 다른 뇌 영역을 날카롭게 가른다. 뇌가 성장함에 따라 국부적으로 새로운 신호 중추가 출현해서 새로운 기울기를 만들어내면 뇌가 더욱 세분화되어 개별 영역들이 다닥다닥 붙은 모습이 된다. 이 개념 틀은 척추동물과 무척추동물 양쪽에 똑같이 적용되는데, 그 진화적 기원이 우리의 공통조상에 있기 때문이다. 신경계의 특수한 부위들을 발생시키는 분자 논리는 대부분 수억 년에 걸친 진화적 시간 동안 잘 보존돼왔다. 모르포겐 기울기의 가변성에 더하여 모르포겐이 조절하는 전사인자의 재조율 능력은 다양한 종의 특수한 뇌가 어떻게 진화했는지를 가리키는 단서가 된다. 지금 뇌는 수많은 영역으로 나뉘고 세분화하는 중이지만, 또한 엄청난 속도로 커지고 있다. 곧 100억 개의 뉴런이 될 것이다. 3장에서는 신경줄기세포가 어떻게 엄청난 수의 뉴런이 되는지를 살펴볼 것이다.

이 장에서는 어떻게 신경줄기세포가 늘어나 적절한 크기와 비율의 뇌가

되는지를 알아보고, 성인의 뇌에도 신경줄기세포가 있는지를 살펴볼 것이다.

증식

임신 첫 4주 동안 인간 배아의 신경줄기세포는 수천 개로 늘어난다. 신경관은 신경줄기세포로 가득 찬다. 하지만 신경줄기세포는 여전히 빠르게 증식한다. 일반적으로 신생아의 뇌는 약 1조 개의 뉴런으로 이루어져 있으니, 더 많이 증식해야 한다. 출생이 임박해짐에 따라 성장은 둔화한다. 점점 더 많은 신경줄기세포가 뉴런으로 변하고, 분열하지 않기 때문이다. 출생에 이르면 거의 모든뇌 영역에서 뉴런 생산이 완료된다. 어떻게 이런 일이 일어날까? 뇌와 뇌 영역들의 성장이 어떻게 그리 정확하게 제어될까? 그리고무엇이 잘못될 수 있을까?

처음 발생할 때 뉴런은 분열할 때마다 세포가 둘로 나뉘어 증식한다. 이 대칭적인 분열 덕분에 신경줄기세포는 지수적으로 증가한다. 임신 초기가 끝날 무렵 태아의 뇌는 시간당 1500만 개의 세포를 생성하는 것으로 과학자들은 추산한다. 중기에 접어들면 많은 신경줄기세포가 분열 방식을 바꾼다. 신경줄기세포는 새로운 비대칭 방식으로 분열하면서 2개의 딸세포가 되는데 하나는 모세포처럼 신경줄기세포로 남지만 다른 하나는 다른 세포가 된다. 이 세포는 즉시 뉴런이 되거나 2차 전구세포가 된다. 전구세포는 단지 몇 번만 분열해서 작은 뉴런 군집을 이룬다. 점점 더 많은 신경줄기세포가 이 비대칭 분열 방식으로 전환함에 따라 세포 수는 지수적 증가에서 선형 증가로 바뀐다. 3기에 이르면 신경줄기세포는 다시 한번 분열 방식을 바꾼다. 이제 두 딸세포가 모두 뉴런이 되는 경우가 많아지고, 둘 중 어느 것도 다시 분열하지 않아서 뉴런 생성은 평탄해지기 시작한다. 마지막 신경줄기세포들이 분열을 마치면 뉴런 증식은 완료된다. 출생할 즈음에는 뉴런의 수가 거의 증가하지 않는다.

모든 신생아의 뇌는 앞으로 존재할 뉴런을 거의 다 갖췄지만, 그럼에도 크기는 성인 뇌의 약 3분의 1에 불과하다. 사람 뇌가 성인의 크기에 도달하기까지는 앞으로 6~7년이 더 걸린다. 출생할 때 모든 뉴런이 존재한다면, 유년기에 뇌 크기가 3배로 증가하는 건 어떻게 설명해야 할까? 이 증가의 원인 중 하나는 어린 뉴런이 출생 후에 커지기 때문이다. 어린 뉴런은 계속 성장하면서 가지를 뻗고 새로운 연결을 만들어나간다. 하지만 출생 후 뇌가 증가하는 가장 큰 이유는 뉴런이 아닌 뇌세포, 이른바 신경아교세포(glial cell)가 출생 후에 계속 생성되기 때문이다. 아교세포의 한 종류인

희소돌기아교세포(oligodendrocyte)는 뇌에서 백질을 구성하고, 뉴런의 긴 축삭을 인지질이 풍부한 몇 겹의 막으로 감싸는데 이 막들이 밀집해 있으면 희끄무레하게 보인다. '미엘린(수초)'이라 불리는 이 포장재는 축삭에서 전류가 새어 나가지 못하도록 절연 기능을 해서 신경 임펄스를 더 멀리 더 빠르게 이동시킨다. 백질은 성인의 뇌 질량에서 약 40퍼센트를 차지하며, 주로 출생 후에 생성된다. 성인 뇌에서 주목할 만한 또 다른 종류의 아교세포는 별 모양을 한 별아교세포(astrocyte)다. 별아교세포는 뇌에서 뉴런 다음으로 수가 많은 세포 유형이다. 별아교세포는 많은 일을 한다. 혈액의 영양분과 산소를 필요로 하는 뉴런들에 도관처럼 혈액을 공급하고, 전기적 신호전달에 적합한 최적의 이온 환경을 유지하고, 뉴런 간 시냅스 연결을 형성하고 유지하는 일에 관여하며(6장을 보라), 뇌 기능을 전반적으로 지원한다.

뇌에서 뉴런의 수는 신경줄기세포가 세포분열을 몇 차례 순환했는가에 달린 문제다. 분열이 여러 번 순환하면 그에 따라 뉴런도 많아지지만, 그런 계통이 증식을 마치기까지는 더 오랜 시간이 걸린다. 태아가 대뇌피질을 구성하는 뉴런 250억 개를 생산하기까지는 약 4개월이 걸린다. 그에 비해 짧은꼬리원숭이의 태아는 대뇌피질에 있는 15억 개의 뉴런을 2개월 만에 생산하고, 아기 생쥐의 경우는 작은 대뇌피질에 뉴런이 150만 개뿐이어서 10일밖에 걸리지 않는다. 신경줄기세포는 나란히 들어차 있고 각각의 세포는 신경상피의 안쪽과 바깥쪽 표면에 붙어 있기 때문에, 분열이 한 차례 순환할 때마다 신경상피의 표면적은 2배가 된다. 그래서 초기에 세포분열이 3번만 순환하면 대뇌피질의 표면적은 8배로 늘어난다. 이 세포들이 대칭 증식을 통한 세포분열을 마감하면 이제부터는 비대칭 세포분열을 통해서 피질의 두께를 증가시킨다. 위의 세 동물 중에서 인간의 피질신경줄기세포가 대칭 세포분열 순환과 비대칭 세포분열 순환을 가장 여러 번 겪는다. 영장류의 신경줄기세포와 생쥐의 신경줄기세포를 구분하는 요소는 비대칭 분열에서 나온 '다른' 딸세포, 즉 2차 전구세포와 관련이 있다. 생쥐에서 이 다른 딸세포는 직접 뉴런이 되거나 단지 한 번만 분열해서 2개의 뉴런이 된다. 인간과 원숭이에서 2차 전구세포는 몇 번 더 분열하고 그후 그 자손들이 뉴런이 된다.[1]

탐구심이 강한 사람은 이렇게 물을 것이다. 만일 생쥐의 신경줄기세포를 발달 중인 인간 피질에 이식하고 그렇게 해서 거기에 있는 영양분과 그 밖의 요소에 노출시킨다면, 인간의 피질줄기세포처럼 더 많이 증식할까? 2016년 케임브리지 대학교의 릭 라이브시(Rick Livesey)가 그런 실험을 했다. 라이브시는 동물의 배아에서 세포를 모으는 대신 전능성 세포를 이용해서 피질신경줄기세포를 만들었다(1장을 보라). 라이브시와 동료들은 인간, 마모셋원숭이, 생쥐의 대뇌피질에서 그렇게 줄기세포를 얻은 뒤 똑같은 배양 조건에 놓고 비교했다.[2] 결과는 명확했다. 인간의 피질줄기세포는 더 오래 증식력을 유지하고 더 여러 번 분열해서 가장 많은 뉴런을 복제했다. 원숭이의 피질줄기세포는 더 적게 분열하고 더 적게 복제했으며, 생쥐의 피질줄기세포는 가장 적게 분열하고 가장 적게 복제했다. 심지어 원숭이의 줄기세포를 인간의 줄기세포와 섞

어놓았을 때도 원숭이의 줄기세포는 원숭이 규모로 뉴런을 복제하고, 인간의 줄기세포는 인간 규모로 뉴런을 복제했다. 이 결과로 보아 이 피질줄기세포들은 종 특이적인 방식으로 증식하도록 예정돼 있음을 알 수 있다. 대뇌피질 세포의 줄기세포는 자기가 생쥐인지 마모셋인지 인간인지를 '아는' 듯하다.

사실 이러한 연구는 1930년대 스탠퍼드 대학교의 실험발생학자 빅터 트위티(Victor Twitty)의 연구를 보완하는 성격을 띤다. 트위티의 작지만 훌륭한 책《과학자와 도롱뇽에 관하여(Of Scientists and Salamanders)》는 내 과학적 상상력을 사로잡았다.[3] 한 실험에서 트위티는 큰 도롱뇽의 지아(肢芽, limb bud)와 작은 종의 지아를 맞바꿨다. 지아를 이식한 배아들이 성체로 성장하는 모습은 보기만 해도 감탄이 새어 나왔다. 작은 도롱뇽의 다리 하나가 변이를 일으켜서 몸의 나머지 크기만큼 자랐고, 큰 도롱뇽 성체에서는 정상적인 다리 3개와 자그마한 네 번째 다리가 성장했다. 눈 속에 들어앉은 뇌 부위인 망막에서도 같은 결과가 나타났다. 눈이 큰 종과 작은 종의 눈 원시세포를 맞바꿨더니 눈이 큰 종에서 채취한 원시세포는 눈이 작은 종의 배아에 이식됐음에도 망막이 크고 뉴런이 훨씬 더 많은 큰 눈으로 성장했고, 반대 경우도 마찬가지였다. 이 결과는 신경줄기세포의 증식력을 지배하는 것은 종 특이적인 선천적 요소임을 가리킨다.

변하는 계통과 변하지 않는 계통

세포를 알기 위해서는 그 계통을 알아야 한다. 어머니는 누구이고, 할머니는 누구인가? 그 위는? 1970년대 말에 존 설스턴(John Sulston)과 동료들은 엄청난 과학적 도전을 위해 자그마한 토양선충인 예쁜꼬마선충(*C. elegans*)을 선택했다. 연구자들은 그 몸을 이루는 모든 세포의 완전한 계통사를 알고자 했다. 그들이 예쁜꼬마선충을 선택한 이유는 이 종이 1000개 남짓한 세포로 이루어졌고 그래서 살아 있는 배아를 현미경 아래 놓고 모든 세포를 볼 수 있어서였다. 연구자들은 영웅적인 노력과 수많은 시간을 통해 세포 하나하나의 시간과 공간을 기록하고, 난자에서 성체에 이르기까지 모든 세포분열을 추적했으며, 그렇게 해서 난자로 거슬러 올라가는 모든 세포의 계보를 완성했다.[4] 그런 뒤 그들은 한 동물의 결과를 다른 결과와 비교했고, 그렇게 해서 모든 예쁜꼬마선충은 똑같은 계통의 역사를 밟는다는 것을 밝혔다. 선충류에서는 모든 계통에서 모든 세포분열이 똑같은 방식으로 펼쳐진다고 여겨진다. 그러한 불변의 세포 계통은 무척추동물에서 종종 발견되며, 특히 이 자그마한 선충처럼 뉴런이 몇 개 안 되는 동물들에서 더 자주 발견된다. 참고로 선충의 신경계는 정확히 뉴런 302개와 아교세포 56개로 이루어져 있다.

더 큰 척추동물의 뇌에 숨어 있는 뉴런의 계통사는 추적하기가 훨씬 어렵다. 뉴런의 수가 비교할 수 없을 정도로 많기 때문이다. 하지만 결국 그 계통의 일부를 추적하는 것이 가능해졌다. 그리고 척추동물의 뉴런 계통들은 선충의 계통들보다 훨씬 더 가변적이라는 것이 즉시 밝혀졌다. 예를 들어, 생쥐 배아의 대뇌피질에서 어느 줄기세포는 수백 개의 뉴런을 복제할 수 있는 반면, 겉으로 보기에 별 차이가 없는 이웃 세포는 20개 미만의 뉴런을 복제한다. 만일 신경줄기세포가 생산 물량에서 그러한 가변성을 보인다면, 뇌를 어떻게 적절한 크기와 비율로 만들 수 있을까?

한 가지 가능성으로, 척추동물의 뇌에서는 신경줄기세포의 행동 방식에 어느 정도 무작위가 발생할 수도 있다. 어떻게 그런 일이 일어나는지를 보여주는 실례가 지에 허(Jie He)의 영상에서 나왔다. 그가 케임브리지 대학교의 내 연구실에서 일할 때 투명한 제브라피시 배아의 망막줄기세포를 저속촬영한 것이다.[5] 현미경으로 제브라피시 배아에서 살아 있는 뇌가 발달하는 모습과 개별 세포들이 여러 번 분열하는 것을 볼 수 있다. 제브라피시의 배아에는 망막줄기세포가 약 1000개 있다. 제브라피시의 망막줄기세포는 대부분 3번에 걸쳐 지수적으로 증가한다. 망막줄기세포 1개가 2개의 망막줄기세포로 나뉘는 것이다. 딸세포가 이렇게 8배 늘어나면 이제부터는 4번에 걸쳐 세포분열을 하는데 이때 3가지 다른 분열 방식 중에서 하나를 무작위로 선택한다. 첫 번째 방식으로는 세포가 이전과 똑같이 분열한다(즉, 대칭 분열을 해서 2개의 증식성 세포가 된다). 두 번째 방식으로는 세포가 비대칭으로 분열해서 하나는 증식성 세포가 되고 다른 하나는 망막 뉴런이 되어 더 이상 분열하지 않는다. 세 번째 방식으로는 세포가 2개의 망막 뉴런으로 분열한다. 이렇게 4차례 분열한 뒤에도 남아 있는 증식성 세포가 있으면 대개 마지막으로 한 번만 더 분열한다. 그런 뒤 망막 증식은 완료되고 배아 망막은 최종 크기에 도달한다. 4차례 분열하는 동안 3가지 방식 사이에 무작위 선택이 있기 때문에 복제 규모는 가변적이다. 비록 제브라피시의 망막줄기세포 중 어떤 것은 적게 복제하고 다른 것은 많이 복제한다고 해도 생산된 망막 뉴런의 총수는 개체 사이에서 놀라울 정도로 일정하다. 대수의 법칙(law of large numbers)에 따르면, 무작위 요소가 작용하는 상황에서(예를 들어 주사위 굴리기나 3가지 방식의 세포분열 중 하나 선택하기), 똑같은 실험을 여러 번 실행하면 그로부터 나온 평균 결과는 기댓값에 가깝다. 제브라피시의 망막에 약 1000개의 망막줄기세포가 있다면, 이는 제브라피시의 망막줄기세포 하나에 대해 똑같은 실험을 1000번 하는 것과 같다. 대수의 법칙에 따르면, 배아기가 끝날 때 제브라피시의 총세포 수는 24(평균 복제 규모) × 1000(망막줄기세포의 수), 즉 2만 4000개로서, 대략 정확하다. 각각의 망막에서 '실험'이 약 1000번 이뤄졌기 때문에 제브라피시의 망막들 사이에서 규모의 변동은 크지 않다. 다양한 포유동물종(인간 포함)의 망막과 대뇌피질에 존재하는 복제 규모의 이 변동성은 다음과 같은 사실을 가리킨다. 포유동물은 망막줄기세포 하나하나가 선택하는 다소 예측할 수 없는 패턴을 통해서 적절한 크기와 비율의 뇌를 형성하는데 이때 모두 대수의 법칙에 의존한다.

세포주기

신경줄기세포를 비롯해서 분열하는 모든 세포에 세포분열은 중요한 순간이다. 하지만 분열할 때마다 줄기세포의 크기는 절반이 되고 얼마 후 다시 분열하기 때문에, 세포는 그 사이에 성장해야 한다. 줄기세포의 춤은 단순하다. 성장하고 분열하고 다시 성장하고 다시 분열하는 것이다(그림 3-1). 이 춤을 '세포주기(cell cycle)'라 부른다. 세포주기는 4가지 단계로 이루어진다.[6] 1단계는 성장하면서 충분한 자원을 얻는 시기로, 이는 세포주기의 두 번째 단계를 준비하기 위해서다. 첫 번째 단계를 성공적으로 마친 뒤 세포는 2단계로 들어가서 자신이 가진 모든 DNA를 복제한다. 3단계에서 세포는 DNA 복제에 오류가 있는지 점검하고 손상된 DNA를 수리한다. 점검과 수리와 추가적인 성장을 마치고 나면 세포는 4번째이자 마지막 단계인 '체세포분열(mitosis)'로 넘어간다. DNA의 두 사본이 모세포에서 반대 방향으로 갈라진다. 모세포는 중간에서 수축하고 두 사본은 서로 완전히 분리된다. 독립한 딸세포들은 지체하지 않고 첫 번째 성장 단계로 들어간다. 모세포는 이제는 존재하지 않는 세포, 엑셀(ex-cell)이다.

세포주기의 단계들 사이에는 관문(checkpoint)이 있다. 품질 관리를 위해 잠시 멈추고 한 단계가 완료됐는지, 다음 단계로 넘어갈 준비가 잘됐는지 확인하는 것이다. 세포가 관문을 잘 통과하는지에 대해서는 다음 단계로 진입하는 것을 부추기거나 억제하는 단

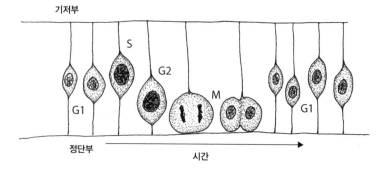

기저부

S

G2

G1

M

G1

정단부

시간

그림 3-1 신경줄기세포의 세포주기. 분열하는 세포는 신경상피의 일부분이고, 그래서 신경상피의 정단부면, 기저부면과 전체적으로 연결되어 있다. (왼쪽에서 오른쪽으로) 1차 성장기(G1), 세포가 성장한다. 일단 세포가 충분히 성장하고 나면 합성기(S)에 진입하고, 여기서 자신의 DNA를 복제한다. 다음으로 세포는 2차 성장기(G2)로 이동해서, 약간 더 성장하고 정점 표면으로 이동해서 체세포분열을 한다(M). 그런 뒤 2개의 딸세포는 G1의 세포주기에 재진입한다. (G = growth, S = synthesis, M = mitosis)

백질이 감시한다. 이 단백질들이 임무를 소홀히 하면 세포가 분열하지 않아야 할 때 분열할 수 있다. 1기에서 2기로 넘어가는 관문은 특별히 잘 연구된 주제다. 대부분의 세포가 이 지점에서 걸음을 멈추기 때문이다. 이 주요한 관문을 감시하는 단백질 중 하나는 '망막모세포종(retinoblastoma)' 유전자의 산물이다. 망막모세포종 단백질이 충분하지 않으면 세포는 너무 쉽게 관문을 통과해버린다. 망막모세포종이란 이름은 아기와 어린이 사이에서 발견되는 암에서 온 것으로, 이 암은 이미 분열을 멈췄어야 할 세포주기인데도 망막에 신경 전구세포나 미성숙한 뉴런이 남아 있어서 발생한다. 이 신경암이 매우 어린 나이에 발생하는 것은 일단 뉴런이 충분히 분화되고 나면 세포주기에 재진입하지 않기 때문이다. 따라서 종양을 제거하면 아이는 대개 생존하지만, 결손이 있는 망막모세포종 유전자가 있다는 것은 세포주기가 여전히 활성을 유지하는 다른 조직에서 암이 발생할 위험이 있음을 의미한다.

1931년에 생리학자 오토 바르부르크(Otto Warburg)는 종양 물질대사에 관한 연구로 노벨상을 받았다. 바르부르크를 사로잡은 문제는 단단한 종양이 혈액을 공급받지 않고 성장을 시작한다는 것이었다. 종양은 결국 혈관에 붙어서 양분을 얻고 위험한 성장을 계속하지만, 처음에는 혈액이 공급되지 않아 영양분이 거의 없는데도 종양 세포들은 어떻게든 증식한다. 바르부르크는 종양 세포들이 어떻게 그럴 수 있는지를 알아내고자 했다. 그리고 그가 발견한 것은 암세포가 연료를 태우는 방식이 신체 안에서 다른 대부분의 세포가 채택한 방식과 다르다는 것이었다.[7] 우리 세포는 대부분 산소를 이용해서 대사작용을 한다. 포도당을 이산화탄소와 물로 분해해서 세포에 공급할 에너지를 생산하는 것이다. 하지만 단거리달리기를 하거나 역기를 들어 올릴 때 근육은 산소 없이(즉, 무산소로) 연료를 태운다. 갑자기 힘을 폭발적으로 쓰는 동안에는 완전연소에 필요한 산소가 충분히 공급되지 않기 때문이다. 무산소 물질대사는 에너지 생산의 효율성이 유산소 물질대사의 4퍼센트에 불과한 데다 포도당 대사의 중간 산물이 근육세포에 쌓이는 불이익도 명백하다. 그런 중간 산물의 일례로 젖산은 근육통을 유발한다. 바르부르크의 언급에 따르면, 암세포 역시 무산소로 연료를 태우지만, 산소가 충분하지 않을 때도 그렇게 연료를 태운다. 예를 들어 젖산염같이 부분 연소된 연료에서도 암세포는 새로운 아미노산과 뉴클레오티드를 만들고, 그 결과 연소를 통해서 이산화탄소와 물을 얻는 경우보다 더 효율적으로 성장할 수 있다. '바르부르크 물질대사'는 암세포를 성장시킬 뿐 아니라, 암세포 성장에 충분한 산소 공급이 불필요하게 해준다.

일반적인 태아는 산소가 거의 없는 환경에서 발달한다. 태아 혈액에 함유된 산소의 양은 실제로 에베레스트산 정상에서 산소를 보충하지 않고 숨을 쉬는 사람의 양과 맞먹는다. 발달 중인 태반과 분화된 분자적 운반 장치가 교묘한 연결고리를 만들어서 어머니의 혈액에서 태아에게 산소를 공급해주지만, 배아 상태에서 산소 수치는 여전히 엄청나게 낮고, 그래서 배아 조직에서 폭발적으로 증식하는 줄기세포들이 종종 바르부르크 물질대사를 사용해서 탈 없이 성장하고 세포주기의 관문들을 무사히 통과하는 것도 놀라운 일이 아니다.

배아는 비교적 낮은 산소 수치에서는 성장할 수 있지만, 영양분 수치가 너무 낮을 때는 성장하지 못한다. 영양분이 없으면 세포는 첫 번째 관문을 통과하지 못한다. 어머니의 영양 결핍으로 저체중아가 태어나는 것도 그런 이유에서다. 놀랍게도 영양이 결핍된 아기는 전체적으로 저체중이지만 몸 크기에 대비해서 상대적으로 머리는 크게 태어난다. 이는 이른바 '뇌 검약(brain sparing)'이라는 현상 때문이다. 어쩌면 뇌는 대단히 중요한 기관이고 또한 대부분의 세포 유형과 달리 뉴런은 사는 동안 보충되지 않기 때문에, 굶주린 배아는 제한된 자원을 동원해서 최우선으로 뇌를 먼저 만드는 것인지 모른다. 이런 경우 태아의 뇌는 몸의 나머지 부분을 희생시키고 성장한다. 그럼에도 영양이 결핍된 어머니에게서 태어난 아이들은 뇌가 평균보다 작고, 뉴런과 아교세포의 수가 적으며, 회복할 수 없는 인지장애를 보이기도 한다.

뇌에서 각기 다른 부위의 신경줄기세포는 각기 다른 정도로 증식하고, 그래서 각각의 부위는 크기와 뉴런의 수가 다르게 성장한다. 부위별 경계는 모르포겐 기울기와 구역별 전사인자를 통해 신경상피 안에서 그어진다(2장을 보라). 뇌 패턴을 형성하는 이 인자들이 각 부위를 차별적으로 증식하게 하는 것이다. 전사인자들이 이 증식을 제어하는 방식은 앞서 본 것과 같이 세포주기 기제의 구성 요소, 예를 들어 다양한 부위가 제각기 적절한 크기로 성장하도록 관문을 감시하는 인자를 조절하는 것이다. 예를 들어보자. 망막이 정확한 크기로 성장하기 위해서는 눈 형성에 중요한 전사인자 중 적어도 일부(2장)가 세포주기 관문의 수비병들을 잠들게 해서 눈이 성장할 수 있게 해야 한다. 개구리나 물고기 배아에서 이 전사인자의 활성이 약하거나 사라지면 그 동물은 눈이 작게 성장하는 반면 똑같은 전사인자가 지나치게 활성화하면 그 동물은 눈이 왕방울만 해진다.[8]

소두증

과거에 '핀대가리 실리치(Schlitzie the pinhead)'라고 알려진 실리치 서티즈(Schlitzie Surteez)는 카니발 프릭쇼에 출연하다가 영화배우가 된 사람이다. 실리치는 1971년 70세의 나이로 사망했다. 그는 소두증(microcephaly, 그리스어로 '작은 머리')이었다. 소두증은 신경 줄기세포 증식에 장애가 있어 발생한다. 실리치는 키가 122센티미터에 불과했다. 아마 몸속의 모든 세포가 제대로 증식하지 않은 탓일 것이다. 하지만 소두증 환자의 대부분이 그렇듯 실리치의 뇌는 신체의 다른 부분에 비해서 지나치게 작았다. 지적장애가 있었지만 그는 세 살짜리 아이와 비슷하게 경이롭고 천진한 눈으로 세계를 바라봤다고 한다. 실리치는 붙임성이 있었을뿐더러 노래하고 춤추고 남을 즐겁게 해주길 좋아했다. 그런 이유로 그의 동료 배우와 돌보는 사람 들은 실리치의 생애 내내 그를 정성껏 보호했다.

유전성 소두증은 전 세계에서 가계를 따라 전달되는데 그 덕에 유전학자들은 소두증의 원인유전자를 탐색하고 찾아낼 수 있었다. 지금까지 밝혀진 바로는 대략 20개의 유전자가 유전성 소두증과 관련이 있다고 한다. 놀랍게도 이 유전자의 대부분은 '중심체(centrosome)'라는 단일 세포소기관의 단백질 구성 요소를 암호화한다.[9] 중심체는 모든 세포주기의 마지막 단계(즉, 체세포분열 단계)와 관련돼 있다. 체세포분열 초기에 중심체는 두 부분으로 나뉘고, 이 두 부분은 모세포를 중심으로 각기 반대편으로 이동한다. 그리고 그곳에 자리를 잡은 뒤 미세소관이라는 단백질 끈으로 이루어진 방추(물렛가락) 모양의 구조물을 형성하기 시작한다. 이 방추체의 도움으로 세포 내 운동단백질은 물리적 작용을 시작한다. 복제된 2벌의 염색체를 서로 분리한 뒤 방추체를 따라서 모세포의 양쪽으로 염색체를 끌어당기는 것이다. 그런 뒤 방추체와 수직으로 세포가 쪼개진다.

여러분도 기억하겠지만 대칭 증식에서는 세포의 수가 지수적으로 증가하고, 비대칭 증식에서는 선형적으로 증가한다. 따라서 대칭에서 비대칭 증식으로 전환이 이루어지는 확률과 시간은 뇌의 성장과 최종 크기에 큰 영향을 미친다. 모든 신경줄기세포에는 세포로 하여금 세포주기를 벗어나게 하는 인자들이 있는 동시에 세포주기에 머물러 있게 하는 인자들이 있다. 마치 적대적인 두 힘이 세포의 영혼을 가운데 놓고 싸우는 듯하다. 한쪽이 외친다. "젊음을 유지해! 계속 분열하라고!" 다른 쪽이 말한다. "철 좀 들어! 뉴런이 되라고!" 이 두 종류의 적대적 인자가 두 딸세포에 불공평하게 분배되면 한 딸세포는 주기에 남고 다른 딸세포는 뉴런으로 분화하게 된다. 하지만 이 인자들이 두 딸세포에 공평하게 분배된다면 다음번 분열은 또다시 대칭이 될 것이다.

모든 신경줄기세포는 극성(polarity)을 가지고 있다. 신경줄기세포들은 신경상피의 안-바깥 축을 따라 나란히 정렬되어 있다. 세포에서 안쪽 표면과 가장 가까운 부분을 '정단부(apical)'라 하고, 바깥쪽 표면과 가장 가까운 부분을 '기저부(basal)'라 부른다. 세포주기에 남길 좋아하는 인자들과 세포주기에서 벗어나길 좋아하는 인자들은 세포의 정단부와 기저부 가까이에서 종종 발견된다(그림 3-2). 만일 세포분열이 정점-기저 극성이 잘 배열된 각도로 이루어지면, 인자들은 두 딸세포에 공평하게 분배되고, 그 분열은 대칭이 될 것이다. 하지만 중심체에 이상이 있을 때 종종 그렇듯이 그 각도가 기울어지면 인자들이 불공평하게 나뉘어서 대칭 분열이 아닌 비대칭 분열이 일어나고, 그 결과 신경 증식의 범위가 제한된

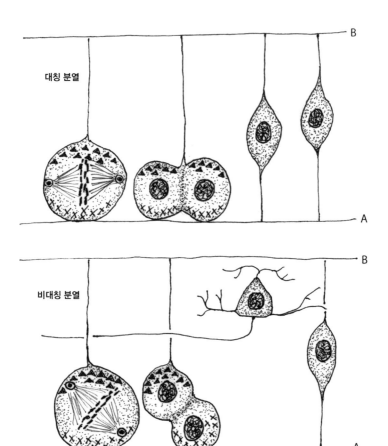

그림 3-2 세포의 대칭 분열과 비대칭 분열. 위 그림에서는 신경줄기세포가 대칭으로 분열해서, 방추체가 정단부(A) 표면과 평행하다. 두 딸세포는 중요한 분자(삼각형과 X)를 공평하게 나눠 갖는다. 그중에서 어떤 분자는 세포를 세포주기에 남게 하는 경향이 있고, 다른 분자는 세포주기를 벗어나게 하는 경향이 있다. 이 대칭 분열에서 두 딸세포는 모두 세포주기에 재진입한다. 아래 그림에서는 방추체가 정단부(A) 표면 및 기저부(B) 표면과 비스듬한 각도를 이루고 있다. 그 결과 두 딸세포에 중요한 분자들이 불공평하게 분배되고, 그래서 한 딸세포는 뉴런이 되는 반면 다른 딸세포는 신경줄기세포로 남는다.

다. 이것이 유전성 소두증의 주원인 중 하나로 여겨진다.

유전성 소두증의 원인으로 밝혀진 유전자 중 몇몇은 큰 뇌를 가진 포유동물(예를 들어 침팬지, 인간, 고래) 사이에서 급속히 진화했다. 이는 큰 뇌에 중심체의 기능이 중요할 수 있음을 가리킨다. 하지만 유전적 요인이 전부는 아니다. 환경도 역할을 한다. 소두증은 임신 중 알코올 남용으로 발생할 수도 있다. 또한 2016년 팬데믹이 유행할 때 처음 발견됐듯이 지카바이러스도 소두증을 일으킬 수 있다. 당시에 브라질에서는 지카바이러스에 감염된 임산부에게서 소두증 아기가 많이 태어났다. 후속 연구에 따르면 지카바이러스는 태아의 뇌에서 신경 전구세포를 표적으로 삼아 증식을 저해한다고 하지만, 자세한 분자 기제는 아직 밝혀지지 않았다.

소두증은 뇌 성장이 비정상적으로 줄어든 탓인 반면에 '거뇌증(megalencephaly)'은 뇌가 과도하게 성장해서 발생한다. 거뇌증의 원인은 세포증식을 과도하게 촉진하는 돌연변이인데, 그로 인해 신경줄기세포가 정상적인 경우보다 더 많이 분열하는 것이다. 거뇌증은 '대두증(macrocephaly)'과 다르다는 점에 주목할 필요가 있다. 일반적으로 대두증은 뉴런의 과잉 증식이 아니라 뇌척수액 순환에 문제가 있어 뇌실이나 뇌와 두개골의 사이 공간에 액이 고이는 증상이다. 이 액은 쉽게 빼내거나 차단할 수 있기 때문에 대두증을 안고 태어난 아기들은 대체로 장기적인 신경 문제를 겪지 않는다. 반면에 태어날 때 이미 거뇌증을 보인 아기는 대부분 후에 자폐스펙트럼장애 진단을 받는다. 대두증이나 거뇌증에 대한 치료법은 아직 발견되지 않았다.

대뇌피질층

　뇌 발달기의 어느 시점에 이르면 신경줄기세포는 더 이상 분열하지 않는 뉴런이 된다. 뉴런의 출생일은 뉴런이 세포주기를 영원히 떠나 다시는 분열하지 않을 순간에 해당한다. 대부분의 뉴런은 신경상피의 안쪽 면 또는 정단부면[이 면은 뇌실을 따라 펼쳐져 있기 때문에 '뇌실 표면(ventricular surface)'이라고 한다] 위에서 태어난다. 신경상피의 바깥쪽 면 또는 기저부면은 '연질막면'이라고 불린다. 그 자리는 연질막(pia mater, 라틴어로 '부드러운 어머니')이라는 이름의 첫 번째 덮개가 섬세한 반투명 막으로 뇌를 감싼 곳이기 때문이다. 대뇌피질에서 가장 먼저 태어난 뉴런은 신경상피의 안쪽 면(뇌실 표면)에 달라붙은 뒤 바깥쪽 면(연질막면)을 향해 이동하기 시작한다. 더 많은 세포가 세포주기를 떠나 이렇게 이주를 시작함에 따라 신경상피는 뇌실면에 가까운 안쪽 구역(신경줄기세포가 여전히 증식하고 있는 구역)과 연질막면에 가까운 바깥쪽 구역(뉴런으로 가득 차 있는 구역)으로 나뉜다. 발달 중인 대뇌피질을 찍은 현미경 사진과 저속촬영 영상을 보면 알 수 있듯이, 뇌실 구역에서 태어난 뉴런은 이웃한 세포, 즉 신경상피의 안쪽 면과 바깥쪽 면에 길게 붙어 있는 신경줄기세포를 붙잡고서 마치 나무를 타듯이 연질막면을 향해 기어오르기 시작한다. 더 많은 뉴런이 태어나고 더 많은 신경줄기세포가 세포주기를 떠남에 따라 기어오를 기둥은 점점 줄어들게 된다. 아기가 태어날 무렵 뇌실면 구역은 텅 비고 뉴런은 모두 위로 올라가 연질막면 쪽에 있는데, 연질막면은 이미 대뇌피질이 된 상태다.

포유류의 대뇌피질은 여러 개의 세포층으로 나뉘어 있다. 각 층에는 특수한 형태와 기능을 담당하는 특수한 유형의 뉴런들이 속한다. 1961년에 미국국립보건원에서 일하던 리처드 시드먼(Richard Sidman)은 지질학자가 각기 다른 암석층의 연대를 확인하고 싶어 하듯이, 대뇌피질의 각기 다른 층이 각기 다른 발달 단계에 태어난 뉴런들로 구성되었는지를 확인하고자 했다. 연구를 위해 시드먼은 각기 다른 임신기에 있는 임신한 생쥐들에 소량의 뉴클레오티드(DNA를 구성하는 4가지 성분 중 하나)를 주입했다. 이 뉴클레오티드에는 수소의 방사성 동위원소가 포함되어 세포가 탄생한 시간을 산정할 수 있었다. 방사성 동위원소를 접하기 이전에 태어난 세포는 그 라벨을 가질 수가 없었다. 방사성 펄스를 접한 시점 이후에 분열을 여러 번 한 세포는 분열할 때마다 그 라벨이 2배씩 희석되었다. 따라서 뉴클레오티드를 주입한 시기에 마지막 회차로 DNA를 복제한 세포들만이 DNA에 가장 많은 방사성을 함유했다.

시드먼은 동위원소 라벨이 붙은 뇌 박편을 감광유제에 담갔다. 흡수된 동위원소의 방사성 붕괴로 마치 불빛에 비춘 것처럼 유제가 나타났고 그와 더불어 뉴런의 출생일이 드러났다. 특히 시드먼은 대뇌피질층들이 지층과 매우 흡사하게 배열돼 있는 것을 발견했다. 오래된 뉴런들(생일이 빠른 뉴런들)은 깊은 층에 있었고, 어린 뉴런들은 상층에 있었다.[10] 추가 연구를 통해서 밝혀진 바에 따르면 이 안-바깥 패턴은 다음과 같은 방식으로 조직되어 있었다. 처음 태어난 뉴런들은 연질막면 근처에서 이동을 멈춘다. 다음 태어난 세포들은 이 언니 세포들을 밀어제친 뒤 이동을 멈춘다. 새로운 뉴런 세대가 이전 세대를 제치고 이동함에 따라, 피질층의 '안-바깥' 구조가 만들어진다.

우리가 이 안-바깥 층의 생성 기제를 들여다볼 수 있었던 것은 휘청거리고 불안정하게 걸어서 '주정뱅이(reeler)'라 불리는 돌연변이 생쥐 덕분이었다. 주정뱅이 생쥐의 대뇌피질을 검사해서 뉴런의 출생일을 추적했더니 놀랍게도 이 돌연변이 뇌에서는 피질층이 뒤집혀 있었다. 오래된 뉴런들이 바깥층 또는 표피층 근처에 있었고, 어린 뉴런들이 안쪽 또는 깊은 층에 있었다. 연구자들은 주정뱅이 유전자를 복제해서 그 유전자가 암호화하는 분비단백질을 발견했고, 거기에 '릴린(reelin)'이라는 꼭 맞는 이름을 붙여주었다.[11] 릴린은 보통 피질에 가장 일찍 도착하는 뉴런에 의해 만들어진다. 릴린을 분비하는 이 뉴런들은 연질막면 근처에 남아서 열심히 피질을 건설하고 임무를 다하면 즉시 사망한다(7장을 보라). 릴린이 없을 경우(즉, 주정뱅이 돌연변이체)에도 뉴런은 연질막면을 향해 이동한다. 하지만 이미 이주한 뉴런들을 제치고 릴린이 풍부한 연질막면에 도달하기보다는 이미 이주한 다른 뉴런들 위에 쌓이기 시작한다. 그 결과 돌연변이 생쥐에서는 오래된 뉴런들이 표면 쪽에 있고 어린 뉴런들이 밑에 있게 된다. 릴린 유전자의 돌연변이 효과는 인간에게 치명적일 수 있다. 운동 장애, 인지 결손, 언어 발달 지연, 조현병, 자폐증을 일으키기 때문이다.

뉴런의 교체

우리의 장기를 구성하는 세포는 평생 교체된다. 적혈구 세포는 대략 4개월 생존했다가 새로운 세포로 교체된다. 보통 성인의 경우 새로운 적혈구 세포가 초당 200만 개 이상 만들어진다. 피부 세포도 끊임없이 태어나고 교체된다. 피부 세포는 단 몇 주 동안 생존한다. 대장 세포는 며칠마다 교체된다. 이들 조직은 부상을 당하면 상한 조직을 더 빨리 만회하기 위해 증식 속도를 높인다. 하지만 인간 뇌에서 뉴런의 생산은 태어날 때나 그 직후에 완료되므로, 만일 뇌를 다쳐서 뉴런이 죽는다면 그 뉴런은 새것으로 교체되지 않는다.

운이 좋은 몇몇 동물은 잃어버린 뉴런을 교체할 수 있다. 편형 동물은 뇌 전체를 새롭게 재생한다! 물고기와 도롱뇽 역시 손상된 뇌 부위를 재생할 수 있고, 심지어 필요할 때는 구체적인 유형의 뉴런을 콕 집어 교체할 수도 있다. 하지만 포유동물의 뇌에서는 재생력을 찾아볼 수가 없다. 정확히 왜 또는 어떻게 그런 일이 일어났는지는 아무도 모른다.

인간이 새로운 뉴런을 만들지 않는다는 강력한 증거의 일부는 핵무기 실험에서 나온다. 지구상에서 가장 흔하고 안정적인 탄소 동위원소는 ^{12}C다. 하지만 우주에서 들어오는 전리 방사선 때문에 대기 중에는 ^{14}C도 약간 존재한다. 살아 있는 동식물은 ^{12}C와 함께 대기 중에 있는 ^{14}C를 흡수한다. 하지만 동물 세포나 식물 세포가 죽으면 어떻게 될까? ^{14}C는 붕괴하기 때문에 ^{12}C 대 ^{14}C의 비율이 낮아진다. ^{14}C의 반감기는 5730년이므로, 아주 오래된 나무의 나이테를 분석하면 거기에 있는 ^{12}C 대 ^{14}C의 비는 나이테가 처음 형성됐을 때보다 더 낮을 테고, 그래서 우리는 탄소연대측정법으로 나이테의 나이를 계산할 수 있다. 1950년대 초에 세계 여러 나라는 지상에서 핵무기 실험을 개시했다. 그로 인해 다량의 ^{14}C가 대기중에 방출됐고, 이때 증식을 한 모든 세포의 DNA에서 ^{14}C 수치가 올라갔다. 1963년에 부분적 핵실험 금지조약(Partial Nuclear Test Ban Treaty)이 조인되었고, 그 후로 핵실험은 지하에서 이루어졌다. 그 결과 1963년 대기 중에 높았던 ^{14}C가 냉전 이전의 수준으로 떨어지고 있는데, 나무들이 다양한 방식으로 ^{14}C를 흡수하고 고정하기 때문이다. ^{14}C의 이 '폭탄충격파(bomb pulse)'는 1963년이 정점이므로, 사람의 세포가 언제 태어났는지를 계산할 수 있는 새로운 탄소연대측정법이 되었다. 1950년 이전에 태어난 사람은 아기일 때 DNA 내 ^{14}C의 수치가 낮겠지만, 그 사람이 1960년대에 새로운 세포를 만들었다면 그 세포는 DNA 내 ^{14}C의 수치가 높을 것이다.

스웨덴 카롤린스카연구소에서 일하는 요나스 프리센(Jonas Frisen)은 인간 세포의 발생 연대를 추적해왔다. 이를 위해 프리센은 폭탄충격파로 인한 대기 중 ^{14}C 수치 변화를 이용한다. 혈액 세포와 장 세포는 주기적으로 교체되기 때문에, 그 DNA의 ^{14}C 함유량은 당사자의 나이와 같은 시기의 대기 중 ^{14}C 수치를 반영한다. 하지만 대뇌피질의 뉴런에는 당사자가 태어났을 때의 ^{14}C 수치가 반영되어 있다. 폭탄충격파의 정점에 태어났다가 수십 년 후에 죽은 사람은 피질 뉴런의 ^{14}C 수치가 태어날 때의 대기 중 수치와 일치했다. 반면에 지상 핵실험이 시작되기 전에 태어난 사람의 피질 뉴런은 높은 대기 중 ^{14}C를 경험했을지라도 피질 뉴런의 ^{14}C 수치가 여전히 낮았다. 이러한 연구로부터 우리는 피질 뉴런이 일평생 교체되지 않으며 인간의 피질 뉴런은 그가 산 만큼 오래된 것임을 알 수 있다.[12]

줄기세포 적소

많은 어류, 양서류, 파충류가 성체가 되어서도 계속 성장하고, 그와 함께 뇌도 성장한다. 이 동물들은 신경줄기세포에서 새로운 뉴런을 만들어내는데, 이 신경줄기세포는 분화된 국소적인 미소환경(microenvironment), 이른바 '줄기세포 적소'에 거주한다. 성장하는 물고기의 망막 가장자리가 줄기세포 적소의 좋은 사례다.[13] 바로 이곳에서 성장하는 물고기의 새로운 뉴런이 매일 만들어진다. 어떤 물고기는 여러 해 동안 성장하고, 그러는 동안 세포가 망막 가장자리에 나이테처럼 동심원 형태로 추가된다. 마찬가지로 이 동물들의 뇌 역시 성년기에 들어서도 계속 성장하고 신경줄기세포로부터 새로운 뉴런을 공급받는다.

물고기를 비롯한 많은 냉혈 척추동물은 성년기에도 실질적으로 성장을 이어가는 반면 온혈 척추동물, 조류, 포유류는 대개 성체가 되면 성장을 멈춘다. 조류의 뇌에서는 새로운 뉴런 생산이라는 귀중한 사건이 거의 발생하지 않는다. 하지만 어떤 새에서는 그런 일이 일어난다. 록펠러 대학교의 페르난도 노테봄(Fernando Nottebaum)이 이 사실을 발견한 것은 금화조의 노래 배우기에 관해서 연구할 때였다. 이 명금류가 노래 부를 때 특별히 활성화하는 뇌 부위에서 비수기에는 뉴런이 줄어들고 노래하는 철에는 새로운 뉴런이 그 자리를 메운다. 주기는 1년이다. 따라서 이 새로운 뉴런의 쓰임새는 계절 변화에 맞춰 노래하는 데 있을 것이다. 또한 이러한 교체를 뇌의 '회춘' 과정으로 생각할 수 있다.

포유류는 어떨까? 포유동물에도 신경줄기세포 적소가 있을까? 1962년 매사추세츠 공과대학교의 요세프 알트만(Joseph Altman)은 쥐의 세포에 출생 연대측정법을 적용해서 성체 쥐의 뇌에 새로 태어난 뉴런이 있음을 발견했다.[14] 하지만 아무도 이 결과에 주목하지 않았다. 그때까지 비슷한 연구들에서는 대뇌피질에 새로운 뉴런이 있다는 증거가 발견되지 않아서였다. 결국 알트만의 발견은 거의 잊히고 말았지만, 1990년대에 몇몇 연구소는 설치류의 뇌에서 2개의 신경줄기세포 적소를 발견했다. 첫 번째 신경줄기세포 적소는 후각망울에 새 뉴런을 공급하는데, 후각망울은 뇌 앞쪽에 있고 냄새 신호를 가장 먼저 처리하는 곳이다. 증거에 따르면 사람의 뇌에서는 이 성체 줄기세포 적소가 활성화하지 않는다. 두 번째 적소는 해마라고 알려진 전뇌 부위에 새 뉴런을 공급한다. 해마는 기억 형성에 관여하는 것으로 유명하다. 런던 택시기사들이 '지식'을 습득하는 과정(런던의 거리를 자세히 이해하는 과정)을 학습할 때 그들의 뇌를 촬영한 결과, 이 훈련 기간에 그들의 해마가 성장하는 것으로 보였다. 쥐와 생쥐의 경우도 환경을 풍부하게 하거나 신체 운동을 하게 하면 해마에서 새로운 뉴런이 더 많이 생산된다. 또한 인간 뇌에 ^{14}C 폭탄충격파 연대측정법을 적용한 연구에 따르면 성인의 해마도 매일 수백 개의 뉴런을 새로 만드는 듯하다. 어떤 암 환자들은 뇌의 세포증식을 확인하기 위한 진단 목적으로 지워지지 않는 라벨을 정맥에 주사하겠다고 자원하는데, 그 결과에 따르면 성인의 해마에서도 새로운 뉴런이 생성된다는 것이다. 하지만 예를 들어 DNA 손상이 복구될 때 뉴클레오티드는 분열하지 않는 세포 속으로 통합될 수 있기 때문에, 이 모든 결과가 거짓양성일 수 있다는 우려가 있다. 실제로, 분열 라벨을 사용한 몇몇 다른 연구에서는 성인의 해마에서 뉴런이 교체된다는 확실한 증거가 발견되지 않았다. 짧은꼬리원숭이에 대한 연구 결과도 그와 비슷하다. 어린 원숭이의 해마에서 새로운 뉴런이 생성된다는 증거는 확실하지만, 성체에서 뉴런 생산은 감지되지 않을 정도로 미미하다. 이처럼 우리 인간이 성인의 뇌에서도 새로운 뉴런을 생산하는지에 대해서는 약간의 불확실성이 존재한다.[15]

생산된다는 전제하에서 새로운 뉴런 생산과 해마의 기억 형성의 관계는 상당히 흥미롭다. 혹자는 왜 해마가 새로운 기억을 형성할 때 새로운 뉴런이 필요할까 하고 궁금해할지 모른다. 조류의 노래 배우기를 연상시키는 한 가지 생각은, 이 새로운 뉴런에는 최신 경험이 담긴다는 것이다. 잠시 후 어떤 최근 경험은 장기기억으로 이전되어 뇌의 다른 곳에 저장되지만, '최신' 경험 중 가장 오래된 것들의 잔재를 담고 있던 뉴런이 죽을 때, 이는 장기기억으로 이동하지 않은 기억이나 기억의 일부가 해마에서 지워진다는 것을 의미한다. 이제 죽어가는 뉴런은 자리를 비우고 새로운 뉴런이 들어와 그들만의 최신 경험에 노출되고 성형되어 새로운 기억을 형성한다.

지금까지 우리는 인간 뇌가 애초에 얼마 되지 않은 신경줄기세포의 증식을 통해서 상당히 큰 규모로 성장하는 것을 보았다. 처음에 이 세포들은 대칭으로 분열하고, 그래서 지수적으로 증가한다. 뒤이어 세포들은 비대칭 분열 방식으로 전환하고 성장이 선형적으로 변하다가 출생이 가까워지면 최종적으로 분열한다. 태어날 무렵에는 거의 모든 세포가 분열을 멈춘다. 일단 태어나고 나면 뉴런은 엄청나게 많은 유형으로 분화하는데, 각각의 유형은 특수한 정보를 처리하고 전달하도록 분화된 것들이다. 이것이 4장의 주제다.

이제 뉴런은 해부학적, 생리학적 특징을 획득해서 뇌에서 특수한 정보

를 처리하는 특수한 유형의 뉴런으로 거듭나기 시작한다. 우리는 뉴런의 구체적인

정체성이 어떻게 그 조상의 성격과 계통, 외부 영향에 대한 노출 그리고 운에서 기인

하는지를 보게 된다.

세포, 뉴런이 되다

태아의 뇌에서 최초의 뉴런은 임신 10주경에 태어난다. 처음 태어난 뉴런은 정보 처리에는 무용지물이다. 하지만 뇌 안에서 영구적인 자리에 정착할 때 뉴런은 수상돌기가 될 가지를 뻗어 정보를 받아들일 수 있게 되고, 축삭을 성장시켜 정보를 내보낼 수 있게 된다. 뉴런은 가지를 뻗는 패턴의 복잡한 특징으로 유형이 결정된다. 뉴런의 유형은 줄잡아 수천 종, 어쩌면 수백 종이고, 심지어 수십억 종일 수 있다. 뇌 안에 뉴런의 종류가 얼마나 많은지는 아무도 모른다. 신경학자들은 여전히 유형 분류법을 생각하느라 정신이 없기 때문이다.[1] 하지만 특수한 뇌 기능에 특수한 뉴런형이 관여한다는 사실은 익히 알려져 있다. 대표적인 예가 망막에서 색각(color vision)을 담당하는 다양한 유형의 원추세포다. 또한 유명한 예로, 배쪽 중뇌에서 도파민을 분비하는 뉴런형이 있는데, 여기에 변성이 오면 파킨슨병이 발생한다. 이보다 덜 친숙한 예로는 시상 하부에서 히포크레틴이라는 신경전달물질을 분비해서 수면 주기를 조절하는 뉴런형이 있다. 이 뉴런이 소실되면 기면증(수면발작)이 나타난다. 뇌를 하나의 나라로 생각한다면 그 나라에는 실업자가 없고 모든 사람이 자기 일을 할 것이다. 우리는 사람들이 어떻게 취직을 하는지에 대해서는 어느 정도 알고 있는데, 그렇다면 뉴런들은 어떻게 저마다 특수한 일자리를 갖게 되는 것일까?

어린 뉴런이 겪는 세포의 일생을 들여다볼 수 있게 된 계기는 컬럼비아 대학교 모건의 유전학 실험실(2장을 보라)에서 부분적으로 대머리인 초파리를 발견한 것이었다. 파리는 강모의 움직임을 통해서 촉감과 바람의 패턴을 감지하는데, 각각의 강모는 말초 감각 뉴런과 연결되어 있다. 이 강모가 형성되지 않는 돌연변이를 유전자 지도로 확인한 결과, 파리의 염색체 중 작은 부위의 한 자리가 드러났다. 그 후 1970년대에 마드리드에서 일하는 안토니오 가르시아벨리도(Antonio Garcia-Bellido)와 동료들은 같은 자리에서 다른 돌연변이를 발견했다. 이 돌연변이체는 상당히 달랐다. 생존력이 없었다. 다시 말해서, 이 돌연변이 때문에 배아가 사망한 것이다. 돌연변이 유충은 알껍데기를 깨고 부화하지 못한 반면, 강모가 없는 대머리 돌연변이체는 모두 살아남았다.

이 치사 돌연변이를 더 깊이 연구하기 위해서 가르시아벨리도는 유전자 기법으로 모자이크 파리를 만들었다. 모자이크 동물이란 돌연변이 조직과 정상 조직을 패치워크처럼 이어서 탄생시킨

실험실 동물을 말한다. 예를 들어, 오른쪽 날개는 돌연변이고 왼쪽 날개는 정상인 파리가 나올 수 있다. 가르시아벨리도가 새로 발견한 치사 돌연변이와 부분적으로 정상인 모자이크 파리를 만들자 어떤 배아는 죽고 어떤 배아는 생존했다. 이런 결과가 나온 것은 분열하는 세포가 돌연변이 조직과 정상 조직 중 어디에 끌려가는가에 가변성이 크기 때문이다. 생존한 모자이크 파리에는 몇몇 돌연변이 부위가 있었고, 놀랍게도 그 돌연변이 부위를 가진 파리에는 정상적인 강모가 있었다. 그렇다면 생존하지 못하고 배아기에 죽은 모자이크 파리는 부위들이 어떻게 구성되었을까? 가르시아벨리도와 동료들은 초기 생존에 필수적인 부분이 무엇인지를 알아내기 위해 정상과 돌연변이가 섞인 파리의 배아 수백 개를 놓고 조직검사를 했다. 그 결과 살아남지 못한 모자이크 배아에는 배쪽의 같은 한 자리에 돌연변이 조직이 있다는 걸 발견했다. 과거의 연구에 따르면 그러한 배쪽 자리에서는 파리의 중추신경계가 발생한다고 했으므로(2장을 보라), 강모 돌연변이가 말초신경계 발달에 영향을 주는 것과 마찬가지로 새로운 돌연변이는 중추신경계 발달에 영향을 미친다고 말할 수 있었다.[2] 이 생각은 돌연변이 배아를 직접 조사함으로써 옳다고 입증되었고, 발달 중인 중추신경계에서 교란과 세포사가 광범위하게 일어난다는 것이 밝혀졌다.

가르시아벨리도와 동료들이 오늘날 '전신경(proneural)'이라 불리는 이 유전자를 한창 연구하고 있을 때, 워싱턴 대학교의 해럴드 웨인트럽(Harold Weintraub)은 근육 발달에서 그와 비슷한 역할을 하는 유전자를 찾고 있었다. 웨인트럽은 '섬유아세포'라는 일반적인 실험 세포로 시작했다. 섬유아세포는 연결 조직을 이루는 세포다. 이른바 '오발현 실험(misexpression experiment)'에서 웨인트럽은 근육세포에서 활성화하는 유전자를 이 섬유아세포들에 삽입했다. 웨인트럽이 오발현시킨 하나의 유전자로 인해서 이 섬유아세포들이 골격근세포로 변했다. 근세포는 별 모양인 섬유아세포와는 생김새가 완전히 다르다. 근세포는 근육을 수축시키는 두 단백질, 액틴과 미오신 다발이 가득 들어찬 긴 관 모양을 하고 있다. 변형된 섬유아세포는 모양이 근세포와 같았을 뿐 아니라 배양접시 안에서 진짜 근세포처럼 실룩거렸다. 섬유아세포에서 근세포로 건너뛴 이 기적 같은 세포 전환을 제어한 것은 단일 유전자, 즉 근육 발달을 지배하는 마스터 조절자 세포였다.[3]

이 유전자가 만드는 단백질은 전사인자로, 모든 근육 경로를 깨워 근육 발달에 기여한다. 전신경 유전자와 이 전근육 유전자의 서열을 비교해보면 두 유전자는 구조적으로 매우 비슷한 전사인자를 암호화하는 것이 명백하다. 전근육 전사인자와 전신경 전사인자는 동물계 전체에서 발견된다. 파리에서 인간에 이르기까지 세포의 운명이 뉴런으로 바뀌는 것은 진화적으로 비슷한 전신경 전사인자가 활성화하기 때문이다. 전근육 전사인자와 마찬가지로 전신경 전사인자는 다른 많은 유전자를 켜는데, 그중 많은 유전자가 전사인자를 생산해서 더욱더 많은 유전자를 활성화한다. 이 계단식 폭포와 같은 과정을 통해서 결국 하나의 뉴런이 발달하는 데 유전자 수천 개가 참여하게 된다. 전신경 유전자를 가로막는 돌연변이 때문에 신경 질환이 발생하는 경우는 비교적 드문데, 이는 그 유전자들이 파리에 필수적이듯이 인간에게도 생명 유지에 필수적이기 때문일 것이다.

뉴런이 되느냐 노치가 되느냐

배아에 있는 모든 줄기세포는 뉴런을 생성할 수 있지만, 뉴런을 너무 일찍 생성한다면 신경줄기세포의 수가 격감하고 그에 따라 뉴런의 수가 부족해질 것이다. 세포가 세포주기를 벗어나서 뉴런이 될 준비가 됐다면 이는 전신경 전사인자의 수치가 역치에 도달해서 세포주기에 머물고자 하는 충동이 극복됐음을 의미한다. 일단 이 역치에 도달하면 각각의 전신경 전사인자는 다른 많은 표적 유전자를 활성화할 뿐만 아니라 자신과 그 밖의 전신경 유전자를 활성화한다. 이처럼 상호적인 동시에 자립적인 활성 패턴을 통해서 전신경 전사인자는 충분한 양으로 늘어나 결국 세포에 뉴런의 운명을 부과하는 모든 표적 유전자를 끌어들이게 된다. 하지만 초기 단계, 즉 전신경 전사인자가 역치에 도달하지 못해서 뉴런의 운명이 필연적이지 않아 보일 때는 전신경 경로가 닫혀 있을 수 있고, 실제로 닫혀 있는 경우가 빈번하다.

사실 너무 많은 세포가 앞다퉈 뉴런이 되겠다 하니 일부는 멈춰 세워야 한다! 뉴런이 생성되는 전 기간에 걸쳐 세포들은 가까운 이웃끼리 항상 투쟁을 벌인다. 이들은 종종 자매 세포인데, 자신의 전신경 유전자는 켠 채로 유지하고 경쟁자의 전신경 유전자는 꺼버리기 위해서 이웃끼리 경쟁을 벌이는 것이다. 이 경쟁에 쓰이는 무기는 또 다른 돌연변이의 이름을 따서 '노치(Notch)'라 불리게 된 분자 경로의 구성 요소다. 놀랍게도 노치 경로의 돌연변이는 효과 면에서 전신경의 돌연변이와 거의 정반대지만, 두 시나리오는 모두 배아 사망으로 이어진다. 전신경 유전자에 결실이 있다면 그 배아는 뉴런이 부족해지는 반면, 노치 유전자에 결실이 있으면 그 배아에서는 너무 많은 세포가 뉴런이 되고 일반 세포의 운명을 따르는 세포는 부족해지는 것이다. 노치 돌연변이 배아가 사망할 때는 피부를 두르지 못한 커다란 신경조직 덩어리처럼 보인다.

세계 곳곳에서 연구소들이 노치 경로의 작동 방식을 이해하고자 노력하고 있다. 노치는 세포의 외막에 위치한 단백질이다. 이 단백질에는 세포내 부분과 세포외 부분이 있다. 세포외 부분은 수용체로서, 노치 리간드(ligand, 수용체와 같은 큰 분자에 특이적으로 결합하는 물질을 나타내는 용어-옮긴이)라고 하는 또 다른 단백질의 한 부분과 결합하는데 노치 리간드는 이웃한 세포들의 표면에서 발견된다. 이 리간드와 결합하면 노치는 단백질을 자르는 효소들에 노출된다. 한 효소는 노치의 세포외 부분을 잘라내고 다른 효소는 세포내 부분을 잘라내서 그 조각들을 세포막으로부터 해방시킨다. 자유의 몸이 된 세포내 조각은 세포질 안에서 표류하다가 세포핵으로 들어간 뒤 전사인자의 역할을 맡아 다른 유전자를 켜거나 끈다. 사실 노치가 켜는 주된 표적은 전신경 유전자를 끄는 데 일조하는 유전자들이다. 이 과정은 꽤 간단해 보이지만, 뒤이어 반전이 일어나 이 간단한 이야기를 특별하게 만든다.

전신경 유전자 역시 노치 리간드를 켠다. 이로써 이웃한 세포들끼리 뉴런이 될 권리를 놓고 결투를 벌이는 양의 피드백 순환이 완성된다. 전신경 유전자가 더 많이 활성화된 세포는 노치 경로를 통해서 이웃들을 더 잘 억제할 수 있게 된다. 반면에 노치가 더 많이 활성화된 세포는 뉴런이 되지 못할 뿐 아니라, 리간드 수치가 낮기 때문에 이웃 세포가 뉴런이 되는 것을 잘 막지 못한다. 이웃한 세포들 사이에 존재하는 노치 신호의 아주 작은 차이가 이 양의 피드백 순환을 통해서 증폭된다. 일련의 세포들이 출발선상에서는 전신경 유전자 활성과 노치 신호의 수준이 서로 비슷하다 해도, 아주 미세한 불균형만 있다면 한 세포에서는 전신경 유전자가 활성화하고 인접한 모든 이웃 세포에서는 전신경 유전자가 완전히 차단될 수 있다. 7장에서 보겠지만 이 경쟁은 어린 뉴런이 뇌의 일부가 되고 싶다면 반드시 이겨야 하는 많은 맞대결 중 첫 번째다.

라몬 이 카할과 뉴런의 개체성

산티아고 라몬 이 카할(Santiago Ramón y Cajal)은 1852년 스페인 시골 마을인 페티야 데 아라곤에서 태어났다. 더없이 훌륭한 회고록에서 카할은 유년 시절에 그림과 회화를 무척이나 좋아했고 그래서 화가가 되고 싶었다고 얘기한다.[4] 영리하고 반항적인 아이였던 카할은 한 선생님을 잔인하게 희화화해서 마을 벽에 그린 일로 퇴학당할 뻔했다. 카할의 이야기에 따르면 그의 아버지는 친구인

화가에게 어린 카할의 그림을 평가하게 했다고 한다. 화가는 카할에게는 재능이 있는 게 분명하나 화가가 되어 생계를 유지하기는 어려울 것 같다고 평했다. 이 소식을 들은 아버지는 카할에게 의사가 될 것을 권유했고, 결국 카할은 마지못해 의대에 진학했다. 졸업 후 카할은 군의관으로서 쿠바 원정대에 합류했지만, 말라리아와 폐렴에 걸려 쇠약해질 대로 쇠약해진 채 몇 달 만에 스페인으로 돌아왔다. 카할은 병을 이겨내긴 했지만, 그 일로 군의관 경력은 단번에 끝이 났다. 마침내 병에서 회복했을 때 카할은 조직학자가 되는 길을 선택했다. 그림을 많이 그릴 수 있어서였다. 당시에는 뇌가 어떻게 작동하는지 알려진 바가 거의 없었지만 1934년 세상을 떠날 무렵 카할은 현대 신경과학의 아버지로서 역사에 이름을 깊이 새겨놓았다.

이미 100여 년 전에 유명한 전기 실험자, 루이지 갈바니(Luigi Galvani)는 개구리의 좌골 신경에 전기 충격을 가하면 다리가 움찔한다는 것을 입증했다. 하지만 신경계가 자체적으로 어떻게 전기를 생산하는지 또는 반사작용이 어떻게 일어나는지는 여전히 베일에 싸여 있었다. 1800년대에 해부학자와 조직학자 들은 뉴런 세포체에서 실처럼 생긴 미세한 돌기가 나온다는 것, 그리고 이 가느다란 돌기 중 어떤 것은 신경이나 뇌의 백질과 만난다는 사실을 발견했다. 그들은 신경을 가늘게 찢어 미세한 실들로 분리하고자 노력했지만, 당시에는 이 돌기를 끝까지 따라가 그 말단에서 무슨 일이 벌어지는지를 보는 것이 불가능했다. 뇌는 이 실 같은 돌기로 가득 차 있었고, 돌기는 사방으로 뻗어나가 서로 뒤얽힌 것처럼 보였다. 가장 미세한 돌기들이 서로 융합되어 있고 이렇게 융합된 상태에서 전류가 한 뉴런에서 다른 뉴런으로 흐른다는 주장이 제기되었다. 융합한 뉴런들의 연속된 그물망이라는 이 생각은 '신경계에 관한 망상체설(reticular theory)'이라 불렸고, 위대한 이탈리아 조직학자 카밀로 골지(Camillo Golgi)의 지지를 받았다.

1890년대에 들어 많은 사람이 망상체설을 의심하기 시작했다. 신경계에 관한 망상체설은 반사작용과 관련된 몇 가지 기본적인 사실과 배치된다는 사실을 영국 생리학자 찰스 셰링턴(Charles Sherrington)이 입증했기 때문이다.[5] 셰링턴에 따르면 대부분의 반사운동에서 감각자극에 대한 반응으로 근육이 수축할 때는 그 근육의 길항근에 반사작용이 일어난다. 예를 들어, 굴근(굽힘근)에 관여하는 운동 뉴런에 자극을 가하면 신근에 관여하는 운동 뉴런은 억제되는 경향이 있다. 이 간단한 사실이 의미하는 바는 감각신호가 척수에 들어올 때 그로 인해 어떤 운동 뉴런은 흥분하고 다른 운동 뉴런은 억제된다는 것이다. 그렇다면 뉴런들은 일종의 '더하기 빼기' 논리를 사용해서 서로 소통하는 셈이다. 실제로 오늘날 우리가 알고 있듯이, 뉴런 회로는 그러한 원리를 통해서 만들어진다. 한 뉴런이 다른 뉴런을 흥분시키고, 그것이 세 번째 뉴런을 억제하는 식이다. 이 같은 논리는 망상체설과 쉽게 양립하지 않는다. 망상체설에 따르자면 막전위에 어떤 변화가 일어나든 그 변화는 한 뉴런에서 다른 뉴런으로 흐르기 때문에 사라지지 않고 보존될 것이다. 대신에 셰링턴은 다음과 같이 추론했다. 뉴런들은 '시냅스'라는 이름의 분화된 접속부를 통해 서로 소통하며, 시냅스는 흥분성과 억제성 둘 중 하나일 수 있다.

이때 야망과 호기심에 불타는 카할이 등장했다. 그는 망상체설 대 시냅스 가설 논쟁을 끝내고 싶었을 뿐 아니라, 뇌를 탐구해서 뇌가 어떤 종류의 세포로 이루어져 있는지를 알아내고자 했다. 사실 카할은 훨씬 더 큰 걸 알고 싶어 했다. 그는 이 조직 덩어리가 어떻게 생각을 할 수 있는지가 궁금했다. 하지만 모든 목표는 미세한 돌기를 포함해서 개개의 뉴런이 어떻게 생겼는지 자세히 살펴볼 방법을 찾는 데 달려 있었다. 카할은 동물과 인간 시체로부터 떼어낸 신경조직의 뉴런을 다르게 염색하는 방법을 조사하기 시작했다. 그리고 카밀로 골지가 발명했으나 후에 폐기된 착색법을 되살리고 개선했다. 오늘날 골지 염색법이라 불리는 이 방법은 신경조직에 은 용액을 스며들게 해서 뉴런에 화학적 결정화를 유도하는 방법이다. 그렇게 하면 염색된 뉴런이 구석구석까지 짙은 색으로 변한다. 이 방법은 섬세하고 힘들고 매우 변덕스럽다. 때로는 전혀 효과가 없고, 때로는 모든 것이 검게 염색되고, 때로는 뉴런 몇 가닥만 검게 염색되며, 어떤 종류의 뉴런이 착색될지를 전혀 제어하거나 예측할 수도 없다.

골지 염색법으로 단 몇 개의 세포에 라벨을 붙였을 때 카할은 개별 뉴런이 마침내 드러낸 세부적인 모습에 매혹되고 말았다. "아주 미세한 분지들이 (…) 투명한 노란색을 배경으로 더없이 선명하게 눈에 들어왔다." 골지는 결과의 변덕스러움 때문에 이 염색법을 포기했지만, 카할은 골지 염색법의 이 특징을 이용하면 개별 뉴런의 전체적인 모습을 눈으로 보고 그릴 수 있다고 생각했다. 바로 이것이 그의 위대한 탐구에 필요한 것이었다. 카할은 평생을 바쳐 골지 염색법을 미세하게 조정하면서 사용했고, 이 방법으로 인간을 포함한 모든 동물의 뇌에 가득 들어 있는 뉴런의 세부적인 해부 구조를 조사했다. 1909년에 출간한 카할의 대표작《인간과 척추동물에서 신경계의 조직학(Histologie du Système Nerveux de l'Homme et des Vertébrés)》은 지금도 신경과학자들이 열심히 펼쳐보는 책이다. 이는 다양한 뉴런에 대한 카할의 관찰 결과와 상세한 그림 중 많은 것이 타의 추종을 불허하는 데다가 여전히 과학적으로 유용하다는 걸 의미한다.[6]

카할은 미세한 분지 전체를 짙게 염색한 상태에서 수백 가지 유형의 뉴런을 확인했다. 분지들은 다른 뉴런과 만나는 자리에서 갑자기 끝이 났다. 이것은 망상체설과 배치되는 강력한 증거였고, 주로 카할의 연구 때문에 망상체설은 오늘날 뉴런 이론(neuron doctrine)이라고 알려진 신경계 이론으로 대체되었다. 뉴런 이론은 간단하다. 뉴런은 저마다 개별 세포이며 분화된 접속부, 즉 셰링턴이 예측한 시냅스를 통해 다른 세포들과 소통한다는 것이다.

하지만 골지는 카할의 결과를 믿지 않고 계속해서 망상체설을 고수했다. 1906년에 두 사람은 치열한 경쟁자로서 노벨상을 공동 수상했다. 문제는 1950년대에야 비로소 해결되었다. 고해상도 전자현미경으로 뉴런의 세포막 영상을 볼 수 있게 됐고, 사진 속에서 뉴런은 저마다 세포막으로 완전히 둘러싸여 있었다. 또한 무수히 많은 시냅스가 드러났는데, 셰링턴이 상상한 것과 똑같았다. 이 증거 앞에서는 골지 자신도 망상체설을 철회할 수밖에 없었을 테지

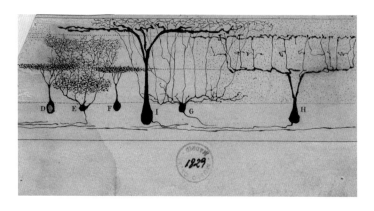

그림 4-1 망막신경절세포의 몇몇 유형을 묘사한 카할의 그림. 포유동물의 망막을 단면도로 표현한 것이다. Cajal Institute. "Cajal Legacy." Spanish National Research Council (CSIC). Madrid. Spain.

만, 그는 일찍이 1926년에 사망했다.

뉴런을 이해하고자 하는 노력은 잠들었던 초상화가의 재능을 일깨웠다. 카할은 뉴런 하나하나를 놀라울 정도로 정확하고 아름답게 묘사했고, 오늘날 그의 그림은 전 세계 미술관에 전시돼 있다 (그림 4-1). 회고록에서 카할은 이렇게 말했다. "적어도 1만 2000장을 그린 게 분명하다. 수천 분의 1밀리미터까지 세밀하게 그렸으니 일반인들에게는 이상하게 보일 것이다. 하지만 거기에는 뇌 구조의 신비한 세계들이 드러나 있다. (…) 알록달록한 나비를 찾아다니는 곤충학자처럼 내 눈은 섬세하고 우아한 형태로 가득한 회백질 세포의 정원에서 영혼의 신비한 나비들을 추적해왔다. 언젠가 그들의 날갯짓이 우리에게 마음의 비밀을 드러내줄지도 모른다."[7]

카할로서는 특정한 뉴런의 해부 구조를 보면서 그 뉴런이 기능면에서 다른 뉴런과 어떻게 다른지 판별할 수 없었을 것이다. 예

그림 4-2 쥐의 망막에 있는 한 유형의 망막신경절세포. 이 특수한 유형의 망막신경절세포는 하강 운동에 민감하다. 정면에서 봤을 때 이 뉴런의 수상돌기가 모두 아래쪽을 향해 있는 것에 주목하라. 이는 뉴런의 해부 구조와 그 기능의 확실한 관계를 보여준다. J. Liu and J. R. Sanes. 2017. "Cellular and Molecular Analysis of Dendritic Morphogenesis in a Retinal Cell Type That Senses Color Contrast and Ventral Motion," *J Neurosci* 37: 12247~12262. (Photo courtesy of Josh Sanes)

를 들어, 어떤 뉴런이 시냅스에서 흥분성 신경전달물질을 내보내고 어떤 뉴런이 억제성 신경전달물질을 내보내는지 몰랐을 것이다. 카할의 시대 이후로 생리학과 분자학 연구 덕분에 세포형에 대한 우리의 지식이 상당히 넓어졌다. 시애틀 소재 앨런 뇌과학 연구소와 전 세계의 많은 연구소가 세포형들의 해부 구조, 기능, 분자 특성에 대한 분석에 기초해서 뉴런 유형의 목록을 완성해가고 있다. 예를 들어, 그림 4-2는 하버드 대학교 조시 세인즈(Josh Sanes)의 실험실에서 발견한 망막신경절의 한 아류형을 보여주는데, 쥐의 망막에 있는 수십 가지 아류형 중 하나다. 이 아류형은 시야 내에서 밑으로 이동하는 물체에 특별히 민감한데, 이 뉴런의 수상돌기가 모두 아래쪽으로 정교하게 뻗어 있는 것을 보면 놀라지 않을 수 없다. 뉴런의 구조에서 이 해부학적 특징은 하강운동에 대한 민감성에 분명히 중요하며 자궁 안에서, 즉 눈으로 볼 수 있는 시기보다 훨씬 앞서 발달하기 시작한다.[8]

세포 본성과 세포 양육

분자생물학과 발달생물학 연구로 노벨상을 받은 고(故) 시드니 브레너(Sydney Brenner)는 세포가 유형 정체성을 획득하는 두 가지 다른 전략을 대비시켰다. 첫 번째는 계통에 기초한 전략으로, 브레너는 이 전략을 가리켜 '조상이 누구인가가 가장 중요한 유럽식 설계도(European Plan)'라고 명명했다. 두 번째는 장소에 기초한 전략으로, '이웃이 누군가가 가장 중요한 미국식 설계도(American Plan)'라고 명명했다.[9] 브레너는 성체의 몸에 세포가 959개밖에 없는 자그마한 예쁜꼬마선충을 연구했다. 브레너와 동료들은 예쁜꼬마선충의 모든 세포를 하나의 수정란이었던 시기까지 거슬러 올라가서 전체적인 계통사를 기록했다(4장을 보라). 그리고 거의 모든 세포의 조상은 동물종에 상관없이 똑같다는 것을 발견했다. 이 사실은 세포의 운명에 지배적인 요인이 계통이라는 걸 의미했다. 브레너는 이 종의 세포형 정체성은 유럽식 설계도에 따라 결정된다고 말했다.

계통에 의존하는 기제에서는 모세포에서 딸세포로 어떤 영향이 전달돼야 한다. 하지만 모세포가 무엇을 전달해야만 딸세포의 운명에 영향을 줄 수 있을까? 세포 차원에서 유전되는 요인이 무엇인지 밝혀진 것은 예쁜꼬마선충의 돌연변이체를 탐구한 결과였다. 선충의 꼬리를 간질이면 선충은 꼼지락거리며 앞으로 가고, 머리를 간질이면 꿈틀대며 뒤로 간다. 예쁜꼬마선충은 몸 전체에 단 6개의 촉각 뉴런이 있다. 이 뉴런이 다른 뉴런으로 신호를 보내는데 그중 운동 뉴런이 운동 방향을 결정한다. 컬럼비아 대학교의 마틴 챌피(Martin Chalfie)는 간지럽힘에 반응하지 않는 돌연변이체를 조사했다. 그들은 촉각 뉴런의 발달과 관련된 유전자를 12개 정도 확인했다. 이 모든 촉각 뉴런의 계통은 기본적으로 동일했다. 이 촉각 뉴런들은 'Q'라 불리는 6개짜리 세포 집단의 증손녀들이었다. 'Q'는 항상 큰딸과 작은딸을 낳는 방식으로 분열한다. 촉각 세포의 할머니는 언제나 작은딸 세포다. 챌피가 처음 발견한 촉각 돌연변이체 중 하나에서 Q 세포들은 큰딸 세포를 정상적으로 낳는다. 하지만 작은딸 세포는 촉각 뉴런의 할머니가 되는 대신에 자신의 어머니와 똑같은 형태가 된다. 그런 뒤 이 작은딸 세포는 다시금 분열해서 큰딸 세포와 함께 제 자신의 사본을 낳고, 그 후로도 이 과정을 되풀이한다. 이 돌연변이체의 몸에서는 촉각 뉴런의 할머니가 생성되지 않고, 그에 따라 당연히 촉각 뉴런은 태어나지 않는다. 또 다른 돌연변이는 촉각 세포의 어머니에 영향을 미친다. 모세포는 보통 두 종류의 뉴런을 생산하는데, 그중 하나에만 촉각이 있다. 이 돌연변이의 경우에 모세포는 각기 하나씩이 아니라 촉각에 둔감한 뉴런 2개를 낳고, 그래서 이번에도 촉각 뉴런은 생겨나지 않는다.

이 두 돌연변이가 발생한 유전자들을 분자학적으로 분석하면 둘 다 전사인자를 만든다는 걸 알 수 있다. 첫 번째 전사인자는 증조모에서 활성화한다. 이 전사인자는 두 번째 유전자를 활성화하는데 이 유전자는 그 계통에서 나중에, 즉 촉각 뉴런의 어머니 단계에서 활성화한다. 마침내 정상적인 동물의 촉각 뉴런이 태어날 때 그 뉴런에는 모든 전사인자, 즉 그 뉴런이 촉각 뉴런으로 분화할 수 있도록 함께 협력해서 필수 유전자들을 켜는 두 종류의 전사인자가 모두 있게 된다. 계통에 기반한 이 설계도에서 세포와 그 딸은 계단식 폭포와 같은 방식으로 전사인자들을 축적하고 후에 이 전사인자들이 계통수의 몇몇 단계에서 함께 세포 정체성 선택에 영향을 주는데, 이 유럽식 설계도는 예쁜꼬마선충의 모든 세포 계통에 적용되는 것으로 보인다.

선충의 신경계에 거주하는 모든 뉴런이 유럽 출신이라면, 초파리 눈에 거주하는 모든 뉴런은 미국 출신이다. 곤충의 눈이 전부 그렇듯이 파리의 눈도 수백 개의 홑눈으로 이뤄져 있다. 하나의 홑눈은 그 자체로 작은 초점 렌즈를 가진 자그마한 눈이다. 파리의 눈을 구성하는 수백 개의 작은 렌즈 앞에는 미니 망막이 있으며, 각각의 망막은 빛을 수용할 수 있는 8개의 뉴런과 몇 가지 유형의 다른 세포로 이뤄져 있다. 만일 설계도가 유럽식이라면 8개의 광수용 뉴런은 모두 단일한 증조모 세포로부터 나오는 게 정상일 것이다. 하지만 그건 사실이 아니다. 파리의 망막에서 갓 태어난 세포는 몇 가지 다른 운명을 짊어질 수 있는데, 선택은 세포의 계통과 상관없고 자매가 어떤 세포형이 되겠다고 결정하는가와 무관하게 완전히 열려 있다. 발달 중인 파리의 눈에서 모세포는 딸들의 운명에 아무런 힘도 쓰지 못하는 듯하다.

그렇다면 파리의 눈은 어떤 방식으로 형성될까? 갓 태어난 모든 세포는 처음에는 동등하지만, 노치가 주변 세포들을 억제하는 과정을 통해서(이 장 앞에서 살펴봤듯이) 일정한 공간을 확보한 세포가 가장 먼저 뉴런이 될 세포로 발탁된다. 그 세포는 자신의 전신경 유전자를 가동한다. 이 최초의 전신경 세포들은 저마다 하나의 홑눈이 될 작은 세포 군집의 창립자가 된다. 군집이 형성되는 것은 이 창립자 세포가 근처의 이웃들을 초빙해서 질서정연하게 합류시킬 때다. 세포는 군집에 합류함으로써 구체적인 세포 운명을 획득한다. 구체적인 위치를 점한 군집에 합류하는 모든 세포는 그 군집에 이미 합류한 이웃들로부터 신호를 받는다. 이 신호를 통해서 어떤 유형의 눈 세포가 될지를 결정하는 전사인자들의 조합이 켜진다. 이 과정은 결정체가 커지는 방식에 비유되곤 한다. 실제로 파리의 눈은 계통을 통해서가 아니라 자기 조직화하는 조직에 편입됨으로써 운명을 획득하는 세포들로 구성되니, 일종의 신경결정체(neurocrystal)라고 볼 수 있다.[10] 이 세포 결정화의 파도가 발달 중인 파리의 눈을 휩쓸면 혼돈의 바다에는 파도가 지나간 자리에

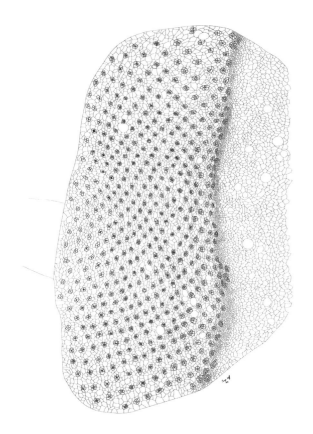

발달 중인 미니 눈이 질서정연하게 배열된다(그림 4-3).

선충의 중추신경계와 파리의 망막은 '유럽식 설계도와 미국식 설계도'를 대표하는 극단적인 사례다. 선충의 중추신경계는 전자가 지배하고, 파리의 망막은 세포 환경이 지배한다. 두 사례는 또한 '세포 본성'과 '세포 양육'이라 할 수도 있는 것을 예증한다. 결국 대부분의 뉴런, 특히 큰 뇌의 뉴런은 내적 요인과 외적 요인의 복잡한 조합을 사용해서 최종적인 세포 운명에 도달한다. 외적 신호는 전사인자의 활성화를 유발하고, 이것은 세포의 내적 특징이 된다. 이 전사인자 덕분에 세포는 최종 운명으로 가는 경로의 다음 단계를 밟을 수 있다. 수용체를 암호화하는 유전자들을 켜서 새로운 세포에 반응할 수 있게 되는 것이다. 이 신호를 받은 세포는 새로운 전사인자를 켜고, 이 과정은 계속 되풀이된다.

척수의 뉴런은 어떤 유형이나 아류형이 될지를 어떻게 선택할까? 이에 관한 놀라운 예가 척수의 운동 뉴런을 연구하는 과정에서 나왔다.[11] 컬럼비아 대학교의 톰 제셀(Tom Jessell)과 동료들이 입증한 바에 따르면, 신경관의 배쪽 영역에 있는 세포들은 소닉헤지호그에 반응해서 이 세포를 운동 뉴런으로 변화시키는 전사인자들을 활성화한다. 하지만 소닉헤지호그에 반응해서 세포들이 켜는 전사인자들은 모든 운동 뉴런에 존재한다. 구체적인 운명, 즉 600개 남짓한 근육 중 어떤 것을 자극할 운명인지가 결정되지 않은 '일반적인' 운동 뉴런인 것이다. 운동 뉴런이 여러 가지 유형으로 세분화하는 것은 단계적인 과정이다. 먼저 세분화는 '운동 기둥(척추)'에 따라 세로로 일어난다. 머리 신경, 팔 신경, 몸통 신경, 다리를 자극하는 운동 뉴런이 혹스 전사인자의 활동에 의해 척수를 따라 세로로 각 단에 배열된다(2장을 보라). 이 혹스 전사인자는 일반적인 운동 뉴런 전사인자와 함께 작동해서 기둥을 따라 운동 뉴런에 정체성을 부여한다. 이제 운동 뉴런은 굴근을 자극하는 것들과 신근을 자극하는 것들로 나뉜다. 이 세분화는 또 다른 전사인자들이 그 선택을 조절한 결과다. 마지막으로 운동 뉴런은 각각의 특수한 근육을 자극하는 일을 전담하게 된다. 이 과정은 운동 뉴런의 아류형이 분류되는 차원 중 '운동풀(motor pool)' 정체성이라고 알려진 가장 높은 차원의 유형화에 해당한다. 물론 운동풀 정체성은 또 다른 전사인자를 켠 결과다.

제셀과 동료들은 운동풀 전사인자를 발현하는 신호 경로와 전사 계단의 구성 요소를 여럿 확인했다. 그중 한 예로 Pea3라는 이름을 가진 운동풀 전사인자는 활배근(넓은등근)이라는 어깨 근육을 자극한다. 네발동물(예를 들어, 쥐와 말)은 전진운동을 할 때 활배근을 쓰고, 두발동물(예를 들어, 새와 사람)은 내전할 때(팔을 몸 쪽으로 접을 때) 쓴다. Pea3에 돌연변이가 있는 쥐는 활배근 운동풀의 운동 뉴런이 발달하지 않는다. 그 결과 자극 부족으로 활배근이 위축되고, 걷기와 달리기에 장애가 발생한다.

척추동물의 운동 뉴런 유형에 대한 제셀과 동료들의 연구는 많은 뉴런이 구체적인 정체성을 획득해가는 분자 논리를 펼쳐 보여준다. 전사인자의 축적은 계통과 세포 환경이 함께 상호작용함으로써 이루어진다. 그러한 논리를 이해한다면 과학자가 배아줄기세포를 배양하거나 그 세포를 몸속의 구체적인 세포형으로, 특히 특수한 뉴런형으로 전환할 때 유용할 것이다. 배아줄기세포를 반 BMP에 노출하면 신경줄기세포가 되고, 적절한 양의 소닉헤지호그를 투여하면 일반적인 운동 뉴런이 되며, 이 운동 뉴런을 레틴산에 노출하면 특별한 유형의 운동 뉴런이 되도록 부추기는 혹스 유전자가 활성화한다. 세포형 결정의 발달 원리를 이해하게 됨으로써 오늘날 인간의 배아줄기세포를 이용해서 인간의 몸이나 뇌에 존재하는 거의 모든 종류의 세포를 만드는 것이 가능해졌다. 그렇게 해서 배양된 조직을 연구하거나 다양한 질병, 특히 신경계 질환의 잠재적 치료법을 찾을 수 있게 된 것이다. 이미 과학자들은 그러한 전략을 이용해서 구체적인 뉴런형과 관련된 퇴행성 질환의 치료법을 배양접시 위에서 찾고 있다.

운명 그리고 신경아세포종과 마주치다

말초신경계에 거주하는 뉴런들은 떠돌이 계통 출신이다. 배아 신경계의 이 항해자들은 여행을 함으로써 자신의 운명을 획득한다. 말초신경계는 애초에 신경관의 가장 등쪽 부위를 점하는 신경능세포(2장을 보라)에서 발생한다. 신경관이 닫히면 신경능세포는 이내 신경관을 떠나 몸속을 여행하기 시작한다. 이 신경능세포들은 이주하는 동안 증식하고, 집단의 세를 늘려가며 무수히 많은 경로를 따라 여행하다가 우리 몸 곳곳에 이르러 최종 운명과 마주친다. 신경능세포는 모든 종류의 세포형을 생성한다. 예를 들어 매끄러운 근육, 연골, 뼈, 치아, 색소세포, 호르몬 분비 세포, 혈관벽 등을 만들고, 말초신경계 전체를 만든다. 말초신경계는 다음과 같은 네 부분으로 이루어진다. 교감신경계("싸우거나 도망가거나"), 부교감신경계("쉬고 소화하고 번식하라"), 장신경계(장을 자극한다), 말초 감각신경계.

신경능세포가 가장 먼저 직면하는 문제는 신경관에서 탈출하는 것이다. 신경관은 세포들이 점착성 분자에 의해 결합해 있는 상피조직으로, 뉴런은 그러한 분자를 사용해 서로 달라붙는다. 신경능세포는 이렇게 끈적거리는 이웃 관계에서 벗어나 효소로 신경관 외벽을 분해하면서 탈출구를 만든다. 신경관 외벽에는 콜라겐 같은 세포외 물질이 두텁게 들어차 있다. 일단 신경관의 울타리를 벗어나면 신경능세포는 이동을 시작한다. 이 점에서 신경능세포는 전이성을 갖게 되는 암세포와 비슷하다. 암세포도 비슷한 전략을 사용해서 원래 조직을 벗어난 뒤 이동하다가 다른 조직을 공략한다.

1960년대 말과 1970년대 초에 프랑스 낭트 대학교의 니콜 르 두아랭(Nicole Le Douarin)은 이주하는 신경능세포의 모든 후손을 확인하는 간단한 수단을 고안했다. 이 방법의 기초에는 메추라기의 세포와 닭의 세포를 현미경 아래 놓고 보면 쉽게 구별할 수 있다는 그녀 자신의 발견이 놓여 있었다. 메추라기 세포를 닭에 이식했을 때 르 두아랭은 무엇이 공여자의 것이고 무엇이 수혜자의 것인지를 항상 구별할 수 있었다. 뉴런들이 이주하는 동안 취한 길과 만든 조직이 상세히 확인되자 이제 르 두아랭은 과연 이주 그 자체가 세포의 운명에 영향을 미치는지 알고 싶었다. 고전적인 실험에서 르 두아랭은 닭 배아의 목 부위에서 이주 전의 신경능선 조직을 떼어내 메추라기 배아의 몸통 부위에 이식했다. 르 두아랭은 수혜자의 목에 있는 능선세포를 몸통 부위에 이식하면 그 세포들은 몸통 경로를 따라 이주하다가 몸통 세포의 파생물(즉, 감각 뉴런과 교감 뉴런)로 분화한다는 것을 발견했다. 반대로 몸통에 있는 이주 전 신경능세포를 목 부위에 이식했을 때 그 전구세포들은 목에서 출발한 신경능세포가 정상적으로 이주하는 길을 따라가서 목 신경 능세포에서 정상적으로 파생되는 세포형(즉, 부교감 뉴런과 장 뉴런)이 되었다. 이주 초기에 신경능세포는 여행하는 중에 마주치는 것들에 기초해서 최종적인 세포 운명을 자유롭게 선택한다는 게 이 실험을 통해서 입증된 것이다.[12]

사람에게 신경능선의 이주와 세포형 특수화에 결손이 발생하면 질병으로 이어진다. 예를 들어, 선천성 거대결장증인 히르슈슈프룽병(Hirschsprung disease)은 목 부위의 신경능세포가 장으로 이주하지 못하고, 그 결과 장신경계가 제대로 생성되지 않아서 발생한다. 신경 제어가 적절히 이루어지지 않은 탓에 장이 수축하면서 대변을 잘 이동시킬 수 없게 된다. 히르슈슈프룽병을 안고 태어난 아기는 소화계가 막히고 역류한다. 그러면 수술을 해서 이 신경자극이 결핍된 장의 일부를 제거해야 한다. 신경능선 때문에 발생하는 특히 무서운 병은 신경아세포종(neuroblastoma)으로, 유년기에 드물게 나타나지만 대단히 공격적인 악성종양이다.[13] 신경아세포종은 대개 '교감신경모세포(sympathoblast)'라 불리는 신경능선 전구세포에서 비롯한다. 정상이라면 이 전구세포는 교감신경계의 뉴런 또는 부신의 아드레날린 분비 세포가 된다. 이 교감신경모세포가 완전히 분화하지 않고 계속 증식하면서 목에서 골반에 이르는 경로 중 어느 곳에 종양을 만드는데, 그 시기는 대개 최종 목적지에 도달해서 최종 운명을 획득하기 전이다. 이 암은 이미 이주하고 있는 세포형에서 발생하기 때문에 종종 전이된 상태로 발견된다. 신경능세포에는 분화와 증식의 미세한 균형이 존재하며, 이 균형이 증식 쪽으로 너무 많이 치우칠 때 신경아세포종이 발생하는 것이다. 다른 치료법은 거의 없으며, 균형이 분화 쪽으로 되돌아오면 그에 따라 종양이 자연발생적으로 줄어든다. 일단 세포가 뉴런으로 분화하면 그 세포는 더 이상 분열하지 않기 때문에 신경아세포종은 망막모세포종(3장을 보라)과 더불어 유아기 질환에 속한다.

네 번째 차원, 시간

물론 세포의 운명에는 3차원의 공간인 몸에서 어떤 장소를 점유하는가가 영향을 줄 수 있다. 하지만 고려해야 할 네 번째 차원이 있다. 바로 시간이다. 문제는 출생 순서나 시간이 운명에 얼마나 영향을 미치는가다. 신경계에서 시간의 차원과 세포 운명의 관계를 가장 명확히 보여주는 예가 있다. 뉴런은 대개 아교세포보다 먼저 태어난다는 것이다. 과학자들은 이 문제를 말초신경계에서 탐구해왔다. 신경능세포가 맨 처음 종착지에 이르러 말초신경계의 일부가 되라는 명령을 받을 때 세포는 뉴런이 될 수도 있고 아교세포가 될 수도 있지만, 가장 먼저 도착한 세포들은 항상 뉴런이 된다. 뉴런이 되는 것이 그들의 고유 성향이기 때문이다. 이 세포들은 뉴런으로 변하자마자 늦게 도착한 세포들이 뉴런이 되지 않게 하는 단백질을 분비하기 시작한다. 더 많은 뉴런이 축적될수록 억제 단백질의 수치는 올라가고 늦게 합류한 신경능세포는 뉴런이 되는 걸 가로막는 충분한 수치의 억제물질에 노출된다. 이 세포들은 대신에 아교세포가 된다. 뉴런에서 아교세포(구체적으로, 별아교세포)로 이전하는 비슷한 과정이 중추신경계의 신경 계통에서도 발생한다.

한 시각에 태어난 세포가 이후에 태어난 세포의 운명에 영향을 줄 수 있다는 생각은 발달의 시계를 돌리는 기본 메커니즘을 가리킨다. 오리건 대학교의 크리스 도(Chris Doe)와 동료들은 한 걸음 더 나아가 초파리 배아 신경계의 발달에 관여하는 분자적 계산 메커니즘의 증거를 제시했다. 괘종시계에서 좌우로 흔들리는 추가 탈진기를 돌려 기어의 톱니바퀴가 한 번에 하나씩 맞물려 돌아가는 것과 비슷하다. 하지만 파리 배아의 뉴런 계통에서 계산되고 있는 것은 추의 흔들림이 아니라 세포분열의 주기다. 도와 동료들이 연구하는 배아 신경모세포는 항상 비대칭으로 분열해서 큰딸은 신경모세포로 남고 작은딸은 '신경절모세포(ganglion mother cell)' 또는 GMC라 불리는 2차 전구세포가 된다. 그 후 각각의 GMC는 한 번 분열해서 2개의 성숙한 뉴런이 된다. 신경모세포의 첫 번째 신경절모세포, 즉 GMC1이 2개의 뉴런을 낳을 때 이들은 서로 다르지만 종종 비슷한 운명을 부여받는다. 예를 들어, 두 딸이 모두 운동 뉴런이 될 수도 있다. 늦게 발생한 GMC는 다른 유형의 뉴런을 낳는다. GMC3는 짧은 축삭을 가진 2개의 억제성 연합뉴런이 될 수 있다. 신경모세포는 비대칭으로 분열하기 때문에 도가 '시간적 전사인자(temporal transcription factors, TTFs)'라 명명한 단백질을 정해진 순서대로 발현한다. 이것을 'TTF1', 'TTF2', 'TTF3' 등으로 부르자(물론 모든 TTF에는 저마다 이상한 생물학적 유전자 이름이 있다). 세포주기가 진행되면 그때마다 한 TTF에서 다음 TTF로 전환이 일어난다. TTF1을 발현시키고 있는 신경모세포가 비대칭으로 분열할 때 작은딸인 GMC1은 TTF1의 발현을 물려받는다. 큰딸은 신경모세포로 남지만 TTF1이 TTF2로 대체되고, 그래서 큰딸이 낳은 GMC(GMC2)는 TTF2를 물려받는다. 딸 신경모세포는 TTF3로 전환해서 TTF2를 끄고 TTF3를 켜는데, 이런 방식이 계속된다. 세포분열이 일어날 때마다 횟수를 세는 톱니바퀴는 앞으로 전진하고, 새로운 TTF가 새로운 세포형을 생산한다. TTF 순서를 책임지는 메커니즘은 세포주기와 전진의 메커니즘이다. 신경모세포의 모든 TTF가 다음 TTF의 발현을 촉진하는 동시에 이전 TTF의 발현을 억제하기 때문이다.[14]

대뇌피질에 각기 다른 세포형이 층을 이루고 있는 것(3장)은 발달이 앞으로 행진에 충실하고 너무 멀리 가면 돌아올 수 없다는 것을 보여주는 좋은 예다. 대뇌피질의 깊은 층들은 일찍 태어난 큰 뉴런으로 채워져 있다. 그 뉴런들은 축삭을 시상, 중뇌, 후뇌, 척수로 보낸다. 중간층을 이루는 작은 뉴런들은 다음에 생성된 것으로, 축삭을 더 위쪽에 있는 피질층으로 보낸다. 피질의 최상층이 될 운명을 타고난 중간 크기의 뉴런들은 맨 마지막에 생성되고, 축삭을 다른 피질 영역으로 보낸다. 1980년대에 스탠퍼드 대학교의 수 매코널(Sue McConnell)과 동료들은 갓 태어난 뉴런이 이주해서 자리를 잡기 전에도 구체적인 층과 피질 세포형에 충성하는지를 조사했다. 이를 위해 매코널과 그녀의 연구팀은 피질 전구세포를 시차를 건너뛰어 이식했다. 발달생물학자들은 이 방법을 '비동시 이식(heterochronic transplant)'이라 부른다. 매코널은 새끼 페럿들의 출생 시차를 이용했다. 모든 새끼가 너무 일찍 태어나서 피질 뉴런이 한창 생성되고 있었다. 매코널이 이른 전구세포를 늦은 동물의 뇌에 이식했을 때 그 세포들은 운명을 바꿔서 상층 뉴런이 되었다. 이는 이 어린 피질 세포가 자신이 맡게 될 운명을 유연하게 정한다는 걸 의미했다. 하지만 반대로(늦은 단계에서 빠른 단계로) 이식했을 때는 매우 다른 결과가 나왔다. 이식된 늦은 전구세포는 유연하지 않았다. 이 전구세포들은 어린 전구세포에 둘러싸여 있었음에도 변하지 않았다. 마찬가지로 피질 발달의 중간 단계에 있는 전구세포를 늦은 뇌에 이식했을 때 그 세포들은 운명을 바꿨지만, 같은 전구세포를 이른 뇌에 이식했을 때는 운명을 바꾸지 않았다. 이 실험을 통해 우리는 다음과 같은 사실을 알 수 있다. 피질줄기세포는 분열하는 동안 일련의 단계를 거치는데, 이때 세포들은 단계를 앞으로 뛰어넘을 수는 있어도 뒤로 뛰어넘지는 못한다.[15]

우연과 운명

척추동물의 망막은 분명한 층들로 아름답게 조직되어 있는 탓에 특별히 잘 연구된 주제다. 나는 평생 개구리와 물고기 배아의 뇌를 가장 많이 연구했는데, 이 책에 망막과 시각계 이야기가 특히 많은 데는 분명 그 이유도 한몫할 것이다. 카할 역시 망막의 아름다운 조직에 흥미를 느낀 나머지 망막의 회로는 물론이고 세포 구조까지도 탐구했다. 모든 척추동물의 망막은 3개의 세포층으로 조직되어 있으며, 각각의 층은 특수한 세포형으로 이루어져 있다. 바깥층(안구 중심부에서 가장 먼 층)에는 빛에 민감한 간상세포(막대세포)와 원추세포(원뿔세포)가 있다. 간상세포와 원추세포는 중간층에 있는 쌍극세포와 시냅스를 이룬다. 쌍극세포는 양쪽 끝이 다소 비슷하게 생긴 방추형 뉴런이지만, 한쪽 끝은 광수용체로부터 들어오는 정보를 받는 수상돌기이고 반대편에 있는 안쪽 끝은 축삭돌기로 망막신경절세포와 시냅스를 이룬다. 망막신경절세포는 내막(안구 중심부와 가장 가까운 층)에 분포한다. 망막신경절세포는 망막의 출력부에 해당한다. 시신경을 따라 뇌로 긴 축삭돌기를 보내기 때문이다. 출생 시기를 추적하는 연구들은 다음 사실을 입증했다. 망막의 세포형들은 각기 다르지만 부분적으로 겹치는 발달 시간대에 태어나며, 곤충의 중추신경계와 대뇌피질에서와 마찬가지로 시간은 한 방향으로만 운명을 결정할 수 있도록 흐른다. 초기 단계에 망막줄기세포는 모든 유형의 망막 뉴런을 낳을 수 있다. 하지만 망막줄기세포의 계통이 늘어남에 따라 세포는 앞선 세포형을 생산하는 능력을 점차 잃어버린다.

내 실험실에서 진행한 일련의 실험에서 우리는 현미경을 통해 일정한 시간 간격을 두고 촬영하는 저속촬영 기법으로 제브라피시의 망막줄기세포를 추적 관찰했다. 선충의 경우와 다르게 척추동물 망막의 단일 줄기세포 계통은 상당히 가변적이었다. 각각의 망막줄기세포는 독특하고 다소 무작위적인 무리를 생산하는 것으로 보인다. 심지어 단일 망막줄기세포들이 배양접시에 격리되어 있을 때조차 다양한 계통을 생산하는 것으로 봐서 이 가변성은 망막줄기세포의 고유한 특징임을 알 수 있다. 망막세포형에 영향을 주는 것은 확실히 전사인자의 조합이지만, 이 전사인자들을 지정하는 유전자 중 어떤 것들이 켜지고 꺼질지는 우연의 문제로 보인다. 그리고 세포 수 가변성(3장)의 경우와 마찬가지로 그러한 무작위적인 영향력이 동등한 줄기세포 수천여 개의 계통에 가해진다면 대수의 법칙이 작동해서 비록 각각의 계통은 독특할 테지만 최종적으로 생산되는 각 세포형은 기대 수치에 근접할 것이다.

내 과학 경력에서 개인적으로 가장 빛났던 순간은 2017년 영국 발달생물학회 앞에서 이 책을 주제로 워딩턴 강연을 했을 때다. 칼 워딩턴(Carl Waddington)은 발달 기제에 관한 놀라운 개념적 통찰로 발달생물학의 수호자가 되었다. 워딩턴은 자신의 생각을 보여주기 위해 은유적인 그림을 그렸다. 그중 하나는 세포들이 자신의 구체적인 운명을 어떻게 선택하는지를 보여주는 그림으로, 워딩턴은 여기에 발달 지형이란 이름을 붙였다.[16] 아래로 경사진 계곡이 있고, 길게 누운 산들이 계곡을 협곡으로 나눈다. 계곡 아래로 공이 구른다. 공은 전구세포일 것이다. 공이 첫 번째 산을 만나면 협곡을 선택해서 왼쪽으로 가거나 오른쪽으로 가고, 그렇게 해서 잠재적 운명의 폭을 좁힌다. 계속 구르는 동안 공은 운명을 결정하는 좌우 선택을 몇 번 더 시행한다. 이 은유는 수십 년 동안 발달생물학자들의 관심을 사로잡았다. 산과 협곡이란 대체 무엇일까? 배발생의 분자적 지리학으로는 산과 협곡을 어떻게 설명할 수 있을까? 세포가 운명의 협곡으로 굴러가는 동안 세포 안에서는 정확히 어떤 일이 일어날까? 세포는 왼쪽과 오른쪽을 무엇으로 선택할까? 워딩턴 강연에서 나는 이 모든 질문에 대답하고자 하는 대신 워딩턴의 발달 지형은 무작위 요인이 발달에 미치는 효과를 이해하는 좋은 방법일 수 있다고 말했다. 워딩턴의 계곡으로 1000개의 공이 구른다고 상상해보자. 각각의 공이 갈림길에서 오른쪽으로 갈지 왼쪽으로 갈지는 확실한 예측이 불가능하다. 그런 상황에서 하나의 공이 어디로 떨어질지 정확히 예측할 수는 없지만, 공이 분포하는 일반적인 형태 또는 세포의 경우 생성될 유형들의 비율은 확신할 수 있다(그림 4-4). 그렇다고 해서 발달이 무작위 과정이라거나, 세포들이 완전히 무작위로 운명을 선택한다고 말하는 것이 아니다. 다만, 수많은 전구세포를 가진 동물의 중추신경계에는 계통 간 가변성이 존재하지만, 오히려 그런 요소의 도움으로 각각의 뉴런형은 틀림없이 적절한 수에 도달한다고 말하는 것이다.

이제는 망막 뒤에 있는 간상세포와 원추세포를 하나하나 구별할 수 있는 강력한 검안경으로 사람의 눈을 들여다볼 수 있다. 이 때 세 종류의 원추세포(빨강, 초록, 파랑)를 볼 수 있는데, 이는 색 정보를 세 가지 경로로 나눠서 보는 인간의 능력을 설명한다. 이 세포들이 어떻게 묶여 있는지를 자세히 살펴보면, 빨간색과 초록색의 원추세포들은 서로에 대해 무작위로 배열된 것을 알 수 있다.

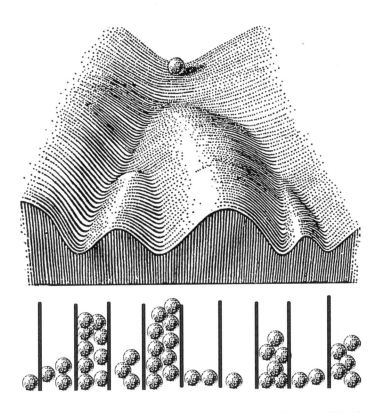

그림 4-4 워딩턴의 발달 지형(위)과 우연(아래)의 결합. 공이 계곡으로 구르다가 맨 처음 만나는 언덕에서 왼쪽 길이나 오른쪽 길을 선택하고, 그런 뒤 다음 언덕을 만날 때 또다시 길을 선택한다고 가정해보자. 여행이 끝났을 때 그 세포는 하나의 구체적인 운명을 선택한 셈이 된다. 공 또는 세포가 길을 선택할 때마다 오른쪽으로 갈지 왼쪽으로 갈지에는 많은 요인이 영향을 미치는데, 여기에는 우연의 요소가 크게 작용한다. 따라서 세포가 발달 지형에서 여행을 시작하기 전에는 세포의 운명을 예측할 수 없지만, 다수의 동일한 공이 지형을 굴러 내려올 때, 그 공들은 단지 우연만으로 예측 가능한 운명의 분포를 만들어낸다.

이 무작위는 진화적으로 비교적 최근인 약 3000만 년 전 영장류에게 삼색시(三色視)가 생긴 데서 기원한다. 우리의 더 먼 조상은 이색시(二色視)였다. 삼색시는 일련의 진화적 사건과 관련이 있다. 먼저 빨간빛을 포착하는 광감성 단백질, 레드옵신(red opsin)을 암호화하는 유전자에 중복이 일어났다. 그리고 중복된 후에 돌연변이를 일으켰다. 이 중복유전자 안에서 일어난 변화로 빨간빛보다 초록빛에 더 민감한 새로운 유전자가 출현했다. 그래서 과거에는 레드옵신 유전자 하나만 있었던 반면, 지금은 레드와 그린, 두 종류의 옵신 유전자가 존재한다. 이 유전적 사건이 우리 조상들 사이에 널리 퍼졌을 것이다. 빨간색과 초록색을 구별할 수 있고 그렇게 해서 익은 과일과 안 익은 과일을 구별할 수 있었기 때문이다. 존 스홉킨스 대학교의 제러미 네이선스(Jeremy Nathans)는 레드옵신과 그린옵신의 유전자들이 X염색체 위에 나란히 있는 것과 세포 안에서 둘 중 어느 것을 켤지 조절하는 작은 DNA 조각이 두 유전자 옆에 있는 것을 발견했다. 조절 장치로 기능하는 이 작은 DNA 조각은 DNA 루프의 바닥에 매달려 있는데 이 루프는 레드옵신 유전자 옆으로 갈 수도 있고 그린옵신 유전자 옆으로 갈 수도 있다. 이 DNA의 두 가지 형태는 상호 배타적이어서 한 세포에서는 한 유전자만 활성화한다. 마지막으로, 이 조절기는 우연에 따라 한 쪽을 선택하는 것으로 보이고 그래서 하나의 원추세포가 빨간색과 초록색 중 어느 색을 감지할지는 기본적으로 동전 던지기와 같다.[17] 어느 색의 옵신을 발현할지에 대한 이 최종 선택이 없다면 두 가지형의 원추세포는 동일한 세포형으로 분류될 것이다.

앞서 우리는 카할이 상상한 영혼의 나비를 만나봤으니, 진짜 숲에 사는 진짜 나비를 살펴본다 해도 그리 어색하지는 않을 듯하다. 뉴욕 대학교에서 연구하는 클로드 데스플란(Claude Desplan)은 오래전부터 곤충의 색각에 매혹되었다. 처음에 초파리를 연구할 때

데스플란은 다음과 같은 사실을 발견했다. 인간과 마찬가지로 초파리의 망막에도 기본적으로 똑같은 광수용체 세포형(각기 다른 색에 민감하다)이 두 가지 형태로 존재하고, 이 두 가지 형태가 무작위로 배열되어 800개의 홑눈 중 일부는 나머지 홑눈과 다른 색 스펙트럼을 볼 수 있다는 것이다. 구체적으로 하나의 홑눈이 어떤 색에 대한 민감성을 발달시킬지 예측하는 것은 불가능하다. 그 스위치는 우연의 메커니즘에 달려 있어서 포유동물의 망막에서 빨간색 원추세포 대 초록색 원추세포가 결정되는 것을 연상시키기 때문이다. 파리의 경우에 그 스위치는 옵신 선택을 조절하는 단일 전사인자를 켜거나 끄는 일을 무작위로 한다. 광수용체가 그 정체성과 관련된 나머지 모든 일을 결정하고 나면 마치 슬롯머신의 레버를 당겨서 그 결과로 둘 중 하나를 얻는 듯하다. 이제 데스플란은 더 복잡한 눈을 가진 제비꼬리나비에 관심을 기울였다. 데스플란과 동료들은 각각의 홑눈에 레버를 당기는 광수용체 세포형이 하나가 아닌 둘이라는 사실을 발견했다. 그 결과 나비의 눈을 구성하는 1000개의 홑눈은 저마다 서로 무관하게 무작위로 색을 배정받는다. 그래서 네 종류의 홑눈이 있을 수 있다. 두 세포 모두에서 전사인자가 켜진 홑눈, 두 세포 모두에서 전사인자가 꺼진 홑눈, 한 전사인자는 켜지고 다른 전사인자는 꺼진 홑눈과 그 반대의 홑눈. 이 무작위 과정이 5가지 색 옵신과 협력한 결과로 제비꼬리나비는 우리 인간의 능력을 뛰어넘어 놀라울 정도로 상세하게 색을 비교해낸다. 데스플란은 이 간단한 우연 메커니즘 덕분에 나비는 색 비교 능력을 더욱 진화시켜서 꽃을 식별하고 음식을 찾고 짝을 확인

하는 최고의 능력을 지니게 되었다고 주장한다.[18]

실험실에서 보낸 마지막 시기에 나는 예측할 수는 없으나 발달에 도움이 되는 이 측면에 사로잡혀 있었다. 뇌의 형성 방식이 완전히 결정된 계획안이 아니라 통계적 우연에 좌우되는 것이 처음에는 엉뚱하고 놀랍게 보였다. 하지만 유전자의 역학, 즉 유전자가 어떻게 켜지거나 꺼지는지를 더 많이 알게 된 지금은 신경줄기세포에서 무작위처럼 일어나는 분자적 사건들이 우리 뇌의 모든 신경 계통을 지배하는 것은 불가피한 일로 보인다. 물론 이 말은 모든 인간 뇌에는 세포형마다 거의 같은 수의 세포가 있지만, 어떤 두 사람도 다양한 유형의 뉴런을 똑같이 구비한 채 태어날 수는 없다는 것을 의미한다. 모든 사람의 뇌는 똑같은 방식으로 만들어지지만, 각 사람의 뇌는 모두 다르다.

뉴런의 개체성

1998년, 과학자들은 인간의 21번 염색체 한 부위에서 'DSCAM(Down syndrome cell adhesion molecule, 다운증후군 세포접착분자)'을 분리했다.[19] 이 유전자는 다운증후군의 일부 증상에 결정적인데 다운증후군은 21번 염색체의 사본이 2개가 아닌 3개가 있어서 발생한다. 축약하지 않은 이름에서 알 수 있듯이 DSCAM은 세포접착분자다. 이 분자는 주로 배 발생기에 뇌에서 발현하며, 생쥐에서도 DSCAM이 과잉 발현하면 다운증후군의 몇몇 양상과 유사한 증상이 나타난다. 인간의 DSCAM이 확인된 직후 UCLA의 래리 지퍼스키(Larry Zipursky)는 초파리의 DSCAM 유전자를 발견했다. 초파리 DSCAM 유전자의 놀라운 면은 이 단일 유전자가 수만 종의 단백질을 생성한다는 것이다.[20] 이 유전자는 4개의 암호화 부위로 나뉘고 각 부위는 다양한 운명을 선택할 수 있는데 첫 번째 부위는 12가지, 두 번째는 48가지, 세 번째는 33가지, 네 번째는 2가지를 고를 수 있다. 처음 활성화할 때 이 유전자는 메신저RNA(mRNA)로 만들어진다. 그 mRNA는 여러 조각으로 쪼개져서 비암호화 서열을 제거하고 암호화 부위를 1개씩 남긴다. 자르고 이어 맞추는 선택은 확률적이기 때문에 접착된 mRNA 하나는 $12 \times 48 \times 33 \times 2$, 즉 38016개의 세포접착분자 중 하나로 번역된다. 단 하나의 유전자로부터 엄청나게 다양한 단백질이 나올 수 있다는 사실은 면역계를 생각나게 한다. 면역계에서는 각기 다른 단백질 영역을 암호화하는 유전자 재조합으로 엄청나게 다양한 항체가 생성되기 때문이다. 실제로 DSCAM은 면역글로불린 상과(上科)에 속하는 세포접착분자다. 파리를 포함한 많은 무척추동물에서 DSCAM은 면역 기능을 가지고 있지만, 특히 놀라운 것은 DSCAM으로부터 만들어질 수 있는 모든 단백질 중 아주 많은 것이 발달 중 파리의 면역계에서 발현되는데, 무작위적인 선택적 이어 맞추기 때문에 파리의 거의 모든 뉴런이 각기 다른 형태의 DSCAM을 발현한다는 것이다. 그에 따라 이론상으로는 각각의 뉴런이 다른 모든 뉴런과 달라야 한다.

척추동물은 DSCAM 유전자를 그 정도로 다양하게 생산하지는 않지만, 다른 세포접착분자들로 그 문제를 충분히 보완한다. 예를 들어, 인간 유전체에는 엄청난 수의 세포접착분자를 만드는 이른 바 '군집성 프로토카드헤린 유전자' 세 그룹이 있다.[21] 무작위 재조합을 생산하는 분자 메커니즘은 다소 다르지만 파리의 DSCAM 과 마찬가지로 이 그룹들도 저마다 무수히 많은 mRNA를 만든다. 이 mRNA들이 단백질로 만들어질 때는 다음과 같은 결과가 나타난다. 각각의 모든 뉴런이 독특한 프로토카드헤린 분자 집합을 낳고 거기에 독특한 분자적 표면을 입힌다. 무작위 수를 생성하는 과정과 같아서 뉴런 하나하나에 독특한 바코드와 독특한 정체성을 부여하는 것이다.

우리는 인간으로서 고유한 정체성이 있어서 다른 이들이 우리를 구별할 수 있고, 우리 역시 자기 자신을 다른 이들과 구별한다. 우리의 면역계는 개인의 분자적 정체성에 맞춰진다. 이른바 '조직 적합성 단백질(histocompatibility protein)'은 몸속의 세포가 우리 자신의 것인지 다른 사람의 것인지를 면역계에 알려주는 물질로, 모든 사람에게는 이 단백질들이 각자 고유하게 재조합되는 것으로 보인다. 장기를 이식받은 환자가 면역계를 억제해야 하는 것도 그런 이유에서다. 하지만 우리 뇌 속에 있는 모든 뉴런이 각자 정체성을 가진다면 어떤 이득이 발생할까? 한 가지 가능성은 같은 아류형에서 뉴런이 자기 자신을 다른 뉴런들과 구별할 수 있다면 단일 뉴런의 모든 미세한 가지가 서로를 알아볼 수 있다는 것이다. 예를 들어, 축삭돌기와 수상돌기의 그물망 안에서 한 뉴런의 가지들이 서로 부딪힐 때 그 가지가 고유한 바코드를 사용해서 상대방과 불필요한 연결을 만들지 않을 수 있다. 하버드 대학교의 조시 세인즈와 동료들은 방향성 운동을 탐지하는 뉴런을 연구해서 그러한 자기 회피가 생쥐의 시각계에 어떤 의미가 있는지 조사해왔다.[22] 그 뉴런들을 조작해서 자기를 확인하는 고유한 프로토카드헤린이 발현하지 않게 했을 때 뉴런들은 다른 뉴런과 시냅스를 만들기보다는 자기 자신과 시냅스를 만들었다. 또한 이 유형에 속한 뉴런들이 각기 다른 확인 물질이 아니라 똑같은 확인 물질을 발현하도록 조작했을 때는 평소와 달리 어떤 연결부도 형성하지 않았다. 두 경우 모두, 방향성 운동을 알아보는 능력이 사라진 것이다. 인간의 경우에는 프로토카드헤린 군집의 돌연변이가 조현병과 관련이 있음이 최근에 밝혀졌다.

뇌는 수많은 지부에서 헤아릴 수 없이 다양하게 분화된 뉴런 형을 부리고, 각각의 세포는 자기 지역에서 고유한 임무를 수행한다. 갓 태어난 뉴런에 배정되는 임무의 유형은 외적인 신호, 내적인 세포 성향, 출생 순서, 무작위 영향의 조합을 통해 결정된다. 결국 모든 뉴런은 복잡하고 독특한 저만의 가지 뻗기 패턴과 생리학적 속성을 지녀서 저마다 특수한 유형이 된다. 또한 뉴런은 방대한 수의 세포접착분자를 사용할 수 있는데 이 분자의 무작위 조합에 기초해서 고유한 정체성을 부여받는다. 즉, 무작위 조합을 토대로 같은 유형 안에서라도 다른 뉴런과 자기 자신을 구별할 수 있게 된다. 하지만 이 뉴런은 이제 막 인생을 시작했다. 뉴런은 자기가 누구인지 '알기는' 하지만 아직은 다른 뉴런과 연결부를 만들어 정보를 처리하고 전달할 수 있는 상태는 아니다. 새로운 뉴런이 우선적으로 수행할 임무는 뇌를 배선하는 일에 착수하는 것이다.

5.

배선

어린 뉴런들이 축삭돌기를 내보낸다. 돌기들은 발달 중인 뇌를 두루 항

해하며 종종 멀리까지 종착지를 찾아간다.

길 찾기 기술

　우리 뇌 속의 뉴런은 저마다 자신의 수상돌기를 통해 전기적 신호를 수신한다. 뉴런은 이 입력 정보를 토대로 계산을 수행한 뒤 그 결과를 전기적 임펄스로 바꾸고 자신의 축삭돌기를 통해서 다른 곳에 있는 표적 뉴런으로 보낸다. 다시 이 표적 뉴런들은 그들의 입력 정보를 토대로 계산을 수행하는데, 이 방식이 계속 되풀이된다. 아기가 세상에 나올 무렵 머릿속에는 1000억 개의 뉴런이 있다! 이 뉴런들이 서로 연결되어 방대한 정보량을 처리하고 그에 따라 행동할 수 있다. 시상에 있는 뉴런은 굶주림을 감지하고, 망막에 있는 뉴런은 시야에 들어온 패턴을 보고, 시각피질에 있는 뉴런은 이 장면이 오븐에서 방금 꺼낸 잉글리시 머핀이라고 해석한다. 후각피질 뉴런은 지금 들어오고 있는 냄새가 머핀 위에서 녹는

버터 향이라고 해석한다. 전두피질 뉴런은 이러한 정보들을 받고, 그것을 통합하고, 운동피질로 신호를 보낸다. 운동피질 뉴런은 행동 순서를 체계화한 뒤 척수로 들어가는 축삭돌기를 따라 임펄스를 운동 뉴런으로 보낸다. 이제 이 운동 뉴런들은 자신의 축삭돌기로 신호를 보내 팔과 손가락 근육을 구체적인 순서로 수축시킨다. 이 일련의 신경학적 사건이 매끄럽게 펼쳐지기 위해서는 어느 정도 정밀한 배선이 필요한데 많은 배선 작업이 태어나기 훨씬 전에 태아의 뇌에서 진행된다. 우리가 잉글리시 머핀을 입으로 가져가 한입 가득 베어 물 수 있는 것은 이 배선이 정확히 이뤄졌기 때문이다.

예나 지금이나 발달신경과학의 수많은 문제 중에서도 특히 어려운 것은 뇌의 배선이 어떻게 이뤄지는지를 이해하는 것이다. 뉴런의 축삭돌기는 다른 곳에 있는 표적 뉴런을 어떻게 찾아내서 알아보는 것일까? 필요한 연결부가 모두 만들어질 수 있는 간단한 방법은 모든 뉴런이 다른 모든 뉴런과 시냅스를 이루는 것이다. 실제로 뉴런의 수가 적은 동물에는 그 방법이 통할 수도 있지만, 인간처럼 뉴런이 많은데 모든 뉴런이 모든 뉴런과 연결되기 위해서는 적어도 뇌가 100배는 커야 한다. 배선은 그렇게 이뤄지지 않는다. 우리는 또한 뉴런이 무작위로 연결되지 않는다는 걸 알고 있다. 얼핏 보기만 해도 모든 인간 뇌는 매우 비슷하게 배선돼 있기 때문이다. 대신에 하나의 뉴런은 제한된 횟수 안에서 믿을 수 없이 정확하게 연결을 만들어나가는 것으로 보인다. 비록 어떤 유형은 훨씬 더 선별적이고 어떤 유형은 정반대지만, 합리적으로 추산할 때 우리 뇌에서 평균적이라 할 수 있는 뉴런은 대략 100개의 다른 뉴런과 연결된다. 따라서 평균 선택도를 따져보면 대략 10억 개의 뉴런 중 1개씩 표적 뉴런을 선택한다는 결과가 나온다.

믿기 어렵겠지만, 마치 뉴런들이 어떻게 배선할지를 '아는' 듯하다. 심지어 아주 작은 전기기사가 태아의 뇌 안에 숨어서 배선도를 참조하며 케이블을 정해진 소켓에 꽂는 거라고 상상하고 싶을 정도다. 하지만 여러분도 알다시피 그런 일은 일어나지 않는다! 뉴런들은 테리의 도움을 받지 않고 스스로 배선을 완성한다.

우리 배아의 척수에서 운동 뉴런이 다리에 있는 어떤 근육을 찾아가도록 축삭돌기를 내보낸다고 상상해보자. 배율을 확대할 때 이는 독일 프랑크푸르트에 사는 사람이 프랑스 리비에라에 있는 어떤 마을을 찾아가는 것과 같다. 지도가 있어도 사람들은 대부분 길을 잘못 드는데 그렇다 해도 축삭돌기는 진로에서 벗어나 엉뚱하게 자라지 않는다. 운동 뉴런은 구체적인 근육에 축삭을 보내기도 하지만 또한 1차 축삭에서 다른 표적으로 가는 가지를 내보낸다. 이 2차 축삭의 표적은 렌쇼 세포(Renshaw cell)라는 이름의 억제성 뉴런이다. 그래서 운동 뉴런이 임펄스를 발화하고 축삭을 따라 근육을 활성화할 때는 몇몇 억제성 뉴런(렌쇼 세포)도 함께 활성화한다. 이 뉴런은 다른 운동 뉴런, 특히 길항근을 자극하는 뉴런을 억제한다. 이 작은 척수 회로가 있어서 주동근과 길항근은 서로 싸우지 않고 동작을 더 효과적으로 만들어낸다. 하지만 지금의 요점은 다음과 같다. 운동 뉴런에는 멀리 떨어진 다리 근육을 찾아 항해하는 축삭이 있고, 중추신경계 안에서 완전히 다른 표적을 찾아가는 또 다른 축삭이 있다는 것이다.

발달 중인 태아에서는 수십억 개의 성장하는 축삭돌기가 뇌와 몸 곳곳에서 가까운 목적지와 먼 목적지를 향해 사방팔방으로 나아간다. 거의 모든 축삭이 자기가 어디로 가고 있는지를 아는 것처럼 보인다. 축삭의 놀라운 길 찾기 기술은 성인의 뇌 속에 촘촘히 짜여 있는 백질과 회백질의 해부학적 직물에서 그 흔적을 볼 수 있다. 각각의 직물에는 신경외과 의사와 신경해부학자가 아니면 알아보기 힘든 복잡한 이름이 붙어 있다.

성장원추

19세기에 조직학자들은 뉴런에 긴 축삭이 달려 있다는 건 알았지만, 이 긴 축삭이 어떻게 생기는지는 수수께끼였다. 당시로서는 발달 중인 뇌 속을 들여다보면서 무슨 일이 일어나는지를 관찰하는 것이 불가능했다. 그러던 중 1907년에 존스홉킨스 대학교에서 연구하던 발달생물학자 로스 그랜빌 해리슨(Ross Granville Harrison)이 "성장하는 신경의 말단을 살아 있는 상태에서 직접 관찰할 수 있는" 방법을 발견했다.[1] 해리슨의 방법은 개구리 배아에서 작은 조직을 떼어내 덮개유리 위에 놓고 현미경 슬라이드로 보는 것이었다. 먼저 그는 배아 조직 위에 성체 개구리의 림프액 두어 방울을 떨어뜨렸다. 림프액은 투명한 젤로 응고해서 조직을 붙잡고 영양분을 공급했다. 그런 뒤 해리슨은 그 덮개유리를 뒤집어 우묵

한 현미경 슬라이드 위에 놓고 가장자리를 밀랍으로 봉했다. 이제 해리슨은 덮개유리 너머로 그 작은 조직이 한두 주까지 살아 있는 것을 볼 수 있었다. 이 상황에서는 개별 세포들을 분 단위로, 시간 단위로, 날짜 단위로 관찰할 수 있었다(그림 5-1). 조직 배양이라고 알려진 이 혁신적인 세포생물학 기법에서는 세포가 접시나 플라스크 안에서 살거나 성장할 수 있는데, 해리슨은 이 방법을 통해 어린 뉴런에서 축삭돌기가 발생하는 걸 보았다. 해리슨은 체외 이식체에서 수많은 '섬유'가 돋아나 응고된 림프액 속으로 뻗어 나간다고 묘사했는데, 실제로 실처럼 가느다란 축삭돌기가 하나하나 자라는 모습을 볼 수 있었다. 이 긴 축삭돌기에서 가장 주목할 만한 특징은 각각의 돌기 끝에 크게 확장된 말단이 있고 그 말단이 계속 '세부적인 모습을 정확히 그리기 어려울 정도로 아주 빠르게 모양이 변한다'는 것이었다.[2] 위대한 신경조직학자 라몬 이 카할(4장을 보라)도 배아 척수의 절편을 연구할 때 축삭돌기 끝에서 그런 커다란 말단을 본 적이 있다. 카할은 특유의 화려한 문체로 이렇게 적었다. "성장하는 축삭의 환상적인 말단을 처음 바라보는 건 엄청난 행운이었다. 사흘 된 닭 배아의 척수 절편에서 이 말단은 원추 형태로 응축된 원형질처럼 보였고 아메바같이 움직이는 것 같았다. (…) 신기하기 이를 데 없는 이 뭉툭한 말단에 나는 성장원추라는 세례명을 부여했다."[3] 고정된 절편에서 성장원추의 살아 있는 움직임, 해리슨이 20년 후에 최초로 목격할 그 움직임을 직감으로 알아보다니, 신경계를 꿰뚫어 본 카할의 통찰은 놀랍기만 하다.

이 성장원추가 어떻게 작동하는지 그 속을 들여다보자(그림

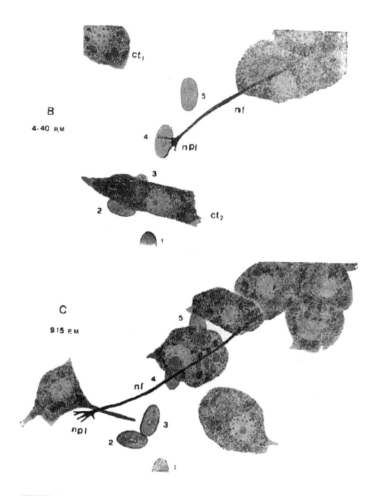

그림 5-1 해리슨이 1910년 연구 논문에 묘사한 성장하는 축삭돌기. 축삭돌기(nf) 끝에 달려 있는 오후 4시 40분(위)과 오후 9시 15분(아래)의 성장원추(nPl), 적혈구(장축 약 20미크론) 1~5개의 안정적인 위치에 주목하라. 적혈구는 축삭돌기가 어디까지 뻗어 나가는지를 보여주는 라벨 역할을 한다.

5-2). 성장원추의 내부 작용에서 드러나는 가장 명백한 특징은 동적인 세포골격(세포의 구조를 지탱하는 작은 분자 케이블)이다. 세포골격은 늘어나기도 하고 줄어들기도 하는 미세한 필라멘트들이 상

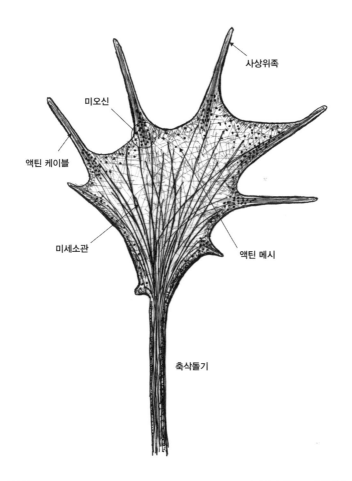

사상위족

미오신

액틴 케이블

미세소관

액틴 메시

축삭돌기

그림 5-2 성장원추의 세포골격. 축삭돌기에서 나온 미세소관들이 부챗살처럼 바깥쪽으로 펼쳐져 있다. 성장원추의 맨 가장자리에서 길게 늘어나는 사상위족을 액틴 케이블이 채우고 있다. 성장원추의 말초 부위는 교차하는 액틴 필라멘트로 채워져 있다. 사상위족의 기저부에 있는 미오신 분자들이 액틴 케이블을 잡아당기고, 액틴 케이블은 막간접착(transmembrane adhesion) 분자에 의해 몸체에 연결되어 있어서 성장원추가 앞으로 나아갈 수 있다.

호 연결되어 하나의 골조를 이룬다. 세포골격의 중요한 구성 요소 중 하나는 늘어나는 축삭돌기에서 성장원추로 진입하는 미세소관 이다. 미세소관은 '튜불린(tubulin)'이라는 구성단백질로 이루어져 있다. 튜불린은 성장하는 미세소관의 한쪽 끝에서만 새로 추가된다. 축삭에서 성장원추로 나올수록 미세소관들은 바깥쪽으로 벌어져 성장원추를 원뿔형으로 만든다. 미세소관이 연장되는 만큼 성장원추는 앞으로 나아간다. 이미 3장에서 보았듯이, 미세소관은 체세포분열에서 분열하는 세포의 염색체 사본을 분리하는 방추체를 만들기도 한다. 이 사실에 영감을 받은 과학자들은 미세소관의 형성을 차단하는 약물을 연구해서 암세포의 급속한 분열을 막는 화학요법을 탄생시켰다. 그런 약물을 성장원추에 적용하면 축삭돌기들은 즉시 성장을 멈춘다.

성장원추의 세포골격에서 더 역동적이지만 그에 못지않게 중요한 요소는 액틴 필라멘트다. 가늘고 긴 이 필라멘트는 액틴 구성 단백질로 이루어진 중합체. 액틴 필라멘트는 미세소관보다 훨씬 더 짧고 가늘다. 성장원추의 중앙부에서는 액틴 필라멘트가 복잡하게 가지를 뻗은 그물망을 형성하는 반면, 성장원추의 외곽에서는 액틴 섬유가 뭉쳐서 사람 손가락처럼 생긴 두꺼운 케이블을 형성한다. 액틴으로 채워진 이 손가락들을 성장원추의 '사상위족'이라고 부른다. 살아 있는 성장원추를 현미경 아래 놓으면 성장원추의 앞쪽 끝부분에 사상위족이 불쑥 나와 있는 걸 볼 수 있다. 사상위족은 종종 몸을 약간 흔들어 움직이다가 안으로 다시 후퇴하는데, 마치 성장원추가 정확한 전진 방향을 읽기 위해서 이 사상위족을 사용하는 것처럼 보인다. 실제로 이 추측은 얼마간 사실로 여겨진다. 실험자가 성장하는 축삭돌기를 액틴 필라멘트의 형성을 억제하는 약물에 노출시키면 성장원추는 사상위족을 잃어버린 뒤 종종 엉뚱한 길로 나아가는 것이다.

살아 있는 성장원추를 관찰한 결과에 따르면, 성장원추의 이동 방법은 육군 탱크와 여러모로 비슷하다. 먼저 사상위족 안의 액틴 케이블이 그렇다. 각각의 액틴 케이블은 말단부가 성장원추의 중심부에서 멀어져 바깥쪽으로 성장하게 돼 있다. 이 성장하는 말단부에서는 액틴 구성단백질이 끊임없이 생성된다. 하지만 그러는 동안에도 성장원추의 중심부에서는 액틴 케이블을 계속 끌어당기는데, 사실 이곳에서 성장하지 않는 말단부는 계속 해체되고 있다. 앞쪽 말단이 성장하는 속도는 뒤쪽 말단이 뜯겨 나가는 속도와 비슷하다. 그 결과 사상위족의 액틴 케이블은 길이가 항상 비슷하지만, 사상위족을 구성하는 액틴 단백질들은 탱크의 벨트 하단처럼 계속 뒤로 밀려나게 된다. 성장원추의 모터는 디젤엔진이 아니라 미오신 단백질 부대이며, 우리 근육세포에서 액틴 케이블을 잡아당기는 단백질과 비슷하다. 미오신 단백질은 사상위족의 기저부에 몰려 있고 세포골격 중앙부에 단단히 붙어 있는 탓에 액틴 케이블을 끊임없이 잡아당겨 안으로 감아 내리는 역할을 한다.

탱크에 비유하면 견인력이 어떻게 생성되는지 쉽게 이해할 수 있다. 벨트 하단의 트레드는 지면과 맞물리므로, 미끄러지지만 않는다면 뉴턴의 제3법칙에 의해, 즉 지면을 힘 있게 뒤로 밀어 탱크 전체를 반대 방향으로 이동시킨다. 하지만 성장원추의 액틴 케이블은 막 안에 있으므로 몸체 위로 성장하려면 몸체와 맞물리지 않아야 한다. 대신에 액틴 케이블은 다른 분자를 사용해서 세포막을 건널 수 있는 다리를 건설한다. 그러한 분자 가운데 중요한 것이 세포막 안에서 밖으로 걸쳐 있는 접착분자들이다. 이 접착분자들은 그들의 세포외 영역으로 몸체에 달라붙는 동시에 세포내 영역으로도 연결을 만들어 몸체에 달라붙는다. 세포내 영역과 몸체를 연결하는 액틴 접착 단백질은 액틴 케이블과 연결된다. 접착이 충분하다면 사상위족의 액틴 케이블은 몸체와 맞물리고, 성장원추 전체가 사상위족의 방향으로 나아가게 된다. 사상위족의 반대편 끝에서 액틴 필라멘트가 해체됨에 따라 몸체와 액틴 케이블의 연결은 끊어지기도 하지만, 그와 동시에 성장하는 앞쪽 말단과 몸체 사이에 새로운 연결이 형성된다. 다시 한번 탱크와 비슷해지는데, 후방의 트레드가 지면과 분리되는 동시에 전방의 트레드가 지면과 맞물리는 것이다.

성장원추 위에 사상위족 몇 개가 활짝 편 손가락처럼 바깥쪽으로 펼쳐진 것을 상상해보자. 성장원추의 오른쪽 몸체는 점착성이라 붙잡기가 좋고, 왼쪽 표면은 약간 미끄럽다. 이 끈적끈적한 오른쪽 표면에 붙어 있는 사상위족은 성장원추 전체를 오른쪽으로 끌어당기는 반면, 왼쪽 표면에 붙은 사상위족은 붙잡기가 어렵다. 그 결과 성장원추는 오른쪽으로 나아간다. 다른 상황을 생각해보자. 몸체의 조건이 일정하고, 성장원추가 어느 방향으로나 진행하기 좋지만, 이번에는 오른쪽에 있는 어떤 분자 신호가 성장원추를 자극해서 그쪽에서 더 많은 사상위족이 뻗어 나간다. 그 결과 오른쪽으로 당기는 힘이 더 세지고, 성장원추는 오른쪽으로 기운다. 마찬가지로 왼쪽에 있는 다른 분자가 사상위족의 연장을 줄인다면 성장원추는 반대쪽으로 기우는데, 우리는 이것을 '기피(repulsion)'

라고 부른다. 결국 성장원추는 스스로 전진하고 스스로 방향을 잡을 수 있다.

모든 뉴런의 성장원추는 앞길에 무엇이 놓여 있는지를 알려주는 분자 신호와 단서를 감지하고 그에 반응할 채비가 된 상태에서 다양한 탐험을 시작한다. 그리고 다양한 지형을 대담하게 가로질러 뇌의 다른 곳에 있는 목적지까지 먼 거리를 이동한다.

개척자와 추종자

뇌 배선의 복잡성에 비추어 카할은 이 모든 경로가 어떻게 형성되는지 이해하는 문제는 끔찍하리만치 어려울 거라고 생각했다. 카할은 이렇게 숙고했다. '다 자란 숲은 결국 통과하기 어렵기 때문에 (…) 유아기로 돌아가서 어린 숲을 연구하는 것이 어떠할까.'[4] 이렇게 더 어리고 더 단순한 환경에서는 선구적인 축삭들이 최초의 경로를 만들어나가고, 나중에 생긴 축삭들은 표시된 길을 따라간다. 뇌가 성숙해질수록 더 많은 축삭이 최초의 경로에 합류하고, 이 경로는 머지않아 뇌의 정보 고속도로인 축삭돌기관이 된다. 어떤 축삭은 이 '고속도로'에서 벗어나 '도로'로 들어서고, 도로에서 어떤 축삭은 '샛길'로 빠진다. 점점 더 많은 축삭돌기가 접속부에 들어간 뒤 가지를 뻗어 새로운 길을 만듦에 따라 뇌의 도로 지도는 점점 더 복잡해진다. 그런 까닭에 발달신경과학자들은 카할의 제안에 따라 최초의 축삭돌기, 즉 새로운 길을 내는 개척자를 찾기 시작했다.

1976년에 선구적인 축삭들의 길 찾기를 최초로 관찰한 사람은 오스트레일리아 국립대학교의 마이클 베이트(Michael Bate)였다.[5] 베이트는 메뚜기 배아에서 발달 중인 다리 끝에 한 쌍의 감각 뉴런이 있는데, 주위에 다른 축삭돌기가 전혀 없을 때 이 2개의 뉴런에서 축삭돌기가 나와 다리를 통과한 뒤 중추신경계로 들어가는 걸 발견했다. 놀랍게도 메뚜기 다리 신경의 이 선구적인 축삭돌기는 발달 중인 다리에 주기적으로 출현하는 특별한 세포를 따라 여행한다. 이 세포들은 베이트의 표현을 빌리자면 '돌다리' 역할을 하는 것으로 보인다. 그중 마지막 돌다리 세포는 축삭돌기가 뇌에 진입하기 직전에 발생한다. 캘리포니아 대학교 버클리 캠퍼스의 데이비드 벤틀리(David Bentley)에 따르면 돌다리 세포들은 간격이 매우 좁아서, 선구적인 축삭의 성장원추에 달려 있는 사상위족 중 상대적으로 긴 것들은 이전 돌다리 세포에 달라붙은 동시에 다음 돌다리 세포에 닿을 수 있을 정도다. 다음으로 벤틀리와 동료들은 이 돌다리 세포가 길 찾기에 결정적으로 중요하다는 것을 입증했다. 실험자가 마이크로 전자빔으로 초점을 맞춰 가격하자 선구적인 축삭돌기의 성장원추가 종종 이전 돌다리에서 멈췄고, 때로는 방향을 돌려 성장하는 다리 끝으로 향했기 때문이다.[6]

돌다리 세포는 다리에서 중추신경계로 들어가는 선구적인 축삭돌기에 경로를 제공하고, 이 선구적인 뉴런의 축삭돌기는 나중에 발생하는 감각 뉴런들이 중추신경계로 향할 때 의존하는 경로가 된다. 과연 뇌 안에서도 이런 종류의 축삭 유도가 발생할까?

1970년대 말 벤틀리 밑에서 박사과정을 공부하던 코리 굿맨 (Corey Goodman)은 캘리포니아 대학교 샌디에이고 캠퍼스에 있는 닉 스피처(Nick Spitzer)의 연구실로 건너갔다. 개구리 배아 척수를 전문으로 연구하는 신경생리학자 스피처는 굿맨과의 공동 연구에서 메뚜기 배아의 중추신경계 세포에 미소전극을 찔러 넣어 염료를 주입했다. 이 표본을 현미경 아래에 놓자 염료를 가득 품은 개별 뉴런의 해부 구조가 모습을 드러냈다. 마이클 베이트와 팀을 이룬 굿맨과 스피처는 대단한 장면을 목격했다. 배쪽 신경삭의 각 분절에서 한창 성장하는 축삭돌기와 수상돌기가 저마다 특수한 패턴을 지니고 있는 까닭에 뉴런을 하나하나 식별할 수 있었던 것이다. 이 같은 유형의 많은 뉴런이 모든 동물, 모든 분절에서 발견된다.[7] 스탠퍼드 대학교에 새로 둥지를 튼 굿맨과 동료들은 개개의 축삭돌기가 어떻게 길을 찾는지 이해하기 위해서 중추신경계의 뉴런에서 자라나고 있는 축삭돌기를 관찰하기 시작했다. 예를 들어, 연구자들은 이른바 'G-뉴런'의 성장원추가 먼저 C-뉴런의 축삭돌기에 들러붙는 것을 목격했다. C-뉴런은 최근에 경로를 개척해서 신경계의 한쪽에서 다른 쪽으로 건너간 뉴런이었다. G-뉴런의 성장원추는 정중선을 넘어 반대쪽에 도달하자 C를 놔주고 새로운 환경을 탐침하기 시작한다. 사상위족을 뻗어 각기 다른 방향으로 가고 있는 몇몇 다른 축삭돌기를 건드리는 것이다. 그런 뒤 'P'라는 세포의 축삭돌기 중 하나를 사상위족으로 붙잡고 그걸 이용해서 뇌를 향해 올바른 방향으로 이동하기 시작한다(그림 5-3). 만일 실험자가 P의 축삭돌기를 제거하면 G-뉴런의 성장원추는

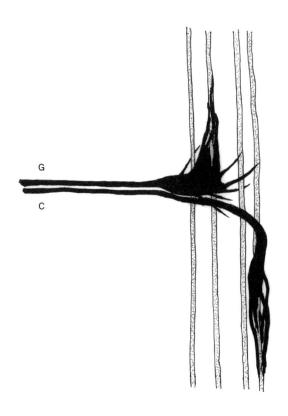

그림 5-3 라벨이 붙은 선들. 메뚜기 배아에서 C와 G의 성장원추가 다른 축삭돌기와 다른 방향을 선택해서 성장하는 모습.

다음 분절에서 출발한 다음 P 축삭돌기가 도달할 때까지 끈기 있게 기다린다. 한편 C-뉴런의 성장원추는 다른 축삭돌기를 붙잡고 꼬리 부분으로 향한다.[8]

베이트와 벤틀리 그리고 동료들의 연구에 따르자면, 선구적인 성장원추와 돌다리 세포 사이에서 그리고 각기 다른 축삭돌기 사이에서 축삭 유도에 결정적으로 중요한 특별한 종류의 접착성 상호작용이 일어난다고 생각할 수 있다. 따라서 발달 중인 신경계에서 각기 다른 세포 접착을 가능하게 하는 분자적 성격을 알아내는 것이 당시에 큰 관심사가 되었다.

분자 유도

굿맨의 실험실은 축삭돌기 사이에서 접착의 차이를 만드는 분자를 찾기 시작했고, 이를 위해 메뚜기 배아에서 신경막에 결합하는 항체를 배양한 뒤 축삭돌기가 빽빽이 들어찬 이른바 섬유다발(fascicle)들을 구별하게 해줄 항체를 찾아 나섰다. 이 과정에서 처음 발견한 두 종류의 단백질에 연구자들은 패시클린-1(Fasciclin-1)과 패시클린-2라는 이름을 붙였다. 패시클린-1은 정중선을 넘어가는 축삭돌기 다발에서 발견되고, 패시클린-2는 머리에서 꼬리로 달리는 축삭돌기 다발에서 발견된다. 앞서 언급한 G-뉴런 같은 추종자 축삭돌기는 이 두 가지 경로를 이용할 수 있다. G-뉴런은 정중선을 넘고 싶으면 패시클린-1을 발현시키고, 그런 뒤 꼬리-머리 방향으로 성장하고 싶으면 패시클린-2로 변경한다. 이런 식으로 각기 다른 패시클린은 각기 다른 축삭돌기가 아니라 노선의 각기 다른 부분과 일치한다.

굿맨이 베이트를 방문했을 때 베이트는 케임브리지 대학교에 있었다. 두 사람은 함께 초파리(드로소필라) 배아에 대해서도 같은 종류의 실험이 가능하다는 것을 발견했다. 초파리 돌연변이체를 통해서 축삭 유도와 관련된 유전자에 접근할 수 있고, 그렇게 발견한 유전자로 이 유도물질의 분자학적 성격을 밝힐 수 있었다. 드로소필라 배아는 메뚜기 배아보다 훨씬 작기 때문에 개척자들을 유전자 지도로 옮기기가 어려웠다. 그럼에도 결국 두 사람은 초파리에도 메뚜기와 아주 비슷한 개척자 축삭돌기가 있음을 입증했다. 다른 점은 크기가 작다는 것뿐이었다. 다음으로 굿맨과 동료들은 배아 배선이 잘못된 초파리 돌연변이체를 찾아보았고, 곧 그런 변이체를 발견하기 시작했다. 발달신경생물학을 전율하게 할 시대가 열리고 있었다. 성장하는 축삭돌기를 유도하는 분자가 곧 밝혀질 게 분명했다!

굿맨의 실험실에서 발견한 돌연변이체 중 많은 것이 세포접착분자(CAM)를 암호화하는 유전자에 영향을 미치는 것으로 드러났다. 패시클린-1과 패시클린-2는 결국 둘 다 CAM이었다. 대부분의 CAM이 공유하는 한 가지 특징은 동종친화성(CAM은 말 그대로 자기 자신을 좋아한다)으로, 이는 CAM이 다른 세포의 표면에 있는 똑같은 CAM과 결합한다는 걸 의미한다. 발달 중인 배아에서 만일 2개의 축삭돌기가 자신의 표면에 동일한 동종친화성 CAM을 발현한다면, 그 둘은 십중팔구 서로 들러붙어서 축삭 다발이 될 것이다. 발달 중인 신경계는 동종친화성 CAM을 색 부호화(color-coding) 체계처럼 사용한다. 빨간색 축삭돌기는 빨간색 축삭돌기에 붙고, 노란색 축삭돌기는 노란색 축삭돌기에 달라붙는 것이다. 개척자 축삭돌기는 특정한 CAM으로 자기 몸을 장식하므로 같은 CAM을 발현하는 축삭돌기들은 개척자 축삭돌기를 따라갈 수 있다. 이렇게 해서 신경계에 축삭돌기관이 만들어진다. 초기의 축삭돌기는 똑같은 CAM을 발현하는 축삭돌기를 따라가는 것 외에도 여정의 마지막 구간에서는 새로운 길을 개척하고, 미래의 축삭돌기가 그 자리에 이를 수 있도록 새로운 CAM을 보탠다. 점점 더 많은 축삭돌기와 CAM이 네트워크에 추가될수록 최초의 개척자들이 만든 단순한 비계는 크고 작은 경로들이 뇌를 관통하는 복잡한 그물망이 된다. 축삭돌기는 보스턴 사람이 동물원에 가는 것과 똑같은 방식으로 목적지에 간다는 생각이 출현했다. 사람들은 그린라인을 타고 스트리트공원까지 가고, 그곳에서 레드라인으로 갈아탄 뒤 애시몬트에서 내린다. 그리고 여기에서 22번 버스를 타고 프랭클린공원까지 간 뒤 걸어서 동물원에 도착한다.

국소 유도

망막신경절세포의 축삭돌기는 진정한 개척자다. 이 축삭돌기는 망막에서 뇌 속의 표적을 찾아갈 때 길을 찾아 여행하는 다른 어떤 개척자도 만나지 않고 외롭게 여행한다. 많이 자란 개구리 배아에서 눈 원시세포를 떼어내 어린 배아에 이식하면 심지어 그 어린 배아의 뇌 전체에서 망막신경절세포의 축삭돌기가 최초의 축삭돌기가 되는 이른 시기임에도 그 축삭돌기들은 표적까지 정확하게 길을 찾아간다. 이 개척자 축삭돌기들은 시신경과 시각로가 될 경로를 구축한다. 망막신경절세포의 축삭돌기는 '시신경교차'

라 불리는 뇌 영역의 배쪽 정중선을 넘은 뒤 전뇌와 중뇌의 경계 근처에서 등쪽으로 향한다. 그들 대부분은 꼬리 쪽으로 방향을 틀고 마지막에는 시개라 불리는 등쪽 중뇌 영역에 있는 표적에 도착한다. 여러 모델 척추동물(모델 생물은 특정한 생물학적 현상을 이해하기 위하여 연구에 사용하는 생물을 말한다-옮긴이)을 대상으로 망막신경절세포의 원추 성장을 저속촬영한 결과, 이들은 비교적 일정한 속도로 꾸준히 성장하며, 간혹 결정을 내리는 지점에서 잠시 멈추기도 하지만 길을 벗어나는 경우는 거의 없음이 밝혀졌다.

망막신경절세포의 축삭돌기는 어떻게 길을 찾는 것일까? 한 가지 가능성으로는 표적인 시개에서 확산성 유혹 물질인 '이리로 오라(come hither)' 분자를 분비하는 것일 수 있다. 그러면 성장원추는 블러드하운드처럼 냄새를 추적해서 그 원천을 찾아간다. 이 가설은 내가 수행한 일련의 실험과 일치하는 듯했다. 나는 양서류 배아의 눈 원시세포를 같은 뇌의 다른 부위에 이식했다. 처음에 어디에서 출발하든 간에 망막신경절세포의 축삭돌기들은 언제나 성장 방향을 시개 쪽으로 잡는 것 같았다.[9] 이 연구를 발표한 지 얼마 되지 않아 옥스퍼드 대학교의 제러미 테일러(Jeremy Taylor)는 또 다른 연구를 수행했다. 테일러는 눈에서 망막신경절세포가 성장을 채 시작하기도 전에 발달 중인 개구리 배아에서 시개를 완전히 제거했다. 하지만 신경절세포가 출현했을 때 그 축삭돌기들은 등쪽 중뇌를 향해 멋지게 행군했다. 물론 표적은 사라진 지 오래였다.[10] 결과에 대한 설명은 나와 똑같았지만, '이리로 오라' 분자가 장거리 여행을 부추긴다고 볼 수는 없었다.

이 문제에 대해서는 1965년에 캘리포니아 공과대학교의 에머슨 히바드(Emerson Hibbard)가 부분적으로 밝힌 적이 있다. 히바드는 물고기와 어린 올챙이의 후뇌에서 발견되는 '거대 뉴런'에 초점을 맞췄다. 19세기 중반에 루트비히 마우트너(Ludwig Mauthner)는 이 뉴런이 신속한 회피 반응을 중재한다는 것을 발견했고, 그래서 이 뉴런을 마우트너 뉴런이라 부른다. 히바드는 현미경 슬라이드 위에서 이 뉴런의 축삭돌기를 쉽게 확인할 수 있었다. 축삭돌기들은 정중선을 넘은 뒤 꼬리 쪽으로 척수를 타고 내려가 몸체 반대편에 늘어선 운동 뉴런을 자극했다. 마우트너 뉴런은 몸체 한쪽을 건드리거나 진동이 있으면 흥분하고, 그 결과 거의 즉시 반대쪽의 모든 근육이 수축해서 동물은 C 형태로 몸을 구부리는데, 수영선수가 빨리 출발하기 위해 취하는 동작과 같다. 히바드는 간단한 실험을 고안했다. 도롱뇽 배아에서 후뇌 조직이 되기로 정해져 있는 신경판을 얇게 저며서 그 조각을 꼬리 쪽에서 머리 쪽으로 180도 회전시킨 뒤 같은 연령의 다른 배아에 이식하는 것이었다. 수혜자 배아에서 회전된 후뇌 조각이 추가로 발달하고, 원래의 조직과 별도로 이식 조직 안에서 한 쌍의 마우트너 뉴런이 따로 성장하게 한 것이다. 추가된 마우트너 뉴런이 회전된 후뇌 조직 안에서 축삭돌기를 내보낼 때 처음에는 방향을 잘못 잡은 축삭돌기들이 척수를 향해 아래로 내려가는 대신 중뇌를 향해 위로 올라갔다. 하지만 일단 회전된 조각을 벗어나 회전되지 않은 조직에 들어서자 축삭돌기들은 극적으로 U턴을 해서 아래로 내려갔다(그림 5-4). 히바드는 축삭돌기의 성장 방향이 국소 환경과의 상호작용으로부터 영향을 받는 것이 분명하다고 추측했다.[11] 히바드의 초기 논문을 읽은 후 나는 망막신경절세포의 축삭돌기로 비슷한 실험을 했다. 축삭돌기가 시개로 가는 중 오른쪽으로 회전된 조직에 들어서자 마치 회전된 조각 속에 들어 있는 국소적 단서를 알아챈 듯 오른쪽으로 방향을 틀었다. 하지만 회전된 조각을 빠져나와서 그곳이 예상했던 장소가 아니었음을 '깨달았을' 때는 방향을 돌려 시개를 찾아갔다.[12] 이렇게 자르고 붙이는 실험들이 가리키는 바에 따르면, 개척자 축삭돌기는 멀리 있는 신호를 냄새로 알아낸다기보다는 국소적 단서를 읽어가면서 길을 찾는다.

신경계의 축삭돌기 배선 과정은 작은 마을이 점차 성장해서 대도시가 되는 것에 비유할 수 있다. 맨 처음 도착하는 사람은 나침반과 지리적인 지식을 사용해서 길을 내는 개척자들이다. 개척자들은 그곳의 지형을 읽고 지세를 이해한다. 협곡과 강이 어떻게 호수로 이어지는가? 개척자들이 처음 걸어 다닌 오솔길은 잘 다져지고, 큰 오솔길은 길이 된 다음 거리가 된다. 영 스트리트는 남북으로 달리고, 블루어 스트리트는 동서로 달린다. 마을에서 도시로 커짐에 따라 거리는 더 길어지고 넓어져서 주요 도로가 된다. 곳곳에 새로운 거리가 생기고, 지하철 노선이 형성되고, 하키 팀이 만들어진다. 시내 지도와 대중교통 토큰이 있고 안내 표지판을 읽을 줄 안다면, 리프스(Leafs, 토론토 아이스하키 팀-옮긴이)의 경기가 열리는 곳은 어디든 달려갈 수 있다.

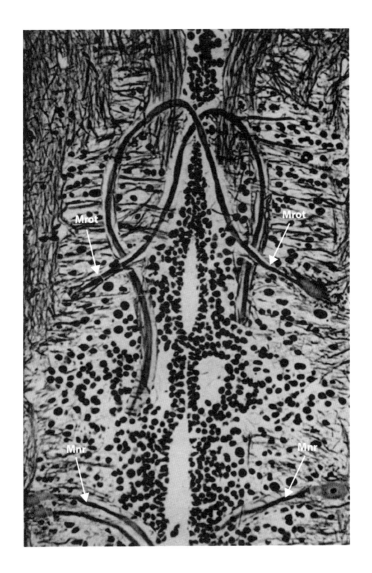

그림 5-4 1965년 히바드가 회전된 후뇌 조각으로 수행한 실험. 거꾸로 이식된 거대 마우트너 세포 (Mrot)의 축삭돌기는 머리 쪽에 있는 뇌를 향해 정중선을 넘고, 그런 뒤 회전된 조직을 빠져나오면 방향을 꼬리 쪽으로 돌려 척수를 향해 나아간다. 현미경 사진 아래쪽에서 회전되지 않은 마우트너 세포(Mnr)의 축삭돌기들은 정상적으로 정중선을 넘어 꼬리 쪽으로 향한다. E. Hibbard. 1965. "Orientation and Directed Growth of Mauthner's Cell Axons from Duplicated Vestibular Nerve." *Exp Neurol* 13: 289~301.

유인과 기피

1980년대에 유니버시티 칼리지 런던의 앤드루 럼스덴(Andrew Lumsden)과 앨런 데이비스(Alun Davies)는 생쥐의 신경계에서 감각 축삭이 어떻게 수염의 기저부를 찾아가는지 알아보고 있었다. 생쥐는 수염을 씰룩거려 촉각으로 국소 지도를 작성하는 만큼 생쥐의 수염에는 신경이 밀집해 있다. 수염의 기저부가 포함된 표피 부위, '상악패드(maxillary pad)'는 5번 뇌신경의 많은 감각 축삭이 노리는 표적이다. 럼스덴과 데이비스는 이 감각 뉴런과 상악패드가 만나기 전 단계에서 그 둘을 배양접시 안에 가까이 놓았다. 축삭돌기는 상악패드를 향해 똑바로 성장했고, 두 연구자가 배양접시에 다른 조직을 추가해도 속거나 한눈을 팔아 방향을 트는 일은 없었다. 연구자들은 상악패드가 확산성 분자를 분비해서 감각 축삭을 유인한다고 추측했다.[13] 생물학에서 화학 유인은 세포가 그 지역에 있는 어떤 물질의 화학적 기울기를 감지한 뒤 그것을 향해 이동하는 과정을 말한다. 예를 들어, 백혈구 세포가 감염된 부위로 이동하는 건 화학 유인 때문이다. 미지의 화학 유인물질이 상악패드에서 나오는 것 같았기에 럼스덴과 데이비스는 여기에 '맥스인자'라는 이름을 붙였다.

그러한 화학 유인물질이 존재한다는 건 앞 절에서 묘사한 연구, 즉 표적은 먼 거리에서 축삭돌기를 유인하지 않는다는 생각과 모순되는 것처럼 보인다. 뇌 속의 유인물질은 분비된 직후 세포외 물질의 토대에 달라붙는 경향이 있기 때문에 분비되는 장소 근처에 축삭돌기가 있을 때만 탐지된다. 국소 환경에 존재하는 유인물질 외에도 세포는 화학 기피물질을 분비하고 그래서 기피물질이 너무 가까이 있으면 성장원추는 그곳을 피해 간다. 이렇게 상악패드는 화학 유인물질을 분비하고 근처에 있는 조직들은 화학 기피물질을 분비하기 때문에 감각 축삭으로서는 좋은 선택지가 단 하나, 상악패드에 들어가서 수염을 자극하는 것뿐이다.

1990년대에 현대적인 분자유전학과 유전공학이 발전함에 따라 생명의 분자적 성격이 빠른 속도로 밝혀질 새로운 시대가 활짝 열렸다. 과학자들은 배양접시 위에서 또는 선충, 파리, 생쥐 같은 모델 생물을 이용해서 시험할 수 있는 거의 모든 과정을 테스트했고, 이를 통해 관련된 단백질과 유전자를 찾아내고 그 배열 순서를 확인했다. 그리고 이 연구를 토대로 화학 유인물질과 화학 기피물질의 분자적 성격을 밝혀나갔다. 1990년 존스홉킨스 대학교의 에드워드 헤지코크(Edward Hedgecock)와 동료들은 자그마한 선충인 예쁜꼬마선충에서 개척자 축삭의 길 찾기에 영향을 미치는 3개의 유전자를 발견했다. 이 유전자는 협응이 어긋나서 부드럽게 움직이지 못하는 돌연변이체에서 발견됐고, 그래서 간단히 unc(*uncoordinated*, 비협응) 돌연변이라는 이름으로 불렸다. 이 3개의 unc 유전자 중 하나는 등쪽으로 여행하는 축삭돌기의 길 찾기에 영향을 미쳤고, 다른 하나는 배쪽으로 여행하는 축삭돌기의 길 찾기에, 나머지 하나는 등쪽과 배쪽을 모두 여행하는 축삭돌기의 길 찾기에 영향을 미쳤다. 다음으로 헤지코크와 동료들은 이 유전자들을 복제했다. 등쪽과 배쪽 길 찾기에 모두 영향을 주는 unc 유전자는 축삭돌기를 유도하는 새로운 분비단백질을 지정(부호화)하는 것으로 밝혀졌다.[14] 곧이어 캘리포니아 대학교 샌프란시스코 캠퍼스의 마크 테시에라빈(Marc Tessier-Lavigne)과 동료들은 이 unc 유전자의 척추동물 동족체를 발견하고 그 유전자가 만드는 유도인자에 '네트린(Netrin)'이라는 이름을 붙였다['길을 안내하는 자'를 뜻하는 산스크리트어, '네트르(Netr)'를 따서 지었다].[15] 다른 2개의 unc 유전자는 네트린 수용체를 만들었다. 2개의 수용체 중 하나를 가진 성장원추는 네트린에 이끌렸고, 다른 하나를 가진 수용체는 네트린을 기피했다.

네트린은 잘 보존된 동시에 진화적으로 서로 관련된 단백질족에 속하는데, 이 단백질들은 축삭돌기를 유도하는 일에 관여할 뿐 아니라, 다양한 도관과 혈관을 비롯한 다른 많은 조직에서 뉴런과 세포가 이주하는 일에 관여한다. 따라서 네트린 유전자에 돌연변이가 있으면 다양한 조직의 형태 발달이 혼란에 빠지고 사람에게 다양한 증후군을 일으킨다. 네트린-1 유전자의 돌연변이는 사람에서는 발견된 적이 거의 없는데, 그 이유는 네트린 유전자가 발달에 필수적이기 때문일 것이다. 하지만 몇몇 돌연변이는 네트린의 기능을 치명적이 아니라 약간만 망가뜨리는데, 이 돌연변이들은 척수에서 축삭돌기가 비정상적으로 횡단하는 현상, 그리고 그에 상응하여 한 손이 반대편 손의 의도적인 동작을 저도 모르게 따라하는 행동 장애와 관련이 있다.[16]

네트린 유전자들이 한창 발견되고 있을 때 펜실베이니아 대학교의 조너선 레이퍼(Jonathan Raper)와 동료들은 드디어 기피 유도 인자를 발견했다. 처음에 연구자들은 이 분자를 '콜랍신(Collapsin)' 이라 불렀다. 활동적인 성장원추를 소량의 콜랍신에 노출시키면 사상위족이 모두 움츠러들고 성장원추가 작은 공 모양으로 찌부 러졌기(collapse) 때문이다.[17] 성장원추는 표면을 붙잡지 못하고 축 삭돌기는 빠르게 후퇴한다. 이 화학 기피물질을 성장원추의 한쪽 면에만 최소량 투입하면 그쪽 면의 사상위족은 사라지고 성장원 추는 마치 기피하듯이 다른 쪽으로 방향을 돌린다. 콜랍신은 앞으 로 발견될 수많은 축삭 유도인자 중 최초가 되었으며, 굿맨과 동료 들은 초파리 신경계에서 동일한 기피물질을 발견하고 거기에 '세 마포린(Semaphorin)'이라는 이름을 붙였다[세마포어(*semaphore*)는 먼 곳에 정보를 보내기 위해 깃발이나 팔 동작으로 신호를 하는 체계다]. 인 간 유전체에는 20개의 세마포린 유전자가 있으며, 각각의 유전자 는 약간 다른 형태의 세마포린을 만든다. 또한 네트린의 경우와 마 찬가지로 이 세마포린에도 각기 다른 수용체가 많이 있다. 각기 다 른 축삭돌기를 가진 성장원추들이 여행하는 중에 네트린이나 세 마포린을 만난다고 상상해보자. 어떤 것들은 끌리고, 어떤 것들은 피하고, 어떤 것들은 무관심할 것이다. 그리고 이 관점에서 우리는 길을 찾는 성장원추들이 각기 다른 방향으로 나아갈 때 그들 앞에 얼마나 다양한 선택지가 있는지 겨우 상상할 수 있다.

네트린과 세마포린이 확인된 이후로 다른 많은 축삭 유도인자 가 여러 실험실에서 발견되었다. 초기의 신경계를 보면서 이 모 든 유도인자가 만들어지는 곳을 지도화하면, 배아 신경계가 다양한 종류의 유도인자로 거의 뒤덮이는 걸 볼 수 있다. 그리고 사람들이 똑같은 시내 지도를 사용해서 각기 다른 장소를 찾아가는 것처럼, 축삭돌기들도 뇌 속의 동일한 분자 패턴을 사용해서 각기 다른 표적으로 성장해간다. 따라서 초기 뇌는 개척자 축삭을 위한 단서들이 가득한 3차원의 패치워크 같아서 저마다 20~50미크론 크기의 새롭고 분자적으로 독특한 부위를 만날 수 있다. 모든 사람이 하키 경기를 보러 가는 게 아닌 것처럼, 중요한 점은 내가 어딜 가고 싶어 하는지 그리고 지도상에서 내가 지금 어디 있는지를 아는 것이다. 발달 중인 뇌에서 성장원추는 분자 지도를 정교하게 읽는다. 유인물질과 기피물질과 세포접착분자, 그리고 또 다른 잠재적인 유도 단서의 조합을 끊임없이 해석하면서 나아갈 방향을 결정하는 것이다. 어쨌든 그것이 성장원추가 사는 동안에 해야 하는 일이다.

중간 목표

19세기 중반 미 대륙을 횡단해서 서부로 가는 사람들은 짐마차 행렬을 이루고 로키산맥을 넘어 오리건과 캘리포니아까지 지루한 여행을 해야만 했다. 이 서부 개척자들은 대부분 먼저 와이오밍주 스위트워터밸리의 '인디펜턴스록(Independence Rock)'이라는 거대한 화강암 언덕을 향해 갔다. 오리건트레일(Oregon Trail)을 이용하는 사람에게 인디펜턴스록은 대략 중간 지점이었다. 이곳에서 개척자들은 여장을 풀고 한동안 쉬면서 나머지 여행길을 준비했다. 많은 사람이 바위 표면에 자기 이름과 함께 도착한 날짜를 새겼다. 하지만 그곳에 오래 지체할 수는 없었다. 특히 7월 초에 도착했다면, 로키산맥을 다 넘기 전에 눈이 내려 산길이 막혀버릴 수 있었기 때문이다. 성장원추도 그와 비슷한 문제를 겪는다. 도중에 어떤 장소에 끌릴 수 있지만 오래 지체해서는 안 된다. 여기는 중간 기착지일 뿐이다. 축삭돌기는 매력적인 중간 기착지를 뒤로하고 다음 구간으로 이동해야 한다.

과학자들은 처음에 축삭돌기가 매력적인 중간 기착지에 어떻게 가고 그 후 그곳을 어떻게 떠나는지의 문제를 신경계의 배쪽 정중선에서 집중적으로 조사했다. 뇌의 반대편으로 넘어가는 많은 축삭돌기에게는 중간 기착지에 해당하는 곳이다. 신경해부학자들은 그러한 축삭돌기 횡단을 정중선 '맞교차(commissure)'라고 부른다. 맞교차는 우리 신경계의 공통된 특징이다. 몸 양쪽에 걸쳐 있는 감각 및 운동 기능을 조율하는 데 필요하기 때문이다. 척추동물 척수의 배쪽 교련(맞교차)은 축삭돌기를 먼저 배쪽으로 보내는 뉴런들이 개척한다. 이 축삭돌기는 배쪽 정중선 근처에서 가령 네트린 같은 유도인자를 만난다. 그런 뒤 축삭돌기는 정중선을 넘고 대개 뇌를 향해 위로 성장하거나 척수의 반대편에 있는 꼬리를 향해 아래로 성장하고, 다시는 정중선을 넘지 않는다. 다시 말해서, 일단 반대편으로 넘어가면 정중선 유도물질은 성장원추에 관심을 두지 않는다. 어떻게 그럴 수 있을까?

이 문제에 대한 최초의 통찰은 굿맨의 실험실에서 발견된 돌연변이 파리에서 나왔다. 연구자들은 초파리 배아에서 배선 돌연변이를 찾고 있었다. '라운드어바웃[Roundabout, 로보(*Robo*)]'이라 불리는 이 돌연변이체에서는 축삭돌기가 정중선을 넘은 뒤 또다시 정중선을 넘어서, 영국의 로터리에서 내가 그러듯이 원을 그리며 빙글빙글 돈다(영국에서는 로터리를 라운드어바웃이라고 부른다-옮긴이). 로보 유전자가 지정하는 수용체는 배쪽 정중선에서 발현하는 화학 기피물질, '슬릿(Slit)'을 탐지한다. 정중선을 넘기 전에 맞교차 뉴런의 성장원추는 정중선 유도물질만 탐지하고 기피물질은 탐지하지 않는 수용체를 만든다. 하지만 일단 정중선을 넘으면 슬릿의 수용체인 로보를 만들기 시작하고, 그에 따라 정중선은 매력적이기보다는 역겨워진다. 로보 돌연변이체에서 이 축삭돌기들은 화학 기피물질을 감지하지 못하고 또다시 정중선을 넘는다. 파리의 신경계에서나 인간의 신경계에서나 이 개념과 유도분자의 다수는 비슷하다. 맞교차 축삭돌기는 처음에 정중선에 끌리지만, 선을 넘으면서 변하고, 그래서 정중선에 끌리지 않고 심지어 역겨워지는 것이다.[18] 신경계에서 배쪽 정중선은 선구적인 축삭돌기가 도착한 다음 떠나야만 하는 많은 중간 기착지 중 하나에 불과하다. 긴 여행을 관리할 수 있는 구간들로 쪼개서 오도 가도 못하거나 되돌아오는 일이 거의 없이 한 기착지에서 다음 기착지로 이동할 수 있는 것이 이 전략의 묘미다.

1987년에 나는 오랫동안 수시로 공동 연구를 해온(그리고 아주 멋진 아내인) 크리스틴 홀트(Christine Holt)와 함께 독일 튀빙겐 소재 막스플랑크 발달생물학연구소의 프리드리히 본회퍼(Friedrich Bonhoeffer)의 실험실에서 안식년 휴가를 보냈다. 우리는 개구리 배아의 등쪽 중뇌에서 망막신경절세포의 성장원추가 표적을 향해 이동하는 모습을 촬영하려던 중이었다. 촬영을 위해 크리스틴은 싹처럼 돋은 한쪽 눈 위에 조심스럽게 미세한 틈을 내고 바늘로 형광염료를 삽입했다. 세포 몇 개가 착색되었다. 다음 단계로 크리스틴은 접시를 뒤집어 배아를 현미경 슬라이드 위에 놓았다. 이제 우리는 망막신경절세포의 성장원추가 시각교차에서 정중선을 넘은 뒤 시개나 등쪽 중뇌로 가는 모습을 고배율 저속촬영으로 기록할 수 있었다. 그날이 지나고 밤이 새도록 촬영은 성공적으로 진행되었다. 어느 날 크리스틴이 라벨이 잘 붙은 배아를 뒤집을 때 손을 갑자기 움직였고, 그 바람에 표시된 망막신경절세포가 담긴 작은 싹이 찢어지고 말았다. 하지만 사고가 일어날 무렵에는 망막신경절세포의 첫 번째 축삭돌기가 이미 눈을 떠나서 시각교차에 있는 배쪽 정중선을 넘었고, 이제 막 뇌의 반대편인 등쪽으로 기어가려 하고 있었다. 그 단계에서 표본은 우리가 뜻하지 않게 성장원추를 세포체에서 분리시킨 것을 제외하고는 기록하는 데 아무 문제가 없었다. 우리는 이 가엾은 성장원추를 지켜보면서 그날을 허비할 것인지를 두고 한동안 논의했다. 우리 두 사람 생각으로는 그러한 축삭돌기는 즉사할 것이 분명했다. 내가 다시 시작하는 쪽으로 기울자, 우리에게 실험실을 내어준 본회퍼가 이왕 이렇게 됐으니 어떤 일이 벌어지는지 지켜보는 게 좋겠다며 우리를 격려했다. 이렇게 해서 저속촬영 영상이 완성됐을 때 우리 세 사람은 놀라움을 금치 못했다. 분리된 성장원추는 몇 시간 동안 계속 성장하면서 정확히 길을 찾아갔고, 우리가 나중에 일부러 축삭돌기를 잘라버린 성장 원추들이 세포체와 핵으로부터 떨어져나간 상태에서 놀라울 정도로 자율적이라는 걸 보여줬다.[19]

알고 보니 성장원추는 새로운 단백질을 만들고 낡은 단백질을 분해하는 데 필요한 장비를 모두 갖추고 있었다. 성장원추는 수천 개의 각기 다른 메신저RNA 분자를 사용해서 계속 새로운 단백질을 합성하고, 그러는 동안 그 분자들은 고향인 핵에서 출발해서 뉴런의 머나먼 전초기지까지 성장원추를 따라 이동한다. 이 분자가 수용체와 결합하면 몇 분 안에 유인과 기피를 유발하는 많은 유도 단서가 성장원추의 단백질 합성을 자극한다. 홀트와 동료들은 이 새로운 단백질 합성이 유도 단서에 대한 성장원추의 반응과 그다음에 할 일에 대단히 중요하다는 걸 발견했다.[20] 중간 표적에 도착한 성장원추는 재빨리 현재의 표적이 덜 매력적이고 다음 표적이 더 매력적이 되도록 길 찾기 우선순위를 재설정한다.

일반적으로 유인성 유도 단서, 즉 네트린 같은 단서들은 접착 그리고 성장원추 세포골격의 형성에 관여하는 국소 단백질 합성을 촉진한다. 성장원추가 한쪽에서 유인성 유도인자를 감지할 때 그쪽에서는 국소 단백질이 합성되어 성장 환경이 좋아지고, 그에 따라 성장원추는 유인물질로 향한다. 반대로 기피 방식에서는 똑같은 유도인자라 해도 그러한 단백질의 합성을 감소시키고 세포골격을 해체하는 데 유리한 단백질의 합성을 증가시킨다. 따라서 성장원추가 한쪽에서 기피성 유도인자를 감지하면, 그쪽으로는 성장을 줄이고 방향을 돌린다. 얼핏 보기에 이 논리는 깔끔하고 단순한 듯하지만, 한편으로는 미래에 이 분야에서 일할 연구자들에게 난제를 던진다. 만일 성장원추가 배아 단계의 뇌를 항행하는 동안 계속해서 그 자신을 재정립할 정도로 자율적이고, 뇌에는 유인도가 다른 유도 신호와 접착분자가 가득하다면 과연 어떻게 그 모든 것을 알아낼 수 있을까?

재생

1928년에 카할은 이렇게 썼다. "일단 발달이 끝나고 나면 축삭돌기와 수상돌기의 성장 샘들은 완전히 말라붙는다. 성숙한 중추에서 신경의 길들은 이미 고정되고 종료되어 변경할 수 없는 어떤 것이다. 모든 것이 죽을 수 있고, 어떤 것도 재생되지 않는 듯하다. 가능할지 모르겠지만 이 가혹한 명령을 바꾸는 것이 미래 과학의 몫이다."[21] 1985년 젊은 대학축구 스타인 마크 부오니콘티(Marc Buoniconti)는 경기 중에 척수를 다치고 말았다. 그 순간부터 부오니콘티는 목 아래로 어떤 근육도 움직이지 못했다. NFL 명예의 전당에 오르기도 한 그의 아버지 닉 부오니콘티(Nick Buoniconti)는 그런 혹독한 척수 외상으로 고생하는 다른 많은 환자와 마찬가지로 마크의 부상을 치료할 수 있지 않을까 기대하면서 마이애미 마비치료 프로젝트(Miami Project to Cure Paralysis)를 설립했다.[22] 마이애미 프로젝트는 전 세계적으로 드물게 이 임무에만 집중하는 대형 연구치료 센터다. 하지만 안타깝게도 성인의 경우 심각한 척수 손상이나 심한 뇌 외상의 예후는 여전히 암울하다. 이는 과학을 탓할 문제가 아니다. 망가진 신경계를 고치는 일은 의학을 통틀어 가장 어려운 문제에 속하기 때문이다. 실험동물과 배양접시의 뉴런을 연구한 결과, 포유류의 성숙한 뉴런은 어린 뉴런보다 재생 능력이 떨어진다는 사실이 밝혀졌다. 성숙한 뉴런은 젊음의 마법을 잃어버리는 듯하다. 또한 신경 손상의 상처 부위는 일반 세포와 세포외 물질로 채워지고 이것이 축삭돌기의 재성장을 억제한다는 사실이 연구를 통해서 밝혀졌다. 마지막으로, 초기에 축삭돌기가 배아에서 뻗어 나올 때 적절한 표적을 찾기 위해 사용하는 많은 유도 단서가 성체에서는 대부분 재성장하는 축삭돌기를 유도하지 못한다.

과학자들은 재생 문제의 원인을 자세히 이해하는 면에서는 상당한 진척을 이뤘지만, 마비를 효과적으로 치료하기에는 많이 부족한 수준이다. 그럼에도 이 분야에서 일하는 사람들은 희망을 내려놓지 않는다. 발달기에 축삭 성장과 유도를 가능하게 하는 기제를 계속 연구한다면 성인의 신경계에서 절단된 축삭돌기를 재성장시킬 방법을 알아내고, 언젠가는 마크 같은 신경계 환자를 치료할 수 있다는 믿음을 말이다.

배선은 발달 중인 뇌가 펼쳐 보이는 놀라운 재주이며, 앞으로도 계속 신경과학과 의학의 도전 과제로 남을 것이다. 최초의 개척자들과 수십억의 추종자가 정확한 길 찾기에 성공하지 못한다면, 올바른 정보가 올바른 장소에 도달해서 올바로 처리되고 계산되는 일은 일어나지 않을 것이다. 성장원추가 길을 찾을 때 사용하는 유도 단서는 막에 달라붙는 접착분자일 수도 있고 국소적인 화학 유인물질과 화학 기피물질일 수도 있다. 새로운 길을 개척하든 다른 축삭돌기를 대중교통 수단으로 이용하든 간에 성장원추는 다음 기착지와 관련된 우선 사항을 자주 바꾸고 업데이트한다. 결국에는 거의 모든 성장원추가 목적지에 도착한다. 바로 그곳에서 신경은 시냅스 파트너를 발견해서 연결을 이루고, 뇌는 이제 발화를 시작한다.

이제 우리는 두 뉴런의 삶에서 중대한 순간을 목격하게 된다. 한 뉴런의

축삭돌기가 다른 뉴런의 수상돌기를 만나는 순간 서로가 천생연분이라는 걸 알아보

는 것이다. 둘은 꼭 달라붙어 시냅스로 키스를 나누고 평생 인연을 맺는다.

특이성

　임신 중반에 이르러 자궁에서 아기가 첫 번째 발길질을 하는 것
은 태아와 어머니의 새로운 연결을 알리는 기억할 만한 순간이자
몇 년 후 그 아이에게는 부끄러울 수도 있는 이야기 주제다. 아기
가 발길질을 시작할 때, 이것은 신경계 발달의 관점에서 무엇을 의
미할까? 우선 확실한 것은, 운동 뉴런의 축삭돌기가 여행의 종착
지에 도착했고, 다리에서 근육과 막 연결되고 있음을 의미한다. 이
렇게 시냅스 연결이 이뤄진 후에야 발차기가 시작될 수 있다. 다리
운동 뉴런의 축삭돌기와 마찬가지로 뇌에 있는 수억 개의 다른 축
삭돌기도 여행의 종착지에 도착해서 시냅스를 만들기 시작했다.
성장하는 축삭돌기는 구체적인 목적지에 도착하면 성장원추를 떼
고 가지를 뻗기 시작한다. 이 가지들은 주변에 있는 수천 또는 수

백만 개의 표적 뉴런 사이를 누빈다. 표적 뉴런은 이미 축삭돌기가 도착하기를 기다리며 수상돌기를 뻗고 있다. 축삭돌기의 말단은 성장하는 수상돌기 숲에서 가장 맘에 드는 시냅스 파트너를 열심히 찾고, 수상돌기 역시 자기 파트너를 찾는다.

신경계에서 이 연결은 믿을 수 없으리만치 정확하게 이뤄지지만, 뉴런들이 어떻게 이러한 특이성에 도달하는지는 1920년대에 들어서야 알려지기 시작했다. 당시 빈 소재 과학아카데미에서 젊은 발달생물학자 파울 바이스(Paul Weiss)가 이 난해한 문제를 연구하기 시작했다. 영원의 신경 재생을 연구하고 있던 대학원생 바이스는 다리 신경이 재생될 때 이 동물은 다리의 모든 반사신경이 되살아나서 의도적이고 조화롭게 움직이는 능력을 회복하고, 다른 다리들과의 리듬도 완벽하게 맞는 현상에 주목했다. 이 협응을 회복하는 데 감각 피드백이 필수적인지를 탐구하기 위해서 바이스는 감각 축삭은 제외하고 운동 축삭만 재생시켜서 동물이 재생된 다리를 느낄 수 없게 했다. 그러나 이번에도 협응 운동이 완벽하게 회복됐다. 따라서 감각 피드백은 필수가 아니었다. 바이스는 자신이 '미오티픽 지정(myotypic specification)'이라고 명명한 설명을 제시했다. 이 설명에 따르면 운동 뉴런은 처음에는 그리 까다롭지 않고 다소 무작위로 다리 근육을 자극하며, 그래서 어떤 운동 뉴런이라도 모든 근육을 자극해서 신경을 발달시킬 수 있다는 것이었다. 교차신경자극 실험에서는 그렇다는 것이 입증되었다. 다음 단계는 근육과 운동 뉴런의 소통이었다. 근육세포가 다음과 같이 말한다. "안녕, 너는 방금 나, 대둔근과 시냅스를 만들었어." 그러면 운동 뉴런은 이 정보를 사용해 척수에서 연결부를 적절히 배선한다. 미오티픽 지정 가설은 신경교차자극 실험 결과를 설명할 때 특히 유용했다. 예를 들어, 바이스와 동료들은 영원의 다리에서 신근을 자극하는 신경을 자른 뒤, 근처에 있는 굴근에 그 신경을 붙였다. 그렇게 교차신경자극을 받은 영원은 다리 움직임을 회복했는데, 움직임은 처음에 비정상적이었고 어떤 면에서는 역전되어 교차신경자극이 성공적임을 입증했다. 하지만 일주일 정도 후에 교차신경자극을 받던 다리는 재동기화되기 시작해서 과거의 협응 능력을 모두 되찾았다(결국 운동 뉴런이 근육세포의 지시를 따른다는 것이다-옮긴이).

바이스의 미오티픽 지정 개념은 어떤 면에서는 아름다웠다. 이 개념을 일반화하면 전체적인 뇌 배선을 쉽게 이해할 수 있었다. 만일 근육에 특이성이 있다면, 다른 세포에도 특이성이 있고 그래서 시냅스를 만드는 어떤 뉴런에게도 특이성을 알릴 수 있지 않을까? 발달 중인 시냅스가 세포 정체성에 관한 정보를 교환하는 자리일 수 있었다. 바이스의 개념을 확장한 이 '공명 가설(resonance hypothesis)'에서는 각각의 뉴런이 자기를 자극하는 뉴런에게 자기가 지금까지 성공적으로 한 일을 알려주고, 다시 이 뉴런은 자기를 자극하는 다른 뉴런에게 그 정보를 전달한다. "안녕, 그래 난 억제성 뉴런인 X-24-시그마형이야. 난 운동 뉴런과 연결됐는데, 방금 그 뉴런이 자기는 대둔근과 연결됐다고 말했어" 하는 식이다.

공명 가설로서는 애석한 일이지만, 바이스는 시카고 대학교로 옮긴 후에 곧 로저 스페리(Roger Sperry)라는 대학원생을 받았고,

얼마 후 스페리의 연구는 스승의 이론을 뒤흔들었다.[1] 바이스의 연구실에서 박사과정을 밟던 스페리는 어린 쥐를 이용해서 미오티픽 지정 개념이 포유동물에도 적용되는지 알아보았다. 출생 후 발달 초기 단계에서 쥐들은 말초신경을 어느 정도까지 재생한다. 그가 발견한 것은 영원의 관찰 결과와는 달리, 이들 쥐에서는 1년이 넘도록 정상적인 운동이 회복될 기미가 보이지 않았다. 실험쥐들은 번번이 교차 배선된 다리를 이상하게 움직였고, 울안에 전기가 통하는 작은 격자판을 넣었을 때는 교차 배선된 다리를 재빨리 드는 대신 오히려 격자를 더 세게 눌렀다. 이런 경우 재빨리 드는 다리는 정상으로 배선된 나머지 세 다리다. 이 이상한 반사 행동은 1년이 넘도록 정상으로 돌아오지 않았다.

이 결과는 스페리 본인이 한 신경교차 실험에서 영원이 보여준 결과와 확연히 달랐으므로, 스페리는 영원의 결과를 다르게 설명할 수 있을지 의문을 품었다. 교차 배선된 영원에서 교차된 축삭돌기들이 어떤 면에서 교차되지 않은 것은 아닐까? 교차된 축삭돌기들이 원래 집(즉, 원래 근육)으로 돌아가려 하고 있었다면 어떻게 될까? 이 생각을 테스트하기 위해 스페리는 다양한 동물(물고기, 영원, 개구리)을 대상으로 교차신경지배 실험을 하기 시작했고, 실험하는 동안 원래 신경으로부터 다시 자극이 들어오지 않도록 심혈을 기울였다. 이 실험들에서 정상적인 움직임은 돌아오지 않았다. 바이스의 실험에서 정상적인 협응이 돌아온 것에 대해 스페리는 원래 신경이 돌아오는 길을 찾은 거라고 설명했다. 실제로 오늘날에는 양서류가 그러한 상황에 놓이면 원래 신경이 자신의 근육이 있는 곳으로 다시 자라나고, 이질적인 시냅스를 쫓아낸다고 알려져 있다. 이 연구로 운동 뉴런이 미오티픽 지정에 따라 재생된다는 아이디어는 실제로 일어난 일을 잘못 해석한 틀린 생각일 수 있음이 입증됐다.

1970년대에 대학원생이었던 나는 운 좋게 캘리포니아 공과대학교에서 스페리 교수가 가르치는 신경생물학개론 강좌의 조교로 일할 수 있었다. 한 학생이 스페리 교수에게 인간에게도 교차신경자극 시술이 행해진 적이 있느냐고 물어봤다. 스페리는 안면신경이 손상된 경우 수술로 신경을 재배치하면 환자가 제어력과 근육 긴장도를 얼마간 회복할 수 있다고 설명했다. 환자들은 심지어 의식적으로 노력해서 '틀린' 근육에 올바른 일을 하도록 명령할 줄도 알지만(예를 들어, 미소를 지을 때), 감정 표현과 무의식적인 반사운동을 할 때는 틀린 근육이 수축해서 부적절한 운동과 표현을 하게 된다.

바이스와 동료들은 신경교차자극 실험을 잘못 해석한 것이 분명하지만, 미오티픽 지정 개념에는 한 가닥 희망이 남아 있었다. 어쩌면 지정은 연결이 처음 만들어질 때 이뤄지는 것일 수 있었다. 최초의 연결이 표적 근육과 상당히 무차별적으로 이뤄질 수 있고, 그런 뒤 표적 근육이 연결부에 그들이 누구인지를 알려주는 것일 수 있었다. 하지만 나중 단계에서 실험자가 신경을 자른 뒤 재생하게 했다면, 그 신경은 자기가 누구이고 어느 근육으로 돌아가야 할지를 이미 '알고' 있을 수 있었다. 그러나 이 생각은 시험하기가 쉽지 않았다. 그러던 중 1980년대에 예일 대학교에서 린 랜드메서(Lynn Landmesser)가 닭 배아에서 뉴런이 축삭돌기를 내보내기 전에 작은 뉴런 집단들에 라벨을 붙여서 표시할 방법을 알아냈다. 한 중요한 실험에서 랜드메서와 동료 연구자인 신시아 랜스존스(Cynthia Lance-Jones)는 운동 뉴런의 축삭돌기가 아직 뻗어 나오지 않은 발달 단계에서 이 배아의 척수 조각을 180도 회전시켰다. 그리고 이 '처녀' 운동 뉴런의 축삭돌기가 마치 돌아가는 길도 마다하지 않겠다는 듯 제짝인 '총각' 근육에 가 닿는 것을 볼 수 있었다. 이 운동 뉴런은 결코 무차별적이 아니었다. 그들은 연결돼야 할 뉴런을 처음부터 '알고' 있었다. 랜드메서와 랜스존스는 이렇게 결론지었다. "운동 뉴런은 축삭돌기가 뻗어 나오기 전부터 구체적인 정체성을 지니고 있다."[2] 이로써 미오티픽 지정 개념은 역사 속으로 가라앉았다.

화학친화성

신경계 배선에 관한 지배적인 가설에 결정타를 날린 뒤 스페리는 그 과정을 깊이 연구하면서 새로운 통찰을 쌓기 시작했다. 스페리는 일련의 실험에 착수했고, 그 결과를 바탕으로 후에 신경 연결의 특이성에 대한 새로운 이론에 도달했다. 스페리의 실험 목표는 시각 그리고 눈과 뇌의 연결이었다. 최초의 실험들은 단순했다. 스페리는 영원의 시신경을 자른 뒤 그 신경이 다시 자라 주요 표적인 등쪽 중뇌의 시개에 닿기를 기다렸다. 시각이 돌아왔을 때 동물의 시력은 정상이었다. 미끼를 머리 위에 들고 있으면 몸을 일으켜 덥석 물었고, 미끼가 아래에 있으면 몸을 낮춰 물곤 했다. 완벽했다! 이 모습은 신경이 재성장해서 다리가 완벽한 협응력을 되찾는 것과 흡사했다. 스페리가 다음에 한 실험은 그가 운동 뉴런을 가지고 했던 교차신경배선 실험과 유사했다. 일련의 실험에서 스페리는 영원의 안와에서 안구를 헐겁게 하고 위아래로 180도 돌린 상태에서 안구를 다시 봉합했다. 스페리가 이 실험으로 알아보고자 했던 문제는 이 동물의 시야가 회전되었을까 하는 것이었다. 그리고 일단 시야가 회전되고 나면, 신경계가 다시 조정되어 영원이 방향을 잘 잡고 올바른 방향으로 미끼를 덥석 물 수 있을까? 이 실험은 두 가지 사항 모두에 대해 더없이 명백한 결과를 보여줬다. 첫 번째 질문의 답은 "그렇다"였다. 시각이 돌아왔을 때 영원은 앞과 뒤 그리고 위와 아래가 바뀐 것처럼 행동했다. 수많은 종의 영원과 개구리에 이와 똑같은 실험을 했을 때도 결과는 비슷했다. 다음으로 그는 눈을 회전시키기 전에 시신경을 잘라서, 이렇게 하면 신경이 재생될 때 적절한 연결을 찾아갈 확률이 높아지는지 살펴보았다. 하지만 결과는 항상 똑같았고, 스페리는 다음과 같이 묘사했다.

쉽게 점프할 수 있는 거리에 파리를 놓았을 때 동물은 앞으로 뛰어 파리를 낚아채는 대신 빠르게 뒤로 움직였다. 반대로 미끼를 뒤쪽, 약간 옆구리 쪽에 놓았을 때는 앞으로 뛰어 허공을 낚아챘다. 동물이 정지해 있을 때 미끼가 눈높이보다 충분히 아래에 있을 때는 머리를 위로 치켜세우고 허공을 덥석 물었다. 미끼가 머리 위에, 눈에서 약간 꼬

리 쪽으로 내려간 곳에 있을 때는 전방 아래로 펄쩍 뛰어 진흙과 이끼를 한입 가득 베어 물었다.[3]

두 번째 질문에 대한 답도 명확했다. 이번에는 "아니오"였고, 실험동물은 회복되지 않았다. 동물들은 죽을 때까지 엉뚱한 방향으로 몸을 날렸다.

망막에서 시개로 점대점 또는 국소해부적 투사가 일어나는 것은 망막 안에 인접해 있는 뉴런들의 축삭돌기가 시개에서도 인접해 있는 뉴런들과 시냅스 연결을 이루기 때문이다. 신경 연결의 이 국소해부적 패턴 덕분에 뇌의 물리적 구조에는 눈에 보이는 시각적 공간의 연속성이 보존된다. 망막을 시개 위에 질서 있게 지도화하는 것은 망막신경절세포에서 나온 축삭돌기의 능력이다. 이 축삭돌기들이 시개의 두 축을 따라 전방에서 후방으로, 중앙에서 측방으로 국소해부적 위치를 정밀하게 잡아 시냅스를 이루는 것이다. 그에 따라 스페리는 망막의 분자 기울기와 시개의 분자 기울기 사이에 어떤 일치점이 있다고 과감하게 가정했다. 예를 들어, 망막의 어떤 분자에 기울기가 있는데, 이 분자와 결합하는 다른 분자가 시개에서 기울기를 형성할 수도 있었다. 한 기울기는 리간드의 기울기이고, 다른 기울기는 이 리간드와 결합하는 수용체의 기울기일 수 있었다. 이 과정이 한쪽 축을 따라 질서정연한 지도를 만들어내는 것일 수 있었다. 눈에 보이는 공간 전체를 소화하기 위해서는 "대략 수직으로 뻗은 두 축을 따라(기울기가 매끄러운 수직의 축을 이룬다는 것은 분자의 분포가 일정하게 변한다는 뜻이다–옮긴이) 서로

엇갈리고 통과하는" 2개의 기울기가 존재한다고 스페리는 가정했다. 이 2개의 기울기가 시개의 모든 뉴런에 일종의 화학적 부호로 도장을 찍듯이 적절한 위도와 경도를 정해준다. 망막 표면상 구체적인 좌표에서 출발한 망막신경절세포는 시개에서 화학적인 값이 일치하는 특정한 좌표의 파트너를 알아볼 것이다. 이것이 스페리의 '화학친화성(chemoaffinity)' 가설이었다.[4]

스페리의 화학친화성 개념은 바이스의 공명 개념을 넘어섰지만, 그 또한 실험적인 문제에 직면했다. 새로운 가설과 관련하여 우선 확인할 문제는 망막신경절세포 역시 운동 뉴런처럼 태어날 때부터 지정돼 있는가 아니면 시개의 파트너와 독특한 상호작용을 하면서 구체적인 정체성을 획득하는가였다. 스페리의 실험은 모두 재생하는 축삭돌기로 실행됐으며, 이는 망막신경절세포의 축삭돌기도 그저 오래된 옛길을 따라가는 것일 수 있음을 의미했다. 안구 회전 실험에서 연구자들은 축삭돌기가 나오기 한참 전에 미래의 눈을 회전시켰는데, 1980년대 초에는 이러한 실험으로 실험 배아로부터 발달한 성체 동물도 그 눈으로는 위아래가 뒤집히고 앞뒤가 바뀐 세계를 본다는 것이 입증되었다. 운동 뉴런과 똑같이 망막신경절세포도 축삭돌기를 내보내기 오래전에 적절한 시냅스 파트너를 찾도록 지정돼 있는 것으로 보인다.

화학친화성은 이렇게 첫 번째 실험 과제를 넘어섰지만, 화학친화성 개념에 의존하지 않고 망막과 시개의 국소해부적 연결을 설명하는 또 다른 방법이 있었다. 이 생각은 축삭돌기가 표적 영역에 진입하는 순서에 토대를 두었다. 시개가 열광적인 팬으로 가득한

콘서트장이라고 상상해보자. 좌석은 미지정이지만, 안내원이 처음 도착한 사람들을 1열 좌석으로 가게 하고, 다음에 입장한 사람들을 2열 좌석에 앉히는 식이다. 아니나 다를까, 망막신경절세포의 축삭돌기는 등쪽에서 배쪽으로 질서 있게 시개에 도착한다. 따라서 화학친화성보다는 도착 순서가 이론상 초기 국소해부적 연결을 입증할 수 있었다. 하지만 도착 순서를 변경한 실험에서는 정상적인 국소해부학이 뒤바뀌지 않았다.[5] 화학친화성이 다시 한번 도전을 물리친 것이다. 점점 더 많은 실험이 이 가설의 대안을 제외함에 따라서 분자생물학자들은 화학친화성을 진지하게 받아들이고 원인이 되는 분자를 찾기 시작했다.

Eph 수용체와 에프린 리간드의 기울기

많은 실험실이 다양한 전략을 사용해서 화학친화성 분자를 찾으려 했지만 그 흔적을 처음 발견한 것은 스페리가 화학친화성을 처음 제기한 때로부터 36년이 더 지난 1987년이었다. 획기적이고 의미심장한 진척을 이뤄낸 주인공은 독일 튀빙겐 소재 막스플랑크연구소의 프리드리히 본회퍼와 동료들이었다. 연구자들은 조직 배양을 통해서 망막신경절세포의 축삭돌기가 시개의 두 부분 중 이 부분에서 떼어낸 막에서 성장할지 저 부분에서 떼어낸 막에서 성장할지를 선택하게 했다. 이를 위해 그들은 닭 배아에서 시개를 떼어내 조직을 앞부분, 중간 부분, 뒷부분으로 삼등분했다. 그리고 이 조각들에서 막을 분리하고, 액체의 흐름 폭을 몇 미크론 차이로 조절할 수 있는 미소유체 장치를 이용해서 막으로 이뤄진 작은 줄무늬 카펫을 만들었다[그림 6-1에서 뒤쪽 막(P)으로 된 구역과 앞쪽 막(A)으로 된 구역이 교대로 배열되어 줄무늬를 이룬다-옮긴이]. 마지막으로 본회퍼와 동료들은 눈의 각기 다른 영역에서 나온 망막신경절 세포의 축삭돌기들이 이 미세한 줄무늬 카펫 위에 놓였을 때 어떤 결정을 내리는지 지켜보았다(그림 6-1). 관자놀이 쪽 망막신경절 세포는 보통 시개 앞부분에 축삭돌기를 보내는 만큼, 막으로 된 줄무늬 카펫 위에서도 그 축삭돌기들은 시개 뒷부분의 막보다는 앞부분의 막에서 성장하기를 월등히 더 좋아했다. 따라서 이 축삭돌기들은 뒤쪽 시개의 막보다 앞쪽 시개의 막에 더 끌린다고 생각하는 게 좋을 듯싶었다. 하지만 본회퍼와 동료들은 망막의 관자놀이 쪽 축삭돌기가 앞쪽 막에 특별히 끌리는 게 아니라는 걸 깨달았다. 대신에 이 축삭돌기들은 뒤쪽 막에 존재하는 몇몇 단백질을 피하고 있었다. 이 기피성 단백질을 제거하자 축삭돌기들은 앞쪽 막과 뒤쪽 막에서 똑같이 잘 성장했다. 이제 본회퍼와 그의 팀은 분자생화학을 이용해서 기피성 분자를 확인했고, 마침내 이 분자가 시개 안에서 매끄러운 기울기를 형성하며, 시개의 최후방에서 가장 강하다는 것을 발견했다.[6]

본회퍼와 동료들이 이 기피성 분자를 한창 제거하고 있을 때 하버드 대학교 존 플래너건(John Flanagan)의 실험실에서는 '고아'라는 별칭이 어울리는 커다란 Eph 수용체족과 결합하는 분자를 찾고 있었다. 고아 수용체는 리간드가 밝혀지지 않은 수용체를 말한

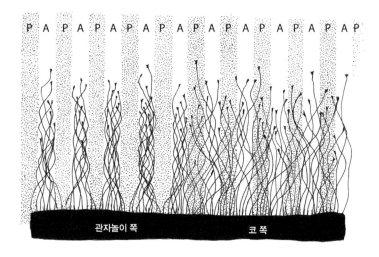

그림 6-1 1987년 본회퍼의 줄무늬 카펫 실험. 관자놀이 쪽 망막의 축삭돌기들은 시개의 뒤쪽(P, posterior) 막을 피하는 반면, 코 쪽 망막의 축삭돌기들은 뒤쪽 막과 앞쪽(A, anterior) 막에서 똑같이 잘 성장한다.

다. 플래너건은 이 고아들에게 미지의 리간드를 찾아주기 위해 영리한 분자 전략을 개발했다. 일련의 실험에서 플래너건은 시개에서 그런 리간드의 기울기를 하나 발견했다. 기울기는 최후방에서 가장 높고 최전방에서 가장 낮았다. 게다가 망막에서 이 리간드와 결합하는 Eph 수용체의 기울기도 그와 일치해서 관자놀이 쪽이 가장 높고 코 쪽이 가장 낮았다.[7] 알고 보니 본회퍼의 실험실에서 확인된 기피성 분자와 플래너건이 확인한 Eph 수용체의 리간드는 같은 것이었다. 그 리간드는 '에프린(Ephrin)'이란 세례명을 얻었고, 망막에서 나타난 기울기는 이제 에프린을 만나 고아가 아닌 Eph 수용체가 되었다. 스페리의 화학친화성 분자 중 첫 번째 분자가 정체를 드러낸 순간이었다!

스페리는 다음과 같은 가설을 세웠었다. 시개에는 거의 수직을 이루는 2개의 화학친화성 기울기가 있으며 이 기울기는 망막에서 시개로의 배선에 필수적인데 그 배선 방식에는 시각적 세계의 2차원 지도가 보존돼 있을 것이다. 본회퍼와 플래너건의 실험실에서 확인된 에프린은 그중 한 축, 즉 전방-후방 축하고만 일치했다. 스페리가 옳다면, 수직의 축을 따라 또 다른 화학친화성의 기울기가 있어야 했다. 실제로 에프린(현재 명칭은 '에프린-A1'이다)이 발견되고 얼마 지나지 않아 다른 에프린들이 발견되고 다른 Eph 수용체들과 짝지어졌다. 그중 한 쌍인 에프린-B와 그 수용체는 시개의 중앙-측면 축을 따라가면서 수직의 기울기를 보인다는 것이 밝혀졌다. 이 분자적 해부 구조는 망막의 축삭돌기를 시개의 적절한 위치로 유도하는 에프린과 Eph의 곤추선 기울기에 토대를 둔 것으로, 수십 년 전 스페리가 그 개념을 처음 공식화할 때 제시한 화학친화성 가설과 놀라울 정도로 일치한다. 실제로 오늘날 신경계의 다른 많은 영역 간에 질서정연한 연결 패턴을 만드는 일에 다양한 에프린과 Eph 수용체가 관여한다고 알려져 있다. 예를 들어, 체성감각의 뇌 경로 중 체표면 지도를 완성하는 국소해부적 연결 패턴은 주로 에프린이 담당한다. 또한 발달 중인 뇌 영역들이 서로 등급에 따라 배열을 이루면서 영역 간 시냅스 연결 패턴을 예고할 때도 이러한 리간드와 그 수용체의 패턴으로 자기 자신들을 색칠한다.

망막과는 정반대로 귀의 감각 뉴런들은 소리의 주파수에 따라 가지런히 정렬된다. 청각에서는 달팽이관이 망막을 대신한다. 이

곳이 신경계에서 소리를 모으는 일차 영업소라는 점에서다. 달팽이관은 달팽이관의 기저에 높은음이 자리하고 정점에 낮은음이 자리하는 식으로 음높이의 지형도에 따라 정렬된다. 이 음높이 지형도는 에프린과 Eph 덕분에 몇몇 뇌 영역에 그대로 보존된다. 후뇌의 다른 영역들은 소리의 다른 측면을 처리한다. 어떤 영역들은 소리가 두 귀에 도달하는 시간의 차이를 계산한다. 만일 소리가 왼쪽 귀보다 오른쪽 귀에 약간 일찍 도달하면, 우리는 고개를 오른쪽으로 돌려 소리의 원천을 찾는다. 시차를 계산하는 후뇌 청각 영역들은 그 정보를 가지고 오른쪽에서 왼쪽으로 청각적 공간 지도를 구축한다. 후뇌의 다른 영역들은 소리가 위에서 나는지 아래에서 나는지를 계산한다. 그런 뒤 뉴런들이 정보를 중뇌에 보내면, 중뇌에서 청각적 공간의 지도가 형성된다. 이렇게 청각에 관한 선천적인 공간 지도가 만들어질 때도 에프린과 Eph 수용체가 관여한다.

세포 접착

국소해부 지도는 뇌 영역 간 연결 패턴에서 흔히 볼 수 있으며, 에프린과 Eph 기울기는 이 초기 지도를 확실하게 완성하는 좋은 방법이다. 하지만 신경계의 다른 부위들은 다른 전략을 사용한다. 일례로 초파리의 유충기, 즉 작고 하얀 구더기가 바나나를 파먹는 시기에 근육은 결코 단순한 국소해부적 방법으로 형성되지 않는다. 유충의 각 체절에는 양쪽 옆구리에 근육이 30개씩 있으며, 30

개의 운동 뉴런에서 나온 축삭돌기가 체절 신경을 이뤄 각각의 체절을 자극한다. 근육들은 서로 다양한 각도로 교차하기 때문에 에프린 같은 분자의 매끄러운 기울기를 통해서는 뉴런이 근육에 가지런히 부착되기가 어렵다. 기울기 같은 국소해부학이 없는 상황에서 운동 뉴런은 어떻게 제 근육을 발견할까? 이는 30 × 30번 짝을 맞추면 해결되는 간단한 문제처럼 보일 수 있지만, 이론상 30개의 뉴런이 30개의 근육과 연결되는 경우는 천문학적이다. 다시 말해서, 각각의 운동 뉴런이 빠짐없이 단 하나의 근육에 안착하고, 모든 근육이 운동 뉴런을 하나씩 갖게 되는 경우의 수는 30계승, 즉 $1 × 2 × 3 × \cdots × 29 × 30$이다. 수많은 방법 중에 옳은 건 하나뿐이다. 그렇다면 이 체계는 어떻게 올바른 운동 뉴런과 올바른 근육을 완벽하게 짝지을까? 이 문제의 해답은 결국 조합에 있는 것으로 보인다. 각기 다른 양을 가진 다양한 유도분자와 인식분자가 저마다 조합을 이루는 것이다. 유도분자는 기피성이거나 유인성일 수 있지만, 어느 쪽이든 운동 뉴런의 축삭돌기를 표적 근방으로 유도하는 역할을 한다. 축삭돌기 및 표적 인식을 보증하는 것은 축삭을 유도한다고 설명한(5장을 보라) 바로 그 세포접착분자들(CAM들)의 조합이다. 적절한 조합과 유도 단서 그리고 그러한 몇몇 동종친화적 CAM이 있으면 운동 뉴런과 근육세포는 짝을 이룰 수 있다.

　동종친화적 CAM의 짝짓기 조합을 사용해서 시냅스 특이성을 만들어내는 것은 놀라운 능력이다.[8] 단순한 무릎반사를 생각해보자. 무릎반사는 의사가 작은 고무망치로 슬개골 바로 아래에 있는 힘줄을 때리는 순간 발이 앞으로 나가게 되는 반사운동이다. 이렇게 자극하면 허벅지의 대퇴사두근이 순간적으로 당겨진다. 망치에 반응하여 대퇴사두근이 수축하고 반사적으로 작은 발차기 동작을 하게 되는 것이다. 이 반사운동이 어떻게 발달하는지 생각해 보자. 척수에는 대퇴사두근을 담당하는 일련의 운동 뉴런이 정해져 있다. 바로 그 운동 뉴런이 각각의 사두근을 자극해서 신경을 발달시킨다. 또한 근육마다 신장 감각을 수용해서 척수로 축삭돌기를 뻗는 감각 뉴런이 있다. 각 근육의 신장 감각 수용체 뉴런과 운동 뉴런은 동종친화성 CAM을 비슷하게 조합해서 발현시키고, 그로 인해서 모든 근육의 감각 축삭돌기는 발달 중인 척수 안에 떼지어 모인 축삭말단과 수상돌기 사이에서 올바른 운동 뉴런의 수상돌기를 찾을 수 있다. 이때 시냅스는 매우 정확하게 만들어지고, 하나의 신장 감각 뉴런이 축삭돌기를 뻗어 척수로 신호를 보낼 때는 해당 근육을 자극해서 발달시키는 운동 뉴런을 정확히 활성화한다. 만일 어떤 근육이 조금 늘어나면 그 수용체가 조금 반응하고, 그래서 의도된 길이만큼 근육이 다시 수축할 정도로만 운동 뉴런을 활성화한다. 이 간단한 반사회로 덕분에 우리는 눈을 감은 채일어설 수 있고, 뒤로 밀릴 때나 무거운 물건을 받을 때 자동적으로 자세를 바로잡을 수 있다.

시냅스 연결의 특이성은 뉴런이 천생연분을 만나는 일에 그치지 않는다. 시냅스는 뉴런의 기능해부학이 작동하는 세포 아래 (subcellular) 차원에서 만들어지기 때문이다. 예를 들어, 수상돌기의 원위부(뉴런의 세포체에서 가장 먼 부위)는 흥분성 축삭돌기의 자극을 좋아하고, 근위부(세포체와 가까운 부위)는 주로 억제성 축삭돌기의 자극을 좋아한다. 수상돌기의 기저부가 억제성인 것은 원위부에서 시작된 흥분성 신호를 거부해서 세포체에 도달하지 못하게 하는 좋은 배치법이다. 한 종류의 억제성 뉴런은 뉴런의 기본적인 해부 구조를 극적인 방법으로 이용한다. 아예 축삭돌기가 시작되는 곳을 찾아가 시냅스를 만드는 것이다. 문제의 축삭돌기는 푸르킨예 세포(Purkinje cell, 조롱박뉴런)라는 소뇌의 거대 뉴런과 바구니 세포라는 국소 억제성 뉴런의 축삭돌기다. 축삭돌기의 시작 마디는 뉴런에서 나오는 신호를 가장 효과적으로 차단할 수 있는 지점이다. 푸르킨예 세포는 바구니 세포가 만드는 CAM과 일치하는 CAM을 만든다. 그런 뒤 푸르킨예는 이 CAM을 농축하기 때문에 축삭돌기의 시작 마디는 CAM이 가장 많이 몰린 곳이 된다. 바구니 세포의 말단은 이 CAM을 이용해서 푸르킨예 세포에 슬그머니 안착하고 그 자리에서 시냅스를 만들기 시작한다.[9] 세포들이 동종 친화성 CAM의 조합을 발현해 서로 접착하고, 그렇게 해서 특이성을 확보하는 논리를 통해서 축삭말단은 최적의 파트너, 더 나아가 파트너의 특수한 부위를 찾아 대단히 선택적으로 시냅스를 만들 수 있다.

시냅스 만들기

성숙한 시냅스는 세 가지 주요 세포 요소, 즉 축삭말단에서 나온 시냅스전 부분, 표적 세포에서 나온 시냅스후 부분, 그리고 신경아교세포로 이뤄진 기능적 구조물이다. 신경아교세포는 종종 자기 자신의 일부를 포함해서 시냅스를 둘러싼다. 우리 뇌가 하는 일은 대부분 화학적 시냅스를 통해서 이뤄지는데 이 시냅스는 흥분성이거나 억제성이다. 화학적 시냅스에서 시냅스전 요소는 자그맣고 동그란 소포로 채워져 있고, 이 소포 하나에 신경전달물질 분자가 수천 개 들어 있다. 시냅스후 요소에는 막이 있으며 이 막에는 시냅스전 요소의 신경전달물질 분자를 받는 수용체가 밀집해 있다. 신경 임펄스가 시냅스전 요소에 도달하면 신경전달물질로 가득한 소포는 시냅스후 요소와 융합하고, 안에 저장된 신경전달물질을 시냅스 틈새(시냅스전 요소와 시냅스후 요소 사이에 있는 작은 공간)로 분비한다. 분비된 신경전달물질 분자는 틈새 전체로 퍼져나가서 시냅스후 세포의 막 위에 있는 신경전달물질 수용체와 결합한다. 이 결합에 반응하여 시냅스후 막에서는 수용체와 연결된 통로가 열린다. 만일 신경전달물질이 나트륨이나 칼슘 통로를 열면 그 결과는 대개 흥분성인 반면, 신경전달물질이 시냅스후 세포의 칼륨이나 염화물 채널을 열면 그 결과는 주로 억제성이다. 시냅스가 흥분성이면 신경전달물질은 대개 글루타민으로 알려진 아미노산의 파생물인 글루탐산염이다. 반면에 뇌에서 가장 풍부한 억제성 신경전달물질은 감마아미노부티르산[약칭 가바(GABA)]으로, 이 역시 글루타민의 대사 파생물이다. 하지만 그 외에도 다른 신경전달물질이 많이 있다. 도파민은 뇌의 보상 체계에 관여하는 중요한 신경전달물질이며, 파킨슨병과도 관련이 있다. 세로토닌은 식욕과 수면에 관여하는 신경전달물질이자 우울 같은 감정 장애와도 관련이 있어서 때로는 세로토닌 수치를 되돌리는 약물 치료가 우울증에 효과적이다. 아세틸콜린은 모든 척추동물의 운동 뉴런이 근육세포를 흥분시키기 위해 사용하는 신경전달물질이며, 중증 근무력증이라는 퇴행성 근육병은 아세틸콜린 수용체의 항체가 만들어지는 자가면역질환이다. 그 밖에도 여러 가지 신경전달물질이 있다.

시냅스 형성은 많은 요소가 참여해야 하는 다단계 과정이다. 시냅스전 쪽에서는 소포의 생산, 충전, 요구에 따른 분비, 재순환, 재충전을 위한 분자 장치를 조립해야 한다. 시냅스후 쪽에서는 든든한 토대 위에 수용체가 촘촘히 밀집해야 한다. 두 요소의 중간에서는 시냅스 틈새가 밀봉돼야 한다. 틈새 안으로 쏟아져 들어온 신경전달물질이 너무 빨리 흩어져 사라지면 안 되기 때문이다. 조직 배양 연구에서 볼 수 있듯이, 성장하는 축삭말단이 제짝을 만나면 이내 다음 과정이 펼쳐진다. 시냅스 형성이 시작된다. 운동 뉴런의 축삭돌기가 근육세포와 접촉하고, 일치하는 CAM을 통해 둘은 한 몸이 된다. 접촉이 이뤄지고 몇 분 안에 접착은 아주 강해져서 배양 접시의 끈적끈적한 표면에서 근육세포를 들어 올리면 운동 뉴런의 성장하는 축삭돌기도 근육세포와 함께 접시에서 떨어진다.

처음 접촉한 시기에는 기능이 거의 나타나지 않는다. 아직은 시냅스가 제대로 작동하지 않는다. 하지만 시냅스가 성숙해짐에 따라 신호전달이 엄청나게 강력하고 확실해진다. 접촉 부위에 동원되는 다음 단백질은 시냅스 특이적 CAM이다. 시냅스전과 시냅스후에서 나온 그 분자의 세포외 부분이 서로 굳게 결합하고, 그와 동시에 두 세포의 막을 아주 가깝게 끌어당겨 미래의 시냅스가 놓일 자리를 확보한다. 시냅스가 구축되는 동안 두 참가자는 많은 인자를 신호처럼 주고받으면서 성숙한 시냅스의 필수 요소가 누락되지 않게 한다. 상호적이고 아름다운 시냅스 관계를 구축하기 위해서는 시냅스전과 시냅스후 파트너 사이에 양방향 소통이 이뤄져야 한다. 예를 들어, 시냅스전 말단은 시냅스후 막 위에 신경전달물질 수용체가 만들어지도록 자극하는 분자를 분비할 뿐 아니라 분비하는 자리로부터 정확히 맞은편에 분비한다. 처음 발견된 그러한 분자 중 '애그린(Agrin)'이라는 것이 있다. 이렇게 부르는 이유는 시냅스전 말단과 똑바로 마주하는 근육세포 위에 아세틸콜린 수용체를 모으는(aggregate) 능력이 있기 때문이다. 이후로 신경계에는 그 밖의 많은 분자가 시냅스 구축에 관여한다는 것이 밝혀졌다. 어떤 분자는 반대 방향으로(후에서 전으로) 가, 시냅스후 자리의 바로 맞은편에서 시냅스전 장치가 발달하도록 자극한다.[10]

1974년, 캘리포니아 소재 희망의도시 국립의료센터(City of Hope National Medical Center)의 제임스 본(James Vaughn)과 동료들은 생쥐 배아의 척수에서 시냅스가 형성되는 과정을 연구하기 시작했다. 연구자들은 수천 배까지 확대할 수 있는 고배율 전자현미경 사진을 보면서 다양한 발달 단계의 시냅스를 탐지했다. 그리고 새로운 시냅스는 주로 수상돌기 말단에 형성된다는 걸 알게 됐다. 사실 배발달 초기에는 시냅스가 주로 이 성장하는 말단에서 발견되지만 시간이 흐르면 대부분의 시냅스는 수상돌기의 축에 자리 잡는다.

이 정적인 사진들을 보면서 본은 활기차고 역동적인 시간적 진행을 상상할 수 있었다.[11] 먼저 수상돌기의 가지 끝에 새로운 시냅스가 만들어진다. 이 시냅스는 점차 성숙해지면서 안정화되고 그 도움으로 수상돌기는 새로운 추진력을 얻는다. 수상돌기가 계속 성장하고 말단에서 새로운 시냅스를 형성함에 따라 뒤에는 성숙한 시냅스가 발자국처럼 남는다(그림 6-2).

시냅스 형성의 초기 단계들이 성공적으로 마무리되지 않으면 수상돌기는 수상돌기답게 성장하지 못한다. 만일 시냅스 형성 단백질에 돌연변이가 있어서 시냅스 형성이 혼란에 빠지면 시냅스는 제대로 만들어지지 않고 그로 인해서 뉴런의 수상돌기는 적절한 성장을 이어가지 못한다. 저속촬영 영상을 보면, 발달 중에 축삭말단과 수상돌기는 특히 역동적이다. 축삭말단과 수상돌기는 끊임없이 작은 가지들을 내밀었다가 다시 오므린다. 새로운 시냅스를 만들기 시작하는 이 가지들은 남들보다 먼저 안정화되는 반면, 시냅스전 파트너를 발견하지 못한 가지들은 보통 몇 분 안에 움츠러드는 경우가 많다. 이것으로 보아, 시냅스 파트너를 발견해서 생존하는 가지들과 파트너를 발견하지 못해서 움츠러드는 가지들 사이에 경쟁이 벌어지고 있음을 짐작할 수 있다. 최근에 스탠퍼드 대학교 루오(Luo) 실험실에서 생쥐 배아의 소뇌로 실험한 결과는 실제로 이 과정에 경쟁 요소가 있음을 보여준다.[12] 실험쥐들의 소뇌에는 두 종류의 푸르킨예 세포가 있었다. 한 종류에는 기능적인 시냅스 형성 단백질이 있었고, 다른 종류에는 그런 단백질이 없었다. 결과는 극적이었다. 시냅스를 만들지 못하는 푸르킨예 세

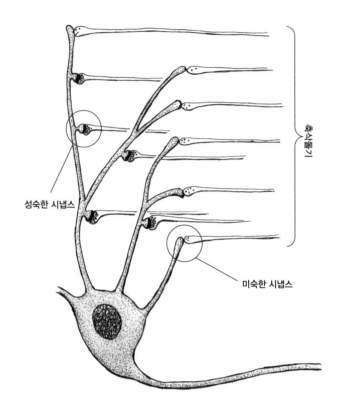

성숙한 시냅스

미숙한 시냅스

축삭돌기

그림 6-2 어린 뉴런의 성장하는 수상돌기 나무. 새로운 시냅스는 주로 성장하는 수상돌기 말단에 형
성되고, 이 수상돌기들을 안정화시켜서 계속 성장하게 하거나 그 자리에서 가지를 뻗게 한
다. 시냅스는 이 길어지는 수상돌기의 축을 따라 성숙한다.

포의 수상돌기는 짧고 뭉툭했을 뿐 아니라, 시냅스를 만들 수 있는
세포의 수상돌기는 평소보다 훨씬 길게 성장해서, 마치 이웃들이
만들 수 있었던 시냅스를 빼앗아온 것 같았다.

아교세포의 등장

시냅스 형성에 관한 초기 개념과 연구는 단 두 가지 세포, 시냅스전과 시냅스후에 국한되었으나 신경아교세포가 시냅스 형성에 어떻게 결정적인 역할을 하는지가 발견됨으로써 현재는 개념이 상당히 풍부해졌다. 스탠퍼드 대학교의 벤 바레스(Ben Barres)와 동료들이 입증한 바로는, 뉴런을 배양하는 과정에 신경아교세포가 없다면 훨씬 적은 수의 시냅스가 만들어지고, 그나마 만들어진 시냅스는 미성숙하고 일도 제대로 하지 못한다고 한다.[13] 신경아교세포는 형성 중인 시냅스에 달라붙고 발달을 자극하는 인자를 분비한다. 바레스와 동료들은 독창적인 방법을 사용해서 이러한 인자 몇 가지를 확인했다. 아교세포에서 파생된 인자 중에 '트롬보스폰딘(thrombospondin, 혈관계에서 하는 역할로 더 잘 알려져 있다)'이라는 인자가 없을 때 시냅스는 현미경상으로 보면 정상으로 형성되고 해부 구조도 정상처럼 보이지만 기능은 계속 비활성으로 남는다. 신경전달물질이 시냅스후 세포막에 침투하기 위해서는 트롬보스폰딘이 필요하기 때문이다.

또한 바레스가 입증한 바에 따르면, 신경아교세포는 알츠하이머병과 그 밖의 퇴행성 뇌질환의 기저가 되는 병리적 과정에 적극 가담한다. 바레스는 괄목할 만한 경력을 쌓는 동안 많은 발견을 통해서 신경아교세포가 뇌의 발달과 변성에 중요한 요소임을 밝혀 아교세포의 지위를 한껏 끌어올렸다. 바레스는 신경발달의 여러 측면에서 신경아교세포가 하는 역할을 입증한 중요한 인물일 뿐 아니라 다른 분야에서도 중요하다. 2013년 미국과학아카데미에 트랜스젠더 과학자로서 처음 선출된 것이다. 회고록《어느 트랜스 젠더 과학자의 자서전(The Autobiography of a Transgender Scientist)》에는 그의 특별한 인생 이야기가 자세히 묘사돼 있다.[14] 태어났을 때는 바버라 바레스(Barbara Barres, 경력 초기에는 이 이름으로 출판했다)였던 그는 어린 시절부터 수학과 과학에 흥미를 느꼈다. 1970년대 매사추세츠 공과대학교에 다닐 때 바레스는 다른 학생들이 당황하는 어려운 수학 문제를 풀었지만 영광은 오래가지 않았다. '남자 친구'가 풀어준 게 분명하다고 교수가 의심하면서 부정행위를 비난한 것이다. 바레스는 스탠퍼드 대학교 교직원이던 1997년에 남성으로 전환했고, 그제야 지금까지 자신이 얼마나 차별을 당했는지 확실히 알게 되었다. 그는 생애 처음으로 "남자의 간섭을 받지 않고 한 문장을 다 쓸" 수 있다는 사실에 놀라움을 금치 못했다. 2008년 바레스는 스탠퍼드 대학교의 신경생물학과 과장이 됐고, 2017년 이른 죽음을 맞을 때까지 그 자리를 지켰다.

여기서 잠시 생각해볼 문제가 있다. 발달 중인 뇌에 시냅스가 형성될 때까지 정보전달, 즉 전기적 흥분과 시냅스 전달은 뇌 형성과 거의 또는 전혀 관계가 없다는 점이다. 뉴런은 엄청나게 많이 태어나고, 수천 가지 세포형으로 분화되어 있으며, 거기서 나온 축삭돌기는 표적을 찾아 뇌를 두루 여행하고, 국소해부적으로 적절한 장소에서 가지를 내보내고, 시냅스후 파트너를 발견하고, 그들과 시냅스를 만들기 시작한다. 이 결론은 동물 실험에서도 명백하다. 발달기에 뉴런 활성이 잠잠할 때도 뇌가 놀라우리만치 정상적으로 발달하는 것이다.[15] 심지어 아기의 뇌에 신경 활성을 저해하는 돌연변이가 있는 경우, 태어날 때 간질이나 사망 위험성이 높음에도 아기의 뇌는 상당히 정상으로 보인다. 뇌의 많은 부분을 구축하는 발달 메커니즘은 뇌가 정상 기능을 수행하기 위해 사용하는 정보전달 체계와 완전히 무관하다는 사실은 고개를 갸웃거리게 만든다. 하지만 곰곰이 생각해볼 때, 어떤 대안이 있겠는가? 뇌 발달 과정에서 시냅스 형성은 엄청난 전환점이다. 이제 뉴런들은 정보를 교환하기 시작하고, 뇌는 완전히 새로운 발달기에 접어든다. 이 시점에 이르기까지 뇌 형성은 건설의 과제였다. 하지만 일단 시냅스가 형성되고 나면, 이제 곧 볼 수 있듯이 균형추는 파괴 쪽으로 기운다.

7.

예비 뉴런

이 시기에 수많은 어린 뉴런이 유효한 시냅스를 만들기 위해 힘을 겨룬

다. 실패한 뉴런은 자살한다.

뉴런의 죽음

사람의 뇌에서 뉴런은 태어나기 전에 감소하기 시작한다. 많은 뉴런이 죽고 있지만 재생되는 뉴런은 거의 없다. 대뇌피질의 뉴런은 출생 후 몇 년 동안 가장 큰 폭으로 감소하지만, 다른 많은 부위에서는 태어날 때 이미 감소하는 중이다. 처음 생성된 모든 뉴런 중 절반가량이 살아서 유년기를 거치지만, 생존/사망 비율은 뉴런형에 따라 큰 차이를 보인다. 뇌는 왜 이런 식으로 만들어질까? 애초에 모든 유형의 뉴런을 적절한 수로 제한해서 만들면 좋지 않을까? 어느 기술자가 정성껏 컴퓨터에 마이크로프로세서를 잔뜩 집어넣고 연결을 마친 뒤 그중 절반을 다시 떼어낼까? 내가 보기에 뇌가 만들어지는 방식은 미켈란젤로가 대리석 덩어리 속에 숨어 있는 다비드를 드러내기 위해 불필요한 돌을 쪼아내는 과정과 비숫하다. 혹은 책을 쓰는 과정과 비슷해 보인다. 무수히 많은 단어를 쓰지만, 대부분 완성된 원고에는 포함되지 않는 것이다. 혹은 아이스하키 감독이 각기 다른 자리에서 뛸 선수를 뽑아 팀을 구성하는 것과 비슷할지 모른다. 하지만 뇌에는 기사도, 조각가도, 작가도, 감독도 없다. 어느 뉴런을 선발해서 뇌 발달의 과제를 맡길지 고민하는 결정자가 없는 것이다. 뉴런은 생사 결투를 거치면서 자체적으로 팀을 구성한다.

세포사는 신경계만의 특징이 아니라 우리의 모든 장기 발달을 구체화한다. 세포사는 생물학적 구조를 건설하는 데 쓰이는 표준 공정이다. 세포사는 처음에 연결되는 물갈퀴를 제거해서 다섯 손가락을 빚고, 위아래 눈꺼풀을 연결하는 세포를 제거해서 눈을 뜨게 해주고, 우리의 면역계, 뼈, 장, 심장, 뇌를 조각한다.[1]

세포사는 지금까지 연구 대상이 된 모든 동물의 신경계에서 발생했다. 시드니 브레너, 존 설스턴, 로버트 호비츠(Robert Horvitz)가 예쁜꼬마선충의 세포 계통을 연구하는 도중에 알아챘듯이 세포가 959개에 불과한 이 작은 토양선충도 발달기에 1090개의 세포를 생산한다.[2] 연구자들이 관찰한 결과 어떤 세포들은 죽을 운명이었고(정확히 131개), 그중 많은 세포가 신경계에서 사망했다. 이 131개 중 과반은 태어나자마자 사망한다. 요절하도록 예정돼 있는 것이다! 뉴런의 사망은 또한 나방과 나비 같은 곤충의 신경계에서도 변태의 한 측면을 책임진다. 애벌레 시기에 중요한 일을 하는 많은 뉴런이 성충기에는 불필요해지기 때문이다. 개구리도 극적인 변태를 겪는다. 올챙이 시절에는 헤엄칠 수 있는 꼬리가 있고,

헤엄치는 동작의 개시에 관여하는 '로혼비어드(Rohon-Beard) 뉴런'이라는 감각 뉴런이 척수에 있다. 로혼비어드 뉴런은 꼬리가 재흡수될 때 사망하고, 이때부터 개구리는 다리를 사용하고 싶어 한다. 곤충과 개구리의 변태는 호르몬이 주도하는데, 뉴런을 죽게 하는 것도 이 결정적 시기에 가장 높은 수치에 도달하는 변태 호르몬들이다. 인간은 곤충이나 개구리와 같은 변태 시기를 겪지 않지만 발달하는 중에 몸과 뇌가 그들 못지않게 극적으로 변한다.

합리적으로 생각해보면, 집을 지을 때 재료가 망가지거나 약할 경우에 대비해서 실제 필요보다 더 많은 재료를 가지고 시작하는 것이 현명할 것이다. 또한 집을 지을 때는 비계 같은 일시적인 구조물을 세우고 나중에 해체하기도 한다. 신경계도 마찬가지다. 대뇌피질이 만들어질 때 그 위에는 초기 뉴런(예를 들어, 릴린을 방출하는 뉴런. 3장을 보라)이 있고, 바로 아래에는 다른 초기 뉴런이 있다. 이 초기 뉴런들은 각기 다른 피질층의 세포를 한시적으로 연결해주고, 뉴런들이 성숙해져서 스스로 연결을 구축할 때까지 임무를 수행한다.[3] 하지만 필요가 없어진 비계처럼 이 세포들도 피질이 완성되고 나면 제거된다. 그러나 이것은 그렇게 계획된 사건의 결과로 발생하는 사망의 극히 작은 부분에 지나지 않는다. 뒤에서 보겠지만, 뉴런 사망의 대부분은 치열한 경쟁의 결과다.

세포사와 체계 매칭

뇌 그리고 뇌의 다양한 부위가 어떻게 적절한 수의 뉴런을 갖게 되는가를 처음 통찰한 사람은 빅토르 함부르거(Viktor Hamburger)와 리타 레비몬탈치니(Rita Levi-Montalcini)다. 함부르거는 신경 유도를 발견해서 유명해진 한스 슈페만(1장을 보라)의 제자였다. 함부르거가 알고 싶어 한 문제는 왜 큰 근육에는 제어할 운동 뉴런이 더 많은가 하는 것이었다. 유대인이라는 이유로 프라이부르크 대학교에서 쫓겨나자 함부르거는 즉시 닭 배아 실험으로 이 비례 매칭을 조사하기 시작했다. 그리고 미국으로 이주한 뒤 시카고 대학교로부터 일자리를 제안받았다. 함부르거는 독일에서 시작한 실험을 재개했다. 그는 닭 배아에 미세수술을 했다. 알을 열어 배아에서 자그마한 팔다리 싹 하나를 제거한 뒤 알을 다시 봉합한 것이다. 그리고 그런 알들에서 부화한 외발 병아리나 외날개 병아리의 척수를 관찰했다. 함부르거는 사라진 다리나 날개 부위에서 운동 뉴런의 수가 극적으로 감소한 것을 발견했다. 그는 팔다리 싹을 제거한 것 때문에 운동 뉴런의 증식을 자극하는 유도 신호가 감소했을지 모른다고 조심스럽게 추정했다.[4]

함부르거가 시카고에서 이 현상을 한창 탐구하던 때와 거의 같은 시기에 이탈리아 토리노에서 리타 레비몬탈치니라는 또 다른 과학자도 실험을 통해 신경발달을 이해하는 문제에 관심을 기울였다. 또한 함부르거처럼 그녀도 유대인이라는 이유로 대학에서 퇴

출당했다. 하지만 레비몬탈치니는 연구에 대한 열정을 불태우면서 토리노 본가의 자기 방에서 실험을 계속했다. 그녀는 함부르거의 논문을 읽는 순간 그의 연구에 깊이 매료됐다. 팔다리 절제에 대한 함부르거의 실험 결과를 인정했을 뿐 아니라, 직접 척수를 자세히 관찰한 결과로부터 수술 부위에서 운동 뉴런의 수가 감소한 것은 세포사 때문이라고 결론지을 수 있었다.[5] 전쟁이 끝나자 레비몬탈치니의 논문을 읽은 함부르거는 세인트루이스 소재 워싱턴 대학교에 새로 생긴 자신의 실험실에 그녀를 연구원으로 초빙했다. 이제 두 사람은 힘을 합쳐 뉴런 사망과 체계 매칭 개념을 더 깊이 파고들 수 있었다. 세포사는 순식간에 일어나기 때문에 눈으로 보기가 쉽지 않다. 현재 우리가 아는 바로는 뉴런이 사망하면 즉시 다른 세포들이 먹어치워 몇 분 안에 흔적도 없이 사라진다. 그래서 레비몬탈치니는 닭의 정상적인 발달기가 끝날 때까지 모든 단계에서 살아 있는 운동 뉴런의 총수를 계산했다. 레비몬탈치니와 함부르거는 놀람과 흥분에 빠졌다. 포란으로부터 약 5일까지는 닭 척수에 운동 뉴런이 모두 태어났고, 다음 5일에 걸쳐 그 수가 감소했다.[6]

심지어 정상적인 닭 배아에서도 운동 뉴런이 자연사한다는 사실과 뉴런의 생존이 그 표적에 달린 것처럼 보인다는 사실과 결합하면 발달하는 신경계가 운동 뉴런 팀을 어떻게 선발하는지 추론할 수 있다. 어떤 근육에서든지 근육세포의 수는 진입하는 운동 뉴런의 절반가량만 생존할 정도이고, 그래서 운동 뉴런은 살아남기 위해 경쟁한다. 함부르거와 동료들은 닭 배아에 추가적인 팔다리 싹을 이식해서 이 가설을 테스트했다. 수술을 받은 닭들은 3개의 다리, 즉 한쪽에 1개, 반대쪽에 2개를 달고 부화했다. 다리가 1개 뿐인 옆구리는 운동 뉴런의 수가 정상이었고 2개인 옆구리는 운동 뉴런이 더 많았지만, 이는 추가적인 운동 뉴런이 생겨서가 아니라 죽은 뉴런의 수가 적어서였다.[7]

이 실험들은 다음과 같은 사실을 가리켰다. 운동 뉴런 집단과 이들이 자극하는 근육이 일치하는 것은 처음에 운동 뉴런이 과다하게 생성된 다음 초과분이 잘려나가고 적절한 수만 남기 때문이다. 시냅스를 만들 근육세포가 많으면 생존하는 운동 뉴런도 그만큼 많아진다. 이 효과는 신경계 곳곳에 널리 퍼져 있어서 수많은 유형의 뉴런이 적절한 수에 도달하는 것일지 모른다. 세포사와 체계 매칭에 대한 함부르거와 레비몬탈치니의 초기 연구는 이후 신경계의 다른 부위들에서 비슷한 효과를 발견한 많은 연구를 통해서 보강되었다. 뉴런의 생존이 표적에 의존하는 것은 발달하는 뇌의 도처에서 발견되는 특징이다.

신경영양인자

함부르거와 레비몬탈치니는 근육세포에서 운동 뉴런을 살아 있게 하는 것이 무엇인지 궁금했다. 두 과학자는 표적 세포가 자극의 공급처인 뉴런에 생존인자를 제공할 가능성을 고려했다. 예를 들어, 그러한 생존인자의 공급량이 제한돼서 절반의 뉴런만 생존하는 것일 수도 있었다. 하지만 그러한 생존인자가 실제로 존재할까? 세포생물학자들은 인자를 찾는 한 방법으로, 다양한 세포주(생체 밖에서 계속 배양이 가능한 세포 집합-옮긴이)를 테스트해서 어느 세포가 문제의 인자를 분비하는지 알아본다. 그래서 두 사람은 다양한 세포주를 닭 배아의 팔다리 싹에 주입했다. 그중 하나인 인간육종 세포주가 감각 뉴런에 정말로 지대한 영향을 미쳤다. 그 세포는 세포사를 막았고, 그 결과 생성된 모든 감각 뉴런이 살아남았을 뿐 아니라 감각 뉴런을 자극해서 엄청나게 성장시켰다. 세포생물학에서 '트로픽(trophic, 그리스어로 '영양을 주는')'이라 부르는 효과를 일으킨 것이다. 함부르거와 레비몬탈치니는 그 활성 성분에 '신경성장인자(nerve growth factor, NGF)'라는 이름을 붙였다.[8] 최초로 발견된 신경성장인자, NGF를 마지막으로 정제한 사람은 레비몬탈치니와 역시 워싱턴 대학교에 있던 생화학자 스탠리 코언(Stanley Cohen)이었다.[9] 두 사람은 이 연구로 1986년에 노벨상을 공동 수상했다. 많은 사람이 빅토르 함부르거도 그 상을 공유할 자격이 있다고 생각한다.[10]

처음 발견된 이후로 NGF는 수많은 실험적 연구를 거쳤다. NGF는 펩타이드(즉, 아미노산 단위체들의 짧은 사슬로 된 분자)이며, 감각 뉴런과 교감신경계 뉴런의 생존에 필수적이다. 배양접시에 이 뉴런을 넣고 NGF를 넣지 않으면 뉴런은 곧 사망한다. NGF의 수용체는 NGF에 의존하는 뉴런의 축삭말단에 있다. 표적 세포에서 분비된 NGF는 이 수용체에 결합한다. NGF와 결합한 수용체는 안으로 들어간 뒤 축삭돌기를 따라 세포체로 운반되고, 그곳에서 세포핵에 생명의 메시지를 전달한다. "생존하고 성장하라!" 그러한 메시지가 충분히 전달되면 세포는 생존하고 성장한다. 만일 활성화한 수용체가 충분하지 않으면 그 뉴런은 축삭돌기를 거둬들이고 사망한다.

초기에 NGF 연구에서 나온 놀라운 결과 중 하나는 팔다리 싹을 제거하거나 추가한 실험에서 NGF가 감각 뉴런의 수에는 영향을 주지만, 운동 뉴런의 생존에는 전혀 영향을 주지 않는다는 것이었다. 이 결과에 영감을 받은 과학자들은 다른 신경성장인자들을 찾기 시작했다. 역시나 다른 인자들이 정체를 드러냈다. 비록 신경성장인자는 저마다 뉴런의 개체수에 틀림없이 영향을 주지만, 많은 뉴런형이 2가지 이상의 성장인자에 의존한다. 예를 들어, 망막신경절세포는 3가지 신경성장인자에 의존해서 축삭돌기나 수상돌기의 성장 및 특징을 조절한다. 운동 뉴런은 적어도 2가지 성장인자의 조합에 의존하는데, 이들은 NGF와 다르며 둘 중 하나는 아직 확인되지 않았다.

신경성장인자는 뉴런의 생명을 유지하고 성장을 자극하는 잠재력 때문에 뇌 부상과 척수 부상은 물론이고 수많은 신경퇴행성 질환을 치료할 특별한 후보로 떠올랐다. 의학계에서는 신경성장인자를 매우 활발히 연구하고 있으며, 많은 진척을 이뤄서 그러한 인자가 어떤 일을 하는지 이해하게 되었다. 하지만 그러한 연구를 효과적인 치료법으로 전환하기는 대단히 어려운데, 그 이유는 주로 혈액과 뇌의 장벽 때문이다. 이 장벽 때문에 NGF 같은 펩타이드와 단백질을 혈류에 주입해도 정작 필요한 뇌세포에는 도달하지 못하는 것이다.

세포 자연사

신경성장인자를 확보하지 못해 굶어 죽는 뉴런은 점잖게 죽지 않는다. 자신의 단백질을 소화하고 DNA를 씹어 삼키며 자살하는데, 세포생물학에서는 이 현상을 '세포 자연사(apoptosis, 그리스어로 '떨어져나감')'라 부른다. 세포 자연사는 세포가 자기 자신을 파괴할 장치를 만들고 가동하는 적극적인 과정이다.

로버트 호비츠와 동료들은 예쁜꼬마선충에서 세포사 돌연변이를 수색하고 찾아냈다. 그들이 발견한 돌연변이체에서는 생성된 다음 즉시 사망하도록 예정된 131개의 모든 세포가 사망하지 않고 생존했다.[11] 그 131개의 세포 중 많은 것이 기능성 뉴런이 될 세포의 자매였다. 그래서 세포사 돌연변이체에서와 같이 그 세포들이 계속 산다면 그들은 '완전히 죽지 않은' 뉴런이 된다. 이 죽지 않은 뉴런 중 어떤 것들은 자매와 같은 운명을 부여받고, 다른 것들은 비정상적으로 발달하고 이상한 시냅스 연접을 만들어서 신경 기능에 부정적 결과를 초래한다. 초파리의 뉴런 사망을 막으면 그 파리는 거의 정상적인 시기에 알 속에서 꿈틀거리긴 하지만, 대부분은 부화기에 이르기까지 생존하지 못한다.

이 돌연변이체들의 불완전한 유전자는 세포 자연사의 방아쇠 메커니즘을 드러내준다. 실제로 이 '세포사' 유전자가 만드는 단백질들은 방아쇠를 당기는 동작과 유사한 세포사 경로를 활성화한다. 방아쇠를 당기면 용수철이 든 망치가 풀려 총탄 후면을 때리고 그 충격으로 화약이 폭발한다. 세포사 단백질들은 계단식으로 배열돼 있어서, 첫 번째가 두 번째를 활성화하고, 두 번째가 세 번째를 활성화하는 방식이다. 마지막 단계에서 소화 효소가 활성화하면 세포는 파멸에 이른다. 이제 되돌릴 방법은 없다. 여기서 다음 문제가 기다린다. 세포가 돌이킬 수 없는 죽음의 방아쇠를 당기는 까닭은 정확히 무엇인가?

런던 소재 MRC 분자생물학연구소의 과학자 마틴 래프(Martin Raff)는 신경성장인자의 가용성과 세포 자연사 사이에 연결점이 있음을 알아보았다.[12] 척추동물의 신경계에서 세포 자연사는 신경성장인자를 충분히 얻지 못해서 발생한다. 래프는 이러한 견해를 제시했다. 발달 중인 모든 뉴런은 세포 자연사에 돌입하기 직전이다. 이를테면 자기 머리에 총구를 겨누고서 신경성장인자가 부족하면 언제라도 방아쇠를 당길 준비가 돼 있다는 것이다. 세포사를 활성화하는 것이 계통에 기초한 프로그램이든 신경성장인자의 결핍이든 간에 세포사 경로는 선충이나 인간이나 기본적으로 동일하다. 동일한 분자 요소, 즉 세포사 경로 유전자의 산물을 방아쇠 메커니즘에 사용하는 것이다.

세포 자연사는 많은 신경퇴행성 질환의 핵심이다. 세포사 경로가 활성화해서 걸리는 질환이기 때문이다. 세포 자연사는 또한 림프종을 비롯한 많은 암의 핵심이다. 세포사 경로가 활성화하지 않고, 그로 인해 죽어야 할 이상 세포가 죽지 않는 것이다. 부적절한 신경성장인자를 포함해서 세포 자연사를 촉발하는 상황은 다양하며, 세포는 우발적으로 방아쇠를 당기지 않도록 각양각색의 안전 장치를 이용한다. 따라서 세포 자연사를 이해하고 제어하기 위한 연구에는 막대한 의학적 타당성이 있다. 하지만 세포 자연사는 진화적으로 오래됐고 모든 동물의 세포에서 비슷하게 작용하기 때문에, 약물로 세포 자연사 경로를 막을 때 어떤 세포는 살게 되지만 다른 세포는 지나치게 많아질 수 있으며, 반면에 경로를 활성화할 때 암세포는 죽지만 생존에 꼭 필요한 다른 세포들이 죽을 수 있다. 연구와 임상 분야는 각기 다른 약리학적 방법을 통해서 세포사 경로를 제어하고자 노력하고 있다.

활성과 사망

신경성장인자를 둘러싼 싸움은 뉴런이 생존을 위해 넘어야 하는 싸움 중 하나에 불과하다. 뉴런은 표적 세포와 시냅스를 이루는 것 외에도 자극을 주는 세포와 성공적으로 시냅스를 형성해야 한다. 앞서 얘기했듯이 미국으로 건너가 빅토르 함부르거와 함께 연구하기 전인 1940년대에 리타 레비몬탈치니는 자신의 방에서 실험을 했으며, 그중 어떤 실험은 청신경으로부터 직접 신호를 받는 뉴런이 생존하기 위해서는 귀가 필요하다는 것을 보여줬다.[13] 다른 뇌 부위에 관한 후속 실험들에서는 많은 유형의 세포도 생존하기 위해서는 시냅스를 통해 들어오는 정보가 필요하다는 것이 밝혀졌다. 하지만 이 경우에 시냅스전 세포가 제공하는 것은 대개 신경영양인자가 아니라 단순한 전기적 활성이다. 근육에 인위적으로 전기 자극을 가하면 근육 위축을 방지할 수 있는 것처럼 뉴런에도 전극봉을 이식해서 전기 자극을 가하면 실험자가 입력 신호를 차단해도 뉴런이 무사히 생존하는 효과가 발생한다. 또한 직접적인 전기 자극은 지금까지 파킨슨병을 치료하는 데에도 대단히 성공적이었으며, 알츠하이머병과 그 밖의 치매에도 긍정적인 효과를 나타냈다.[14]

활성을 통해 신경의 생존을 조절하는 방식의 중요성은 뇌가 달성하는 흥분과 억제의 절묘한 균형에서 최고조에 이른다. 뇌에서는 거의 모든 뉴런이 흥분성 신호와 억제성 신호를 받으므로, 뇌가 너무 활발하거나 너무 조용하지 않도록 균형을 맞춰야만 한다. 이 균형에는 흥분성 뉴런과 억제성 뉴런의 적절한 비율이 결정적으로 중요하다. 인간 뇌가 발달하는 동안 흥분과 억제의 병적인 불균형은 몇몇 형태의 간질과 자폐스펙트럼장애의 근본 원인으로 알려져 있다.

정상적인 발달기에는 많은 억제성 뉴런이 대뇌피질로 이동한다. 이 뉴런들의 생존은 다른 피질 뉴런으로부터 들어오는 유효한 흥분성 신호에 달려 있다. 하지만 여기서 피드백 순환이 만들어진다. 이 억제성 뉴런은 자기 자신을 흥분시키는 뉴런, 즉 자기 생존의 열쇠를 쥔 활성 뉴런을 억제하기 때문이다. 흥분성 활성이 감소하면 억제성 뉴런의 생존이 제한된다. 피질 활성의 전체적인 양이 감소함에 따라 이 활성은 역치에 도달한다. 더 많은 억제성 뉴런이 죽음에 따라 흥분이 반등하는 지점에 가까워지는 것이다. 이는 자동온도조절기 같은 피드백 메커니즘으로, 이를 통해서 초기에 피질에서 뉴런 활성의 전체적인 수준이 정해지는데, 이 메커니즘 역시 자동조절식 세포 자살의 원리로 작동한다.[15] 이 억제성 뉴런이 흥분을 충분히 받지 못할 때 세포 자연사가 발생하는 것이다.

대규모 세포사의 시기를 넘겨 생존하는 뉴런, 즉 예선을 통과하고 선발되어 뇌신경 팀에 합류하는 뉴런은 시냅스 연접에 덜 의존하는 것으로 보인다. 발달 중인 귀를 제거한 리타 레비몬탈치니의 초기 실험으로 돌아가보자. 그녀가 입증한 바에 따르면, 닭 배아의 뇌에서 청각 뉴런이 사망하는 시기는 발달 10일경(알에서 보내는 기간의 약 절반), 즉 뉴런이 청신경으로부터 자극을 받게 되는 시기다. 하지만 며칠이 더 지나서 귀를 제거하면 뉴런은 사망하지 않는다. 이렇게 뉴런 사망에는 결정적 시기가 있다. 바로 이 기간에 뉴런은 자신이 입력 신호를 충분히 받아 유효한 연결이 잘 유지되고 있으며 따라서 죽지 말고 생존해야 한다는 것을 아는 것이다. 이렇게 불필요한 뉴런을 모두 제거하고 나면 신경계는 남은 뉴런을 계속 살리는 일에 힘써야 한다. 그 무엇으로도 대체할 수 없는 소중한 팀원이기 때문이다.

출생은 모든 사람이 흥미를 느끼는 뇌 발달기의 출발점이지만, 이 이야기가 끝날 즈음에야 등장한다. 지금까지 우리는 낭배 속에서 1000개 남짓한 신경줄기세포로 생을 시작한 뉴런이 겪는 일들을 살펴봤다. 뉴런은 증식을 거듭하고, 그 과정에서 무수히 많은 유형의 정보처리 단위가 되어 뇌 속에 자리 잡았다. 이 장에서 우리는 뇌 발달기 중에 많은 뉴런이 제거되는 단계를 목격했다. 어떤 뉴런은 자기 일을 하다가 어느 순간부터 필요를 다하지만, 대체로 뉴런 사망이 발생하는 것은 뉴런들이 살아남아서 뇌라는 팀의 평생 회원권을 두고 경쟁해야만 하기 때문이다. 예선을 통과한 뉴런은 대부분 평생 살아남지만, 대규모 도태로부터 살아남았다고 해서 그 뉴런의 발달이 끝났음을 의미하지는 않는다. 시냅스 차원에서 뇌가 과도하게 연결되기 때문이다. 이제 위대한 정제의 시기가 막을 올린다.

출생 전후의 결정적 시기에 뇌는 동기화된 전기적 활성 패턴으로 시냅스

망을 정제한다.

뇌의 가지치기

자궁을 벗어날 때 뇌를 구성하는 뉴런의 수는 이미 감소하지만, 시냅스의 수는 증가하는 중이다. 미시적 차원에서 우리는 나뭇가지와 정자(亭子)처럼 수상돌기와 축삭돌기가 성장해서 빽빽이 뒤얽히고, 모든 공간을 새로운 시냅스로 채우는 것을 상상할 수 있다. 인간의 대뇌피질에서 시냅스의 수는 대략 네 살까지 계속 증가한다. 하지만 그때부터 시냅스는 감소하기 시작한다. 축삭돌기와 수상돌기가 성장을 멈춤에 따라 새로 만들어지는 시냅스가 감소하고, 뉴런을 연결하는 기존의 시냅스 중 다수가 제거된다. 이로써 뇌의 배선도가 크게 개선된다. 이 신경발달기에 뇌는 회로망을 대폭 수정하고 미세조정에 들어간다.

시냅스가 만들어지면서 뇌는 발화하기 시작하고, 이 발화를 통해서 배선 과정이 대체로 성공이었음을 드러낸다. 실은 "너무 성공적이야"라고 외치고 싶을지 모른다. 대부분의 표적 세포에는 필요한 것보다 더 많은 시냅스 입력부가 있다. 예를 들어, 운동 뉴런과 근육세포 사이에 만들어진 시냅스를 살펴보자. 세상에 갓 나온 아기의 몸에서 하나의 근육 섬유는 많은 자극을 받는다(즉, 5개의 운동 뉴런과 시냅스를 만든다). 이 상황에서는 정제가 어떻게 이뤄질까? 세계에서 가장 강력한 뱀독의 하나인 알파-분가로톡신(al-pha-bungarotoxin)이 그 답을 찾는 데 도움이 됐다. 알파-분가로톡신의 출처는 타이완의 우산뱀이다. 우산뱀에 물리는 순간 뱀은 이 독을 주입한다. 독은 이내 운동 뉴런과 근육세포 간 시냅스 틈새로 들어간다. 그리고 이곳에서 아세틸콜린 수용체와 단단히 결합해서, 수용체가 운동 뉴런에서 분비되는 아세틸콜린을 몰라보게 만든다. 근육(횡경막 근육을 포함해서)은 더 이상 신경자극에 반응하지 않는다. 물린 사람은 몸을 움직이고 숨을 쉬려고 하지만, 그러지 못한다.

발달신경과학자들에게 중요한 문제는 시냅스 전달을 차단하면 과연 시냅스 형성에 영향이 있을까 하는 것이었다. 알파-분가로톡신은 운동 뉴런 및 근육세포 간 시냅스에서 이 문제를 살펴볼 기회가 돼주었다. 초기 실험에서 과학자들은 시냅스 정제기에 있는 닭 배아에 이 독소를 주입했다. 그런 뒤 고정화(immobilized, 살아 있는 세포나 배아를 이온교환수지 같은 담체에 결합하거나 고분자막의 캡슐 중에 봉입해 고정화하는 방법-옮긴이) 배아의 운동 뉴런 및 근육세포 간 시냅스를 대조군 배아의 시냅스와 비교했다. 형성된 시냅스의 해부 구조는 전자현미경 아래서도 정상으로 보였다. 하지만 알파-분가로톡신이 있는 상태에서 성장한 근육을 생리학적, 해부학적으로 연구한 결과 근육세포는 여전히 다중 자극(다신경분포) 상태였다. 그러한 실험들은 시냅스 기능이 시냅스 제거에 필수적임을 가리킨다.[1]

　시냅스 활성은 어떻게 근육 섬유에서 하나의 운동 뉴런만 남기고 나머지를 모두 제거할까? 다음과 같은 법칙이 있는 듯하다. "가장 효율적인 것을 살려두라." 실제로 2개의 운동 뉴런으로부터 자극을 받는 개별 근육세포를 실험한 결과, 한 축삭돌기의 활성화는 비활성 축삭돌기의 시냅스를 희생시키고서 자신의 시냅스를 강화하는 것이 밝혀졌다. 더 활발하고 효율적인 시냅스는 근육에 반응을 일으킬 때마다 상을 받고 계속 성장해가면서 영토를 점거했고, 동시에 활성화에 기여하지 못한 시냅스에는 벌을 내리는 것처럼 보인다. 이 같은 방식으로 약한 시냅스는 적극적으로 제거되고, 하나의 근육세포에는 단 1개의 운동 뉴런 축삭말단이 남게 된다(그림 8-1). 이 상벌 신호의 분자학적 성격은 아직 밝혀지지 않았다.

　근육세포와 마찬가지로 뇌에 있는 많은 뉴런이 초기에는 시냅스전 세포와 너무 많은 시냅스를 만든다. 이 단계에서 뇌는 '과도연결(exuberant connectivity)' 상태라고 불린다. 근육세포에서와 마찬가지로 뇌의 뉴런에서 일어나는 시냅스 제거 과정도 효율적으로 기능하지 않는 시냅스를 골라 제거하는 활성 패턴에 의해 진행된다. 시냅스전 세포나 시냅스후 세포의 입장에서 시냅스가 제거되면 그 결과로 종종 축삭돌기나 수상돌기 전체가 사라지곤 한다.

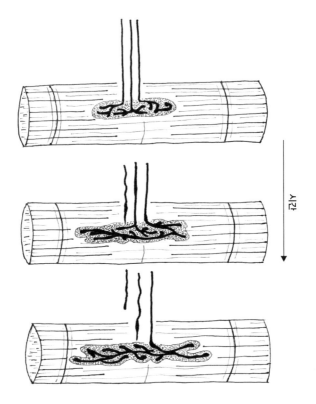

시간

그림 8-1 3개의 시점으로 나눠서 본 시냅스 제거. 처음에는 하나의 근육 섬유에 3개의 운동 뉴런이 시냅스를 만든다(맨 위 그림). 근육 섬유는 커다란 원통형 구조이며, 3개의 근육세포에서 나온 축삭돌기가 근육세포 안으로 들어가 반점이 있는 영역에서 시냅스를 만들고 있다. 가운데 그림에서는 축삭돌기 중 하나(맨 왼쪽)가 만든 시냅스가 제거되고, 맨 아래 그림에서는 또 다른 운동 뉴런(중앙)이 만든 시냅스 연접이 제거된다. 결국 근육세포는 맨 오른쪽 축삭돌기의 자극만 받는다(맨 아래 그림).

이것을 정원 가꾸기에 빗대서 '가지치기'라 부른다. 가장 효과적인 시냅스를 만든 가지는 살아남고, 싸움에서 진 약한 가지들은 신경아교세포에 의해 잘리고 먹힌다. 그 결과 각각의 축삭돌기는 처음보다 더 넓은 시냅스 영토를 확보하면서도, 더 적은 시냅스후 수상돌기에 초점을 맞춘다. 시냅스 제거의 토대가 되는 분자 메커니즘은 시냅스 소실이 주요 문제인 알츠하이머병과 그 밖의 신경퇴행성 질환에 중요할 수 있는 만큼 현재 활발히 연구되고 있다.

결정적 시기

데이비드 허블(David Hubel)과 토르스텐 비셀(Torsten Wiesel)은 시각피질과 관련된 놀라운 발견으로 1981년에 노벨상을 받았다.[2] 처음에 존스홉킨스 대학교, 다음에는 하버드 대학교에서 근무한 두 사람은 시각피질의 단일 뉴런이 자극에 어떻게 반응하는지 탐구했다. 그들이 처음 발견한 흥미로운 사실은 우리처럼 전방을 바라보는 포유동물의 경우 시각피질에 있는 뉴런은 대부분 양안이며, 그로 인해 포유동물의 눈은 한쪽 눈이나 양쪽 눈에서 들어오는 시각 자극에 반응한다는 것이었다. 하지만 피질로 들어오는 축삭돌기는 양안이 아니라 단안이다. 다시 말해서, 피질로 들어오는 축삭돌기는 어느 한쪽 눈에서만 들어오는 시각 신호에 반응해서 임펄스를 발화하고, 다른 눈에서 들어오는 시각 신호에는 영향을 받지 않는다. 시각 경험이 시각피질에 어떤 영향을 주는지에 관심이 있었던 허블과 비셀은 매우 간단하지만 의미 있는 실험을 했다. 두 사람은 태어난 직후 고양이들의 오른쪽 눈꺼풀을 봉합했고, 고양이들이 생후 3개월을 넘겼을 때 실을 제거해서 양쪽 눈을 다 뜨게 했다. 그 후로 1년 이상이 흘러 고양이들이 성체가 되었을 때 허블과 비셀은 그 짧은 시기, 한쪽 눈에 시각을 박탈당한 고양이들의 시각피질을 살피면서 단일 뉴런들을 기록했다. 실험 결과는 놀라웠다. 시각피질의 뉴런들은 대부분 왼쪽 눈에 주어진 시각 자극에만 반응했다. 실제로, 시각 자극을 박탈당한 한쪽 뇌의 뉴런들은 거의 모두 왼쪽 눈이 지배하고 있었다. 허블과 비셀은 성체 고양이의 왼쪽 눈에 헝겊 조각을 붙이고 고양이가 박탈당한 오른쪽 눈으로 돌아다닐 수 있는지 보았다. 오른쪽 눈만 뜬 고양이는 장님과 같아서 벽에 부딪히고 단에서 떨어졌다.

초기 박탈의 효과와는 정반대로 성체기에 자극 박탈을 가했을 때는 시각피질에 극적인 효과가 나타나지 않았다. 허블과 비셀은 1년이나 그 이상 된 성체 고양이의 오른쪽 눈꺼풀을 봉합했고, 피질에 큰 변화가 없음을 발견했다. 오른쪽 눈이 다시 열리자 시각피질은 신호를 받았고, 시각피질의 뉴런은 전과 똑같이 양안시로 반응했으며, 박탈당했던 눈의 시력도 정상이었다. 박탈이 고양이의 시각피질에 유의미한 효과를 낳기 위해서는 박탈이 생후 3개월 이내에 있어야 했다. 이 시기가 고양이의 시각피질 발달에 결정적이다. 허블과 비셀은 또한 갓 태어난 고양이의 시각피질 뉴런은 이미 양안시이며, 시각 자극이 어느 쪽 눈으로 들어와도 자극에 반응한다는 걸 발견했다. 이 실험을 통해서 두 사람은 이 결정적 시기에 피질에서는 박탈당한 눈으로부터 들어오는 연결이 사라진 반면, 열린 눈을 위해 일했던 뉴런들은 살아남고 확장한다고 주장했다. 박탈당한 고양이의 생리적 결손은 태어날 때 가해진 연결 차단의 결과라고 그들은 결론지었다.

우리 인간의 시각피질 발달에도 그런 결정적 시기가 있을까?

있다. 사실, 허블과 비셀의 시각적 박탈 연구는 특별한 임상적 관찰에서 영감을 얻었다. 선천성 백내장이 있는 아이들은 성년기에 눈을 맑게 복구해도 영구적인 시각 결손을 피하지 못한다. 마찬가지로, 한쪽 눈으로 초점을 잘 맞추지 못하는 아이는 대개 '눈꺼풀 처짐(lazy eye)'이라는 증상을 보인다. 처진 눈은 시각에 크게 기여하지 못하지만, 교정 렌즈를 끼기만 해도 치료되는 경우가 있다. 가장 좋은 것은 조기 치료지만, 여덟 살 무렵에 치료를 시작하면 때를 놓치게 된다. 시각피질이 처지지 않은 눈에 영구적으로 지배되기 때문이다.

다른 감각 혹은 뇌의 다른 기능에도 결정적 시기나 민감한 시기가 있을까? 이번에도 대답은 "그렇다"다. 동물과 인간의 모든 인지적 기능에는 결정적 시기가 존재하는 것으로 보인다. 민감한 시기의 좋은 예는 가면올빼미의 정확한 소리 위치 인식 기능이다.[3] 가면올빼미는 심지어 칠흑 같은 어둠 속에서도 들쥐를 비롯한 먹잇감의 소리를 추적해서 먹이가 어디에 있는지 잘 파악한다. 스탠퍼드 대학교의 에릭 크누센(Eric Knudsen)은 시각 박탈과 비슷한 실험으로 어린 가면올빼미의 한쪽 귀를 마개로 틀어막았다. 그러자 이 새들은 어둠 속에서 소리 위치를 잘못 파악하는 실수를 범했다. 하지만 단 며칠 만에 뇌에서 청각적 공간이 재조정됐고, 올빼미들은 어둠 속에서 정확히 습격하는 능력을 회복했다. 그런 뒤 2개월이 되기 전에 마개를 제거하면 올빼미들은 금세 청각을 바로잡았지만, 2개월이 지난 후에 마개를 제거했을 때는 회복이 크게 지연되었다.

결정적 시기를 대표하는 가장 유명한 사례는 비교행동학의 아버지, 콘라트 로렌츠(Konrad Lorenz, 1903~1989)의 연구에서 나왔다. 로렌츠의 인상적인 관찰 덕분에 회색기러기는 부화한 후로 단 몇 시간에 걸쳐 눈앞에 움직이는 물체가 보이면 그 최초의 물건에 안정적인 애착을 형성한다는 사실이 알려지게 되었다.[4] 이 현상을 각인(imprinting)이라 부른다. 각인기가 지나도 각인된 자극을 선호하는 성향이 강하게 남아서, 첫날 로렌츠를 각인한 어린 기러기들은 어미보다는 과학자를 따라다녔다. 새끼 금화조 역시 어미에 각인되는데, 만일 다른 종의 위탁모(가령, 십자매) 밑에서 자라면 금화조는 성체가 됐을 때 섹시한 금화조가 아무리 많이 보여도 그 종에만 구애를 한다.[5] 다른 명금조처럼 새끼 금화조 역시 아비의 노래를 각인한다. 발달 초기 중 짧은 기간에 아비의 노래를 학습하고 기억한다. 수컷이 어렸을 때 아비의 노래나 그와 매우 비슷한 노래를 듣지 못하면 혼자서는 결코 노래하는 법을 배우지 못한다. 두 번째 결정적 시기는 큰 소리로 노래를 연습할 정도로 컸을 때 찾아온다. 만일 그 새가 이 시기에 자기 노랫소리를 듣지 못하면, 또다시 제대로 된 노래를 습득하지 못한다. 이 이야기는 인간이 언어를 습득하는 과정과 비슷하다(9장에서 더 살펴보자).

동시성

허블과 비셀의 시각 박탈 실험에서 특히 놀라운 점은 시각 박탈의 동력이 경쟁의 과정임을 밝힌 것이다. 허블과 비셀은 박탈당한 눈에서 연결이 사라진 걸 알았을 때 "사용하지 않으면 잃어버린다"라는 개념을 떠올렸다. 두 과학자는 결정적 시기에 새끼 고양이의 양쪽 눈을 가리면 두 눈에서 시작하는 연결이 똑같이 손상될 거라고 예상했다. 그래서 그들은 결정적 시기 내내 고양이의 양쪽 눈을 가렸지만, 시각피질 세포의 대부분이 양쪽 눈에 반응하는 것을 보고 당황했다. 놀랍게도 고양이의 양안시성은 거의 정상인 것 같았다! 두 눈을 똑같이 불리하게 하면 승자도 패자도 나오지 않았으며, 양쪽 눈 모두 피질의 시냅스후 뉴런에 달라붙어 있었다. 승자와 패자를 가리는 것은 활성의 불균형인 것 같았다. 더 활발해서 시냅스후 파트너를 성공적으로 자극한 시냅스가 승자이며, 패자가 점유했던 시냅스 영토는 그들 차지가 된다.

다음 질문은 양쪽 눈이 제대로 기능하지만 두 눈이 함께 기능한 적이 없다면 어떻게 될까였다. 이 문제에 답하기 위해 허블과 비셀은 헝겊 조각으로 하루는 한쪽 눈을 가리고 다음 날은 반대쪽 눈을 가리는 식으로 결정적 시기가 지날 때까지 매일 교대로 자극을 박탈했다. 양쪽 눈이 비슷한 양의 시각 자극을 받지만, 동시에 똑같은 이미지를 볼 수 없게 한 것이다. 이 경우에 나온 결과는, 시각피질 뉴런 중 절반은 한쪽 눈에서 들어온 신호에 반응하고, 절반은 반대쪽 눈에서 들어온 신호에 반응한다는 것이었다. 어떤 뉴런도 양안시가 아니었다. 이 경우는 몇 가지 측면에서 사시라고 알려진 증상과 비슷하다. 사시는 두 눈이 적절히 배치되지 않은 경우다. 만일 아기가 사시인데 유년기 초기에 두 눈을 바로잡지 않으면 양안 뉴런이 영구적으로 사라지고, 그 결과 양안 깊이지각이 사라진다. 이 실험이 보여주는 개념은 간단하다. 결정적 시기에 시각피질 뉴런이 양안시로 남기 위해서는 두 눈이 동시에 똑같은 사물을 봐야 한다.

피질세포가 동시에 활성화한 뉴런들로부터 신호를 받을 때는 입력 신호에 승자와 패자가 없다. 즉, 양쪽 연결이 다 유지되고 양안으로 남는다. 이 결과는 근육세포가 자극을 정제할 때 사용하는 전략(앞서 묘사한 결과)과 여러 면에서 비슷하다. 양쪽 눈을 모두 가리는 것처럼, 실험자가 운동 뉴런에서 근육세포로 가는 신호를 알파-분가로톡신으로 차단하면 다중 자극 상태가 유지된다. 또한 실험자가 자극의 출처인 운동 뉴런의 활성을 동기화하면 근육세포는 계속 다중 자극을 받는다. 이 현상은 결정적 시기 내내 양쪽 눈을 다 뜨게 해서 양안시성을 보존할 때 시각피질에서 발생하는 결과와 비슷하다.

신경동시성 개념 그리고 이 개념이 어떻게 시냅스 강도를 변화시키는 원리가 될 수 있는지를 처음 통찰한 사람은 맥길 대학교의 신경심리학자 도널드 헵(Donald Hebb, 1904~1985)이다. 헵은 오늘날 헵의 규칙으로 알려진 것을 공식화하면서 자신의 규칙을 이렇게 정의했다. "세포 A의 축삭돌기가 세포 B를 흥분시킬 정도로 가까이 있고 B의 발화에 반복적으로 또는 꾸준히 관여할 때 어느 한쪽 세포나 양쪽 세포에 어떤 성장 과정이나 대사 변화가 발생하고 그래서 B를 발화하는 세포로서 A의 효능이 강화된다."[6] 헵의 규칙은 "함께 발화하는 세포는 함께 배선된다"라는 문구와 거의 같아

보이지만, 실은 더 미묘하다. 즉, 세포 A의 발화가 세포 B의 발화에 중요할 때에만 시냅스 강화로 이어진다. 한 시냅스의 강화가 종종 다른 시냅스의 약화로 이어지는 경우가 많으므로, 헵의 규칙에서 끌어낼 수 있는 정리는 시냅스후 세포의 발화에 관여하지 않는 시냅스는 약해진다는 것이다. 이 정리를 문장으로 다시 표현하자면 "동기화하지 않으면 연결을 잃어버린다"일 것이다. 이 점을 염두에 두고 우리는 허블과 비셀의 실험으로 되돌아갈 수 있다. 2개의 세포, 뉴런 L과 뉴런 R(왼쪽과 오른쪽의 약자)을 상상해보자. L과 R은 시각피질에 있는 뉴런 V와 시냅스를 이룬다. 세포 R보다는 L이 V를 더 잘 발화시킨다면, L의 연결은 강해지고 R의 연결은 약해진다. 하지만 L과 R이 동시에 똑같은 것을 본다면, V로 가는 입력 신호는 동시에 도달하고, 두 시냅스는 균형을 이루고 유지된다. 헵의 규칙과 헵의 정리는 시각 박탈 및 교란 실험을 포함하여 모든 실험 결과를 묶어 생각할 수 있는 훌륭한 토대가 된다. 다시 말해서 결정적 시기는 시각피질에서 시냅스 연결을 정제하는 시기일 뿐 아니라 시냅스 제거를 통해 근육세포 자극을 정제하는 시기인 것이다.

자궁 속의 조정 화면

사람의 신경계에서 첫 시냅스는 태어나기 오래전 임신 5주 차에 척수에서 만들어진다. 그 후 척수 회로는 제1삼분기와 제2삼분기에 정제되기 시작한다. 다음으로 제2삼분기와 제3삼분기에 후뇌와 중뇌의 회로들이 만들어지고 정제되기 시작한다. 전뇌, 특히 대뇌피질은 대체로 출생 이후에 마지막으로 발달하고 마지막으로 정제된다. 대뇌피질의 발달은 자궁 밖에서 세계를 감각으로 느낄 때 비로소 그 세계의 구체적인 특징에 효과적으로 맞춰질 수 있다. 아기의 뇌는 어머니의 얼굴을 학습할 준비가 돼 있지만, 구체적인 얼굴의 세부 정보는 아기가 눈을 뜨고 어머니를 볼 때까지는 접할 수가 없다. 태아의 뇌는 실제 세계의 시각 신호를 받지 못하고, 깊고 따뜻하고 어두운 자궁 속에서 눈을 꼭 감은 채 보호받는다. 하지만 이 초기 단계에도 뇌는 헵의 메커니즘들을 통해 조각되고 있으며, 출생 후 외부 세계를 학습할 때에도 그 메커니즘을 계속 사용한다.

1991년에 스탠퍼드 대학교의 마커스 마이스터(Marcus Meister), 레이철 웡(Rachel Wong), 데니스 베일러(Dennis Baylor), 칼라 샤츠(Carla Shatz)는 태내 고양이와 갓 태어난 페럿의 뇌에서 동기화된 활성이 파도처럼 이동하는 것을 발견했다.[7] 이 파도는 1986년 멕시코 월드컵 대회 기간에 처음 방송에 나와 '멕시칸' 파도라고 알려진 것과 비슷했다. 멕시칸 파도를 만들 때 관중은 구간별로 연달아 자리에서 일어나면서 팔을 높이 들었다가 내리고 다시 자리에 앉는다. 그와 비슷하게 망막에서도 이웃한 망막 뉴런들이 순간적으로 동시에 활성화하면서 망막을 가로지르는 전기적 활성의 파도를 만들어냈다. 이 활성 패턴은 망막이 실제 세계에서 느리게 움직이는 흐릿한 이미지에 반응하는 것과 다소 비슷하다. 하지만 이 모든 것이 칠흑같이 어두운 자궁 속, 눈이 감긴 상태에서, 빛을 감지하는 광수용체들이 작동을 아직 개시하지 않았을 때 일어난다. 시각이 형성되기 훨씬 이전에 이렇게 자연발생적인 활성의 파도가 망막을 휩쓸고 지나간다.

망막신경절세포는 망막의 출력 뉴런이다. 망막신경절세포는 시신경을 따라 축삭돌기를 뇌로 보낸다. 그리고 자신의 축삭돌기가 시개의 표적 뉴런과 시냅스를 만드는 바로 그 순간에 이 출생 전 멕시칸 파도에 참여한다. 이때 망막신경절세포의 축삭말단은 에프린의 화학적 기울기에 기초해서(6장을 보라) 시개에서 이미 시냅스 연접을 만들기 시작했다. 국소해부 지도는 나무랄 데 없지만 완전히 정제되지는 않았다. 망막의 파도는 망막 표면에서 한 망막신경절세포가 다른 망막신경절세포와 가까이 있을수록 동시에 활성화할 가능성이 크다는 것을 의미한다. 헵의 메커니즘은 이 정보를 사용해서 국소해부 지도를 기능적으로 정밀하게 만든다. 이 방법은 시각 신호가 들어오기 전에 어떻게 시각 지도를 정교하게 다듬을 것인가의 문제를 멋지게 해결한다. 다시 말해서, 발달 중인 뇌가 조정 화면을 이용해서 연결을 미세조정하고 이미지를 가다듬는 방법이다.

여기서 스탠퍼드 대학교의 칼라 샤츠와 동료들이 중요한 사실을 입증했다. 시각이 형성되기 전 이 망막의 파도가 뇌에서 왼쪽 눈과 오른쪽 눈의 연결을 분류하는 일에 관여한다는 것이다. 포유동물은 예외 없이 양쪽 눈과 연결된 망막신경절세포는 '외측슬상핵(lateral geniculate nucleus, LGN)'이라는 시상 영역에 축삭돌기를 보낸다. LGN은 팬케이크 더미와 약간 비슷한 6층 구조물로, 각 층에는 시각적 세계를 나타낸 지도가 따로 있다. 성체의 뇌에서 각각의 팬케이크 층은 단지 한쪽 눈에서 입력된 신호를 받지만 뇌 발달 초기, 즉 어린 신경절세포의 축삭돌기가 LGN에 처음 도달하는 시기에는 양쪽 눈 모두와 시냅스를 이룬다. 왼쪽 눈과 오른쪽 눈에서 일어나는 망막 파도의 패턴은 일치하지 않는다. 망막의 활성 파도가 실제 이미지 때문이 아니라 자연발생적으로 일어나기 때문이다. 이제 헵의 정리에 따라서, 동기화하지 않은 입력 신호는 연결을 잃어버리게 된다. 그 결과 더미는 왼쪽 눈이 지배하는 층과 오른쪽 눈이 지배하는 층으로 깔끔하게 분류된다.[8]

LGN을 분류해서 단안성인 왼쪽 층과 오른쪽 층으로 나누는 과정은 태어나기 훨씬 전에, 즉 세계의 실제 이미지가 아기의 눈에 들어오기 한참 전에 발행한다. 갓 태어난 아기가 처음 눈을 뜰 무렵 LGN의 뉴런들은 확실한 단안이고, 결정적 시기는 지나간 상태다. 이 단안성 LGN은 축삭돌기를 시각피질로 보낸다. 시각피질 안에서 이 LGN 축삭말단의 분류는 눈을 뜨고 세상을 처음 보는 것과 함께 시작된다. 그 후 진짜 시각에 힘입어 동시성을 유도하는 바로 그 헵의 메커니즘이 양안시성 같은 실제 이미지의 다양한 특징을 정교하게 가다듬는다. 허블과 비셀이 입증했듯이(위를 보라) 시각피질에 양안시성이 보존되기 위해서는 결정적 시기에 양쪽 눈이 열려 있어야 한다.

물론 태어나기 전에 스스로 조정하는 체계는 시각계만이 아니다. 자연발생적인 활성 패턴은 발달 중인 신경계 곳곳에서 관찰된다. 확실한 증거에 따르면, 자궁 안에서 자연발생적인 신경 활성 패턴은 청각계, 운동계, 소뇌, 후각계 등 뇌에서 발달하는 많은 신경회로와 관련이 있다.[9]

내적 조정과 외적 조정

유년기, 특히 감수성이 풍부한 시절에는 본능적 직관이 있다. 2020년 노벨문학상 수상자 루이즈 글릭(Louise Glück)은 시, 〈긴 여행 끝의 귀가(Nostos)〉에서 그 능력을 간명하게 표현한다.[10]

들판. 높이 자란 풀, 방금 깎은 냄새.
서정시인과 같은 눈으로
우리는 어렸을 때 한 번 세계를 본다네.
나머지는 기억이라네.

체내에서 생성되는 망막 파도 같은 자연발생적인 활성 패턴은 태어나기 오래전에 뇌 회로를 다듬기 시작한다. 하지만 특히 대뇌 피질에서 회로 형성의 결정적 시기는 자궁 바깥의 세계가 뇌의 미세조정에 참여할 수 있도록 출생 이후의 삶으로 연장된다.[11] 하지만 나이가 들수록 대뇌피질의 가소성이 줄어든다. 유년기를 벗어남에 따라 우리는 결정적 시기들을 차단하고 가소성에 '브레이크'를 밟는다. 왜 가소성이 줄어드는지는 밝혀지지 않았다. 다양한 설명이 가능하다. 예를 들어, 내적으로 조정하는 것이 수조 개의 시냅스를 조율해서 체계를 최적 상태로 만드는 걸 의미한다면, 가소성의 감소는 그러한 형성 과정에 안정성을 부여할 수 있다. 세포들이 앞으로 세계를 만날 때 최적의 범위 안에서 작동하도록 스스로 조율한다면, 그 회로는 내적으로 더 안정화되고 외적으로는 변화하는 세계에 더 잘 맞을 것이다.

뇌 구조를 연구하는 과학자들은 가소성 차단의 비밀을 가리키는 다른 단서들을 쥐고 있는 것으로 보인다. 예를 들어, 피질의 몇몇 영역에서는 세포외 물질로 몸을 감싸는 억제성 뉴런을 볼 수 있다. 현미경으로 볼 때 이 물질은 마치 뉴런 주변을 둘러싼 사슬 갑옷과 같아서 뉴런의 기본 형태가 변하는 것을 억제하는 것처럼 보인다. 한편 희소돌기아교세포라는 신경아교세포는 축삭돌기를 미엘린으로 감싸고, 별아교세포는 시냅스 접촉부를 캡슐처럼 감싼다. 과학자들은 이 과정과 그 밖의 몇몇 과정이 결정적 시기를 종료하고 가소성을 제한하기 위한 기본 틀이라고 생각한다.

신경과학자들은 결정적 시기를 다시 여는 방법을 연구하고 있다. 예를 들어, 언어 습득의 결정적 시기를 다시 열어서 성인이 어린이처럼 새로운 언어를 쉽게 배울 수 있을까? 마찬가지로 심리학자들은 성인의 뇌에서 어떤 결정적 시기를 연다면 유년기에 겪은 부정적 경험이나 사회적 박탈의 영향을 해소할 수 있을지 궁금해할 것이다. 만일 뇌가 발달하는 결정적 시기에 부정적 영향을 받았거나 방치된 신경 회로를 확인하고 이해할 수 있다면, 우리는 그 회로가 보다 정상적인 기능을 회복할 방법을 찾을 수 있을 것이다.

학습

　희망을 잃지 말자. 시냅스 가소성은 결코 완전히 끝나지 않는다. 성인의 시각피질에 둥지를 틀고 수상돌기들을 따라 수천 개의 시냅스를 거느린 단일 뉴런, 시각 정보의 조각들을 그러모으고 처리하면서 현재 대단히 효율적으로 기능하는 단일 뉴런도 세월의 수레바퀴가 움직임에 따라 자기 자신을 계속 조율해나간다. 이는 시냅스 하나하나에 약간의 가변성이 있기 때문이다. 뇌에 있는 수백조 개의 시냅스는 저마다 일생에 걸쳐 강해지거나 약해질 수 있다. 학습이 가능한 것은 성인기에도 이 시냅스 가소성이 존속하기 때문이다. 물론 어렸을 때와 같은 신속한 변화는 종종 불가능하다.

　뇌의 관점에서 학습은 일종의 지속적인 가소성이며, 앞서 살펴본 미세조정 과정의 연장이라고 볼 수 있다. 실제로, 헵이 애초에 그의 규칙을 제시한 것은 성체 동물의 연합 조건형성, 즉 파블로프가 개를 통해 연구했던 학습의 종류를 설명하기 위해서였다. 먹이가 나오기 직전에 종소리를 들었던 개는 종소리가 울릴 때 침을 흘린다. 먹이가 나오면 개는 항상 침을 흘린다. 하지만 먹이가 나오기 전에 항상 종소리를 들으면 종소리와 먹이 보상을 연결하는 시냅스가 상승 혹은 강화되고, 이내 종소리만 울려도 개는 침을 흘린다. 헵의 메커니즘에 비추어 전 세계 과학자들은 시냅스를 강화하는 방법에 초점을 맞추고서 학습의 신경학적 토대를 조사하기 시작했다. 세포 차원의 학습 기제를 주제로 지금까지 수천 편의 과학

논문이 발표되었다. 아래에서는 뇌 발달의 관점에서 그 기제를 최대한 간략하게 설명하고자 한다.

먹이와 종소리처럼 어떤 것과 다른 것을 연합하는 기억 회로는 대개 다음과 같은 일반적인 방법으로 작동한다. 시냅스전 뉴런은 일련의 신호를 전달한다. 둘 이상의 입력 신호가 동시에 들어와서 시냅스후 발화에 기여하면 그 신호들은 상승 혹은 강화된다. 척추동물의 일반적인 시냅스에서 흥분성 시냅스전 요소는 발화할 때 신경전달물질인 글루탐산을 분비한다. 시냅스후 세포에는 두 종류의 글루탐산 수용체가 있다. 한 종류는 자신의 이온 통로를 열어 시냅스후 뉴런을 흥분시키기 시작하지만, NMDA(N-메틸-D-아스파르트산) 수용체라는 다른 유형은 먼저 시냅스후 세포가 비NMDA 글루탐산염 수용체(첫 번째 종류의 수용체)에 의해 충분히 활성화되지 않으면 자신의 이온 통로를 열지 않는다. 다시 말해서, 시냅스후 세포가 비NMDA 수용체로부터 충분히 자극받았을 때 NMDA 수용체는 비로소 활성화된다. 따라서 NMDA 수용체는 시냅스전 글루탐산염 분비와 시냅스후 세포 활성화 사이에서 '동시 발생 탐지기(coincidence detector)' 같은 역할을 한다. NMDA 수용체가 활성화하면 시냅스후 요소의 막에서 칼슘 통로가 열린다. 국소적인 칼슘 유입은 글루탐산염 수용체를 더 많이 끼워 넣고 국소적 성장 과정을 가동해서 그 시냅스를 강화하라는 신호다. 또한 시냅스전 요소도 돌아오는 피드백에 힘입어 효율과 크기가 증가한다. 처음에 종소리를 알리는 시냅스는 타액을 분비하게 하는 시냅스후 뉴런을 활성화할 정도로 강력하지 않지만, 먹이는 언제나 이 뉴런을 충분히 흥분시킨다. 만일 먹이 제공 때문에 타액분비 뉴런이 이미 흥분했을 때 종소리 시냅스가 글루탐산염을 방출하면, 종소리 뉴런은 NMDA 수용체를 활성화하고, 그로 인해 종소리 시냅스가 강화된다. 곧 종소리 시냅스도 타액분비 뉴런을 활성화할 정도로 강해진다. 과학자들은 이러한 분자 메커니즘이야말로 뉴런이 시냅스를 변경할 때 새로운 정보를 저장하는 방법의 핵심이라고 생각한다. 그렇다면 이 NMDA 수용체가 정제기에 관여하는 기제의 핵심이라 밝혀져도 놀라운 일이 아닐 것이다. 예를 들어, 시각 발달의 결정적 시기에 NMDA 수용체를 약물로 차단하면, 결정적 시기가 끝날 때까지 한쪽 눈의 시각을 박탈해도 시각피질에서는 양안시성이 유지된다.

헵의 규칙에는 다음과 같은 인과관계가 함축되어 있다. 세포 A가 세포 B보다 늦게 발화한다면 세포 A는 세포 B를 발화시켰을 리 없고 그래서 그 시냅스는 강화되지 않아야 하며 오히려 약해져야 할 것이다. 나는 운 좋게도 캘리포니아 대학교 샌디에이고 캠퍼스에서 푸무밍(蒲慕明)의 동료로 일할 수 있었다. 어느 날 무밍이 내 실험실에 나타나서는 초파리 배아의 뇌에서 시개가 정확히 어디에 있는지 보여줄 수 있느냐고 물었다. 무밍과 그의 동료 과학자들은 일단 초파리 시개에서 세포를 보고 기록하는 법을 배운 뒤로는 3뉴런 시스템(2개의 시냅스전 망막신경절세포 그리고 이 두 세포의 스냅스후 세포이면서 시개에 있는 1개의 세포)을 이용해서 시냅스 강화와 약화에 필요한 동시성의 시간대를 규정할 수 있었다. 만일 시냅스전 세포가 발화한 시점으로부터 1000분의 몇십 초 이내에 시냅스후 세포가 발화하면, 그 시냅스는 상승 혹은 강화된다. 하지만 시냅스전 세포가 시냅스후 세포보다 조금이라도 늦게 발화하면 시냅스는 약화된다.[12]

많은 동물의 뇌처럼 우리 뇌도 평생 변화를 겪는다. 우리는 언제까지나 우리지만, 몸속의 모든 장기처럼 우리 뇌도 계속해서 변한다. 그렇다면 다음과 같은 질문이 고개를 든다. "우리는 정확히 누구이며, 이것은 우리 뇌에 어떻게 부호화돼 있을까?" 9장에서는 뇌가 어떻게 만들어지는가의 관점에서 잠시 이 커다란 물음을 조명하고자 한다.

9.

인간이 뇌를 진화시킬 때 뇌를 인간적으로 만드는 기제가 모든 인간에게
저마다 고유한 정신을 부여한다.

크기는 중요할까?

사람의 뇌는 다른 모든 동물의 뇌와 다르다. 모든 동물의 뇌는 수백만 년의 진화를 거쳐 그들의 생활 방식에 맞게 조정돼왔기 때문이다. 거미의 뇌는 거미줄을 치고 파리를 잡는 일에 맞춰져 있고, 물고기의 뇌는 물속 생활에, 사람의 뇌는 복잡다단한 인간사에 맞춰져 있다. 이전 장들에서 나는 동물과 인간 뇌의 유사성을 여러 번 강조했다. 사실 그 유사성은 진화 그리고 신경계를 구축할 때 동원되는 생물학적 기제에 깊이 뿌리내리고 있다. 하지만 이제부터는 인간과 동물의 뇌가 어떻게 다르고, 그 차이가 어떻게 발생하는지 그리고 개개인에게 이 차이가 무엇을 의미할 수 있는지에 초점을 맞춰보자.

진화에 관심이 있는 신경해부학자들이 자주 비교하는 것 중 하나가 바로 뇌의 크기다.[1] 평균 성인의 뇌는 약 1.5킬로그램으로, 꽤 크지만 가장 크지는 않다. 아프리카코끼리의 뇌는 약 5킬로그램이고, 향유고래의 뇌는 약 8킬로그램이다. 포유동물 중에서 가장 작다고 알려진 뇌는 64밀리그램에 불과한데, 그 주인은 사비왜소땃쥐다. 지구에서 가장 작다고 알려진 뇌는 기생말벌종인 메가프라그마 마이마리펜(Megaphragma mymaripenne)으로, 몸 전체가 원생동물 크기에 지나지 않는다. 이 말벌의 경우 뇌를 구성하는 뉴런은 발생하자마자 세포체와 핵을 잃어버린다. 따라서 그 작은 뇌는 거의 축삭돌기와 수상돌기, 즉 살아 있는 배선과 연접으로만 구성돼 있다.[2] 이것만으로도 그들은 먹이와 잠재적인 짝을 찾아다니면서 바쁘지만 매우 짧은 생을 알차게 보낸다.

인간 뇌는 성인의 평균 몸무게에서 약 2퍼센트를 차지한다. 그렇다면 몸무게 대비 가장 큰 뇌를 가진 건 아닐까? 그렇지 않다. 몸무게에 대비한 뇌의 비율도 가장 높지 않다. 작은 포유동물이 높은 비율을 자랑하고, 비율이 낮은 쪽은 주로 덩치가 큰 포유동물이다. 과학자들은 뇌 질량과 신체 질량의 축소 비례 관계로 이 현상을 설명한다. 어떤 동물이 다른 동물보다 10배 크다면, 뇌는 6배 정도만 크다는 것이다. 이 특별한 축소비율이 발생하는 이유를 두고 비교생물학자들은 의견이 분분하다. 하지만 이 비례 관계를 고려한 상태에서, 신체 크기를 기준으로 할 때 사람의 뇌가 다른 동물의 뇌보다 큰가를 따져봤을 때, 그 답은 결국 "그렇다"다. 우리의 뇌는 우리와 같은 크기를 가진 포유동물의 뇌보다 10배가량 크다. 또한 현존하는 가장 가까운 친척이자 몸 크기가 우리와 비슷한 침팬지의 뇌보다 4배가량 크고, 뇌 속의 뉴런도 4배 정도 많다.

우리 호미닌 조상의 뇌가 원형대로 보존된 표본은 없지만, 그들의 두개골은 약간의 정보를 제공한다. 두개골을 대용품으로 이용하면 뇌, 특히 대뇌피질의 크기와 형태를 짐작할 수 있다. 두개골 연구에 따르면, 우리가 알고 있는 최초의 호미닌, 오스트랄로피테쿠스에게서 피질 팽창이 발생했다고 한다. 오스트랄로피테쿠스는 약 420만 년 전 동아프리카에서 출현했다. 그중 가장 유명한 조상인 루시의 뇌는 현대인의 뇌를 기준으로 약 3분의 1이며, 현대 침팬지 뇌보다 약간 크다. 루시는 두 발로 땅 위를 걸어 다녔고 그래서 두 손으로 자유롭게 도구를 잡을 수 있었다. 또한 이족보행 덕분에 높은 풀 위에 시선을 두고 식량이나 위험의 거리를 측정할 수 있었다. 두 번째 피질 팽창은 약 200만 년 전 호모에렉투스('곧추선 인간')의 출현과 함께 나타나는데, 이들의 뇌는 현대인의 절반 정도다. 호모에렉투스는 최초로 불을 사용했고, 큰 공동체를 이뤄 함께 일했으며, 용감하게 바다로 나갔고, 예술품을 만들었다. 마지막 피질 팽창은 우리의 조상일 가능성이 높은 호모하이델베르크인에서 나타나는데, 이들의 뇌는 기본적으로 우리 뇌와 크기가 같다. 호모사피엔스(현생인류)는 약 30만 년 전에 호모하이델베르크인으로부터 갈라져 나왔다. 호모사피엔스가 출현한 후로 인간종의 두개골은 거의 변하지 않았다.

네안데르탈인 역시 호모하이델베르크인에서 갈라져 나왔고, 인간과 공존하다 약 3만 5000년에 멸종했다. 그들의 뇌는 호모사피엔스의 뇌보다 약간 컸지만, 이 크기 차이는 예상을 벗어나지 않는다. 그들의 몸이 우리보다 크기 때문이다. 두개골 형태 분석에 따르자면 네안데르탈인의 뇌는 호모사피엔스의 뇌보다 약간 길다. 이 사실에 비추어 과학자들은 인간 뇌와 정신 과정이 네안데르탈인과 어떻게 다른지 추측해왔다. 예를 들어, 시각에 관여하는 후두엽이 현생인류보다 상대적으로 크고, 그래서 시각 처리가 호모사피엔스보다 우수했을지 모른다. 반면에 호모사피엔스는 측두엽(청각, 시각, 체성감각 정보를 통합하고, 수학적 처리에 관여하는 부위)이 상대적으로 크다. 놀랍게도 네안데르탈인과 현생인류 사이에 광범위한 이종교배가 있었음이 지난 10여 년 사이에 밝혀졌다. 조상을 테스트하는 '23andMe'에 따르면, 내 아내는 나보다 2배 정도 네안데르탈인에 가깝다. 가끔 우리 두 사람은 이것이 우리 관계에 어떤 의미가 있을까 하며 궁금해한다.

뇌 구조

인간을 포함한 모든 척추동물은 신경계 구성이 비슷하다. 똑같은 부위(전뇌, 중뇌, 후뇌, 척수)와 똑같은 주요 소부위(망막, 시개, 소뇌 등)로 나뉘어 있고, 그래서 이 척추동물 신경계의 바우플란(2장을 보라)은 우리 인간에게 특수한 어떤 것이 아니다. 인간과 인간의 가까운 친척들 사이에 뇌 부위가 상대적으로 크거나 작은 현상을 고려할 때 우리는 인간 뇌 설계에만 존재하는 특수성에 시선을 고정한다. 모든 포유동물의 뇌와 포유동물이 아닌 척추동물의 뇌를 비교해보면 차이는 대뇌피질의 팽창에 있음을 알게 된다. 포유동물은 파충류 조상으로부터 진화했다. 현대 파충류는 '등쪽 외피(등쪽 대뇌겉질)'라 불리는 전뇌 부위가 작은 반면, 포유류는 이 부위가 커지고 진화해서 대뇌피질이 되었다. 최초의 포유동물을 대표하는 고슴도치와 주머니쥐의 대뇌피질은 뇌의 5분의 1 정도에 불과하다. 원숭이의 대뇌피질은 그보다 훨씬 커서 뇌의 절반 정도를 차지하지만, 인간의 대뇌피질은 뇌를 점령하다시피 했다. 뇌 용량의 약 4분의 3이 대뇌피질이다! 인간의 진화에 발맞춰서 커지는 동안 대뇌피질은 둘둘 말리고, 접혀서 둔덕(뇌회)과 홈(뇌구)을 이루었을 뿐 아니라, 정보를 처리하는 뉴런이 많아짐에 따라 더 두꺼워졌다. 또한 크기 증가와 함께 대뇌피질은 여러 영역으로 쪼개졌고, 이렇게 세분된 영역은 각기 다른 기능을 맡게 되었다.

19세기 중반에 인간의 기원을 두고 치열한 논쟁이 펼쳐졌다. 리처드 오언(Richard Owen)은 화석 사냥꾼이자 위대한 박물학자였다. 오언은 멸종된 파충류의 거대한 분기군을 발견함으로써 유명해졌다. 다름 아닌 공룡이었다. 오언은 다윈을 맹렬히 비판했으며, 인간은 원숭이 같은 조상으로부터 진화하지 않았다는 견해를 고수했다. 그는 진화의 방향이 운명 지어졌다 믿었고, 인간은 애초에 독특한 계통으로부터 진화한 것이 분명하다고 주장했다. 오언은 뇌를 사용해서 자신의 견해를 설득시켰다. 그는 원숭이 뇌와 인간 뇌는 크기와 형태가 다르다고 지적하면서 인간 뇌를 공통조상의 반대 증거로 이용했다. 논쟁의 반대편에는 토머스 헨리 헉슬리(Thomas Henry Huxley)가 있었다. 헉슬리는 이 논쟁을 계기로 다윈의 불도그라고 알려지게 되었다. 헉슬리는 대뇌피질의 여러 부위를 포함하여 인간의 많은 뇌 부위가 원숭이 뇌에도 비슷하게 존재하고, 더 나아가 인간과 원숭이 뇌는 크기가 분명히 다름에도 놀라울 정도로 비슷하다는 점을 입증했다. 오늘날 우리는 대뇌피질의 여러 부위에 기능적 유사성이 있다는 증거를 훨씬 더 많이 알고 있다. 또한 우리가 원숭이를 닮은 조상으로부터 진화했다는 증거는 화석뿐 아니라 우리 유전자에서도 발견되었다.

인간은 진원류 영장목, 원숭이류, 유인원에 속한다. 대뇌피질의 크기, 형태, 연결, 기능에 대한 현재의 분석에 따르면, 다른 진원류에 비해 인간은 신피질의 몇몇 부위가 확장됐다. 물론 모든 부위가 똑같이 확장된 건 아니다. 인간 피질에서 일차 감각 및 운동 영역은 확장 폭이 가장 적다. 예를 들어, 인간의 시각피질은 뇌에서 차지하는 비율이 마카크원숭이보다 낮다. 반면에 브로드만 영역에서 인간의 피질은 52개 구역으로 세분화했다(2장을 보라). 워싱턴대학교의 데이비드 반 에센(David van Essen)과 동료들은 고해상 구조기능 자기공명영상 같은 현대적인 기법을 사용해서 인간 뇌의 각 반구에서 독립된 구역을 대략 180개까지 확인했다(그림 9-1). 이 중 약 160개는 마카크원숭이 뇌에도 존재하지만, 많은 구역이 인간에 이르러 크게 확장된 것으로 보인다.[3] 높은 차원의 연합에 관여하는 부위들(예를 들어, 감각을 통합하는 영역, 행동을 계획하는 영역, 의사소통에 관여하는 영역, 추상적 사고에 관여하는 영역)이 가장 많이 팽창한 것으로 보인다. 마카크원숭이 뇌에서 우리가 확인할 수 없는 부위가 약 20개나 된다는 사실은 대단히 흥미롭다. 새로 생긴

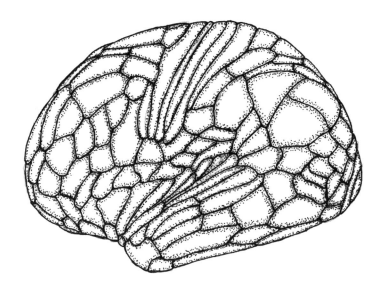

그림 9-1 인간의 대뇌피질 영역을 멀티모달(다중모드)로 분석한 그림. 그림 2-4와 비교할 수 있도록 좌반구 측면도를 채택했다. D. C. Van Essen, C. J. Donahue, and M. F. Glasser. 2018. "Development and Evolution of Cerebral and Cerebellar Cortex." *Brain Behav Evol* 91: 158~169. 원출처는 다음과 같다. M. F. Glasser, T. S. Coalson, et al. 2016. "A Multi-modal Parcellation of Human Cerebral Cortex." *Nature* 536: 171~178.

부위들일까? 만일 그렇다면, 그 새로운 영역들은 어떻게 발생했으며, 정확히 무슨 일을 하는 것일까? 시각피질을 포함한 피질의 영역이 어떻게 정보를 처리하는지에 대해서 신경과학자들이 여전히 연구하고 있다는 점 그리고 인간을 대상으로 한 실험이 극히 어렵다는 점을 고려할 때, 인간 특유의 것으로 보이는 뇌 부위들이 무엇을 계산하고 있는지에 대해서 어떤 합의가 튀어나오기까지는 오랜 시간이 걸릴 것이다. 그럼에도 우리를 다른 영장류와 다르게 만드는 다양한 정신 능력의 토대에는 새로운 피질 영역들의 폭넓은 조합, 그 밖의 모든 영역의 상대적인 팽창과 축소가 놓여 있다.

유형성숙

생물학에서 발달의 이전 시기가 연장된 탓에 나중 시기가 지연되는 현상을 '유형성숙(neoteny)'이라 부른다. 유형성숙을 대표하는 유명한 예로 아홀로틀(axolotl)이라는 멕시코도롱뇽을 들 수 있다. 아홀로틀은 멸종 위기에 처한 야생에서와는 달리 포획 상태에서 잘 번식하기 때문에 전 세계 과학자들은 이 동물을 번식시켜서 다양한 돌연변이 계통을 관리하고 있다. 나 역시 한때는 실험실에 올리비아, 뉴턴, 존 같은 이름의 도롱뇽이 가득했다. 대부분의 도롱뇽은 물을 벗어나 성적으로 성숙해질 때 변태를 거친다. 하지만 성체 아홀로틀은 외부 아가미를 유지하고 다른 종의 유생 같은 모습으로 평생 물속에 머문다.

인간도 유형성숙을 보여준다. 인간의 유형성숙은 뇌가 몸보다 더 빨리 성장하는 탓으로 알려져 있다. 인간 뇌가 임신에 문제가 될 정도로 엄청나게 성장했다는 주장이 있다. 큰 뇌는 큰 머리를 의미하고, 큰 머리는 출산할 때 어머니와 아기의 생명에 위험 요인이 된다. 결국 우리는 몸뿐 아니라 뇌 발달도 미성숙한 상태로 자궁에서 나온다.

인간과 마카크원숭이의 몇몇 뇌 부위에서 발현되는 유전자를 비교해보자. 두 종 모두 초기에서 후기로 넘어갈 때 유전자 수천 개의 활성화 패턴이 뚜렷이 변한다.[4] 이 변화는 두 종 모두 출산하기 훨씬 전에 발생한다. 하지만 인간보다 마카크원숭이에 더 일찍 발생한다. 인간 뇌에서는 후기 유전자 발현에 상당한 시간 지연이 발생하는 것인데, 인간 뇌는 성장 및 발달의 초기 단계에 오래 머문다고 생각할 수 있다.

최근의 한 연구에 따르자면, 'ZEB2'라는 이름의 유전자는 모왓-윌슨 증후군(특징으로 소두증, 지적장애, 간질이 나타난다)과 관련이 있는 유전자로, 인간의 배아줄기세포에서 나온 피질 오가노이드보다 고릴라의 배아줄기세포에서 나온 피질 오가노이드에서 더 일찍 발현한다. 만약 실험자가 인간 오가노이드에서 ZEB2를 일찍 활성화하면 신경줄기세포는 증식을 더 일찍 중단하고 대뇌피질을 더 적게 생산한다. 또한 고릴라 세포 안에서 그 유전자가 망가지면, 그 오가노이드는 더 오래 증식하고 더 크게 성장한다. 이 결과에 비추어볼 때, ZEB2의 활성 시기 지연에는 인간 뇌의 진화를 가리키는 단서가 숨어 있다고 생각할 수도 있다.[5]

인간 뇌의 유형성숙과 관련하여 기능적으로 중요한 어떤 해부 구조 역시 침팬지를 비롯한 다른 영장류에 비해 발달 지연을 보인다. 미엘린화(수초 형성)는 출생 전 뇌와 두개골 성장에서 상당량을 차지하는데(3장을 보라), 이것이 지연의 또 다른 이유일 수 있다. 뇌의 유형성숙 때문에 인간은 보호자의 손길에 더 오래 의존해야 하는 시기에 태어나고, 출생 후에 기나긴 정제기를 보낸다. 우리의 유형성숙은 외적 세계에 대한 경험이 인간 뇌 발달에 더 중요하다는 것을 의미한다.

뇌를 인간적으로 만드는 유전자

인간의 유전체에 속한 모든 유전자의 3분의 1이나 그 이상은 발달 중인 신경계에서 발현한다. 1만 개에 이르는 유전자다. 이 중 어떤 유전자에 결손이 발생할 때는 뇌 발달 또는 뉴런의 기능이나 생존에 영향이 있을 수 있다. 신경발달이나 신경 기능 또는 뉴런의 생존 같은 다양한 측면과 관련된 단일 유전자는 이미 수백 개가 확인됐으며, 현대의 분자 서열 기법과 데이터를 처리하는 유전 알고리즘에 힘입어 그 목록이 빠르게 늘고 있다. 이 책의 앞 장들에서 우리는 신경발달에 관여하는 유전자를 많이 건드렸지만, 신경발달의 개별 측면을 담당하는 수많은 유전자 중 극소수에 불과하다.

침팬지와 인간은 30억 개의 철자 중 99퍼센트가 똑같을 정도로 유전체가 거의 비슷하다. 하지만 이는 또한 3000만 개가 다르다는 것을 의미한다! 이 중 어느 것이, 어떤 방식으로 인간 특유의 뇌에 기여하는가 하는 문제는 과학의 엄청난 도전 과제다. 원숭이 유전체와 인간 유전체의 차이는 대부분 단백질을 만들지 않는 DNA 부위에 존재한다. 그중 어떤 부위는 인간 계통에 이르러 빠르게 진화했고, 그래서 만일 이 변화에 대한 양성 선택이 없었다는 가정하에서 예상할 수 있는 속도보다 더 빠른 속도로 변화가 누적됐다. 이렇게 인간 특이적 가속화 부위(human-specific accelerated regions, HARs)가 인간의 진화에 중요한 역할을 했을지 모른다는 주장이 있다.[6] 우리는 몇몇 HAR의 기능에 대한 실마리를 알고 있다. 예를 들어, 맨 처음 확인된 HAR, 즉 HAR1은 단백질을 지정하지 않는 RNA 분자를 만든다. 이 RNA 조각의 정확한 기능은 알려지지 않았지만, 그 활성 패턴은 시사하는 바가 크다. HAR1은 임신 7주에서 18주 차 사이에, 특히 대뇌피질을 구성하는 릴린 분비 뉴런에서 활성화한다(3장을 보라). 또 다른 HAR은 피질에서 신호를 전달하는 Wnt 단백질을 강화한다(2장을 보라). 또한 인간 유전체에는 인간 뇌에서만 중복이 일어나 사본이 하나 더 존재하고 그것이 인간 특유의 형태로 변이될 수 있는 부위들이 있다. 확인된 부위 중 하나인 노치 수용체(4장을 보라)는 늘어난 증식과 관련이 있다. 실제로 지금까지 확인된 수백 개의 HAR 중에서 상당한 수가 뇌 발달에 관여한다고 알려진 유전자와 관련이 있다.

유전체학의 힘과 미니-뇌 오가노이드를 결합하자 내가 이 분야에 처음 들어왔을 때 공상적이고 터무니없어 보였던 연구 분야들이 열리기 시작했다. 예를 들면, 최근의 한 연구에서 조사하고 있는 유전자 '노바1(Nova1)'은 시냅스 형성에 관여하는 단백질을 지정한다. 노바1 유전자에는 구조적 변화가 포함돼 있으며, 인간이라면 누구나 이 구조를 공유한다. 하지만 우리의 멸종한 사촌들, 유럽의 네안데르탈인과 보다 최근에 발견된 아시아의 데니소바인에게는 존재하지 않는데, 이들은 인간과 얼마간 이종교배를 했다. 최근 한 연구에서는 '일정한 간격을 두고 분포하는 짧은 회문의 반복(Clustered Regularly Interspaced Short Palindromic Repeats, CRISPR)', 이른바 크리스퍼에 기초한 유전자 편집 기술을 사용해서 노바1 유전자의 인간 버전이 있어야 할 배아줄기세포 자리에 네안데르탈인과 데니소바인의 고대 버전을 삽입했다.[7] 그 결과, 배양 중인 이 인간 줄기세포에서 성장한 피질 오가노이드는 형태는 물론이고 분자 구성과 이 오가노이드에서 만들어진 시냅스의 기능까지도 인간 버전을 발현시키는 오가노이드의 것과 약간씩 달랐다. 조직 배양으로 미니-뇌를 연구하는 분야는 이제 막 닻을 올렸으므로 우리는 이 결과를 매우 조심스럽게 해석하고 있지만, 그러한 연구가 인간 뇌의 진화를 조사하는 새롭고 흥미로운 방법인 것은 분명하다.

언어

어떤 정신 기능이 인간과 그 밖의 동물을 구분하는가? 무엇이 우리를 인간으로 만드는가? 이 질문에 답하기 위해 철학, 비교심리학, 신경과학은 탐구와 답사를 멈추지 않는다. 다양한 개념, 즉 의식, 양심, 창의성, 자아감, 인생의 사건들이 언제 어디에서 일어났는지를 기억하는 능력, 공정한 놀이 의식과 도덕성, 난제를 해결하는 능력, 새로운 방법을 발명하는 능력, 도구 사용 등이 제시돼 왔다. 반면에 자연주의자, 동물행동학자, 신경과학자는 동물과 인간을 다르게 보는 대부분의 개념에 이의를 제기해왔다. 그들은 코끼리가 한데 모여 애도하고, 침팬지가 다른 침팬지에 새로운 기술을 가르쳐서 무리에 퍼뜨리게 하고, 사자가 하이에나에 복수하고, 새가 다른 새들의 생각을 알아채고, 동물이 불가능할 듯한 방법을 발명해서 먹이를 획득하는(예를 들어, 까마귀는 절반쯤 물이 찬 실린더 안에 먹이가 떠 있으면 수위를 높이기 위해 돌을 떨어뜨린다) 것을 본다. 이 과학자들은 또한 마카크원숭이가 경제적 결정을 내리는 것을 목격했다. 합리적 결정 이론은 다양한 위험과 보상이 주어진 상황에서 합리적으로 결정하는 인간 행동을 설명한다. 마카크원숭이들에 주어진 실험 조건은 이 현대적인 경제학 교과서에 실려 있는 정교한 수학 공식의 결과들과 일치했다.

무엇이 우리를 인간으로 만드는가에 관한 논쟁은 영원히 계속될 테지만, 언어가 인간종의 가장 진보적인 특성에 속한다는 견해가 일반적이다. 한데 과연 언어는 인간의 주특기일까? 모든 동물이 의사소통을 한다. 개미는 지나간 자리에 화학물질을 남기고, 벌은 꿀이 있는 방향과 거리를 춤으로 전달하고, 심지어 박테리아도 신호를 주고받는다. 우리와 가장 가까운 친척인 침팬지는 대단히 정교한 소통 기술을 보여준다. 한 침팬지가 가까이 다가오는 다른 침팬지와 눈을 맞추고 나서 손을 옆으로 휙 뿌리치면 그건 "가까이 오지 마!"라는 몸짓이다. 인간도 이 몸짓을 자주 사용한다. "따라와"나 "저길 봐!" 같은 그 밖의 몸짓도 우리에게 거의 직관적으로 이해된다. 침팬지는 또한 몸짓에 고함을 곁들인다. 다양한 고함을 통해서 경고, 먹이가 있는 구역, 공동체 소속, 개체의 신분, 성적 관심 등을 전달하는 것이다. 침팬지가 복잡한 소통 체계를 사용한다는 사실은 부인할 수 없다. 하지만 우리가 아는 한에서 인간의 언어는 구문론, 문법 규칙, 의미론적 구문, 추상개념 지시를 사용하는 소통 형식으로, 특히 추상개념 지시를 사용하면 우리는 복잡한 개념을 한데 엮어 지금 이 문장처럼 아주 긴 문장을 만들 수도 있다.

정교한 언어가 특별히 인간적이라면, 그 언어는 인간 뇌에서 어떤 특징을 보일까? 1861년에 프랑스 의사 폴 브로카(Paul Broca)는 '탄'이라는 별칭이 붙은 51세 환자의 뇌를 부검했다.[8] 30세에 사고를 당한 후로 탄은 한 단어밖에 말하지 못했는데, 그 단어가 바로 "탄"이었다. 그는 언어를 알아듣고 질문에 답할 줄도 알았다. 예를 들어, 13 빼기 9가 몇이냐고 물으면 그는 "탄 탄 탄 탄"이라고 말해 4를 나타냈다. 브로카는 탄의 왼쪽 대뇌피질에서 전두엽의 측후면 부위가 손상된 걸 발견했다. 곧이어 브로카는 말이 다섯 단어로 줄어든 다른 환자를 부검했다. 두 번째 환자를 부검한 뒤 브로카는 이렇게 썼다. "두 번째 환자의 손상 부위가 첫 번째 환자와 정확히 똑같다는 걸 발견한 순간 대경실색하지 않을 수 없었다."[9] 환자들이 말을 듣고 이해하긴 하지만 입으로 말하지 못하는 이 증상은 주로 그 부위, 즉 오늘날 브로카 영역이라고 알려진 부위와 관련이 있다. 그로부터 10년 후 또 다른 의사인 카를 베르니케(Carl Wernicke)는 오스트리아에서 일하던 중에 브로카 영역과 여러 면에서 보완 관계에 있는 또 다른 영역을 확인했다.[10] 오늘날 베르니케 영역이라 알려진 이 부위가 손상되면 스스로 말을 하기는 해도 남의 말이나 글을 이해하지는 못한다. 베르니케 영역이 손상된 환자들은 말을 할 때 엉뚱한 단어를 선택하고 의미가 통하지 않게 말을 한다. 예를 들어, 아침에 무엇을 먹었느냐고 물으면 그들은 이렇게 대답한다. "오래된 참나무 아래 신발 끈, 햇빛 속에서 노래해. 언제나 아주 시끄럽지, 안 그래요?" 그러면서 환자들은 자기가 적절하게 대답하고 있다고 생각한다.

인간 뇌에서 언어 생산과 이해에 관여하는 이 피질 부위들이 확인되자 다른 영장류에도 같은 뇌 영역이 있는지 묻는 것이 가능해졌다. 정답은 있다는 것이다. 원숭이의 피질에서도 브로카 영역과 베르니케 영역에 상응하는 구조, 특화된 뉴런형, 다른 영역들과의 연결 패턴, 의사소통을 개시하고 그에 반응할 때의 기능이 확인되었다. 예를 들어 마카크원숭이 뇌에서 브로카 영역에 해당하는 부위를 자극하면 입과 얼굴 움직임이 말을 할 때와 비슷해진다. 원숭이의 몸짓 소통은 브로카 영역의 활성과 연결되고, 종 특이적인 부름 소리를 들을 때는 인간이 언어를 사용할 때처럼 브로카 영역과 베르니케 영역이 함께 활성화한다. 따라서 이 두 영역은 비인간 영장류에도 존재하며, 언어로 발전할 수 있도록 연결돼 있다. 하지만 인간의 두 영역은 특히 좌뇌에서 눈에 띄게 확장됐다. 평균적인 인간 뇌는 침팬지 뇌보다 3.6배 크지만, 브로카 영역은 침팬지보다 거의 7배나 크다.

인간 뇌에서 언어 영역들은 진화를 거듭하면서 확장되고 특화됐으므로, 혹자는 갓 태어난 아기에게 이미 언어를 위한 성향이 있을지 모른다고 예상할 것이다. 실제로 신생아(생후 3일 이내)는 비인간이 지저귀는 언어보다 인간의 말을 녹음해서 들려줄 때 더 잘 반응한다. 또한 외국어보다 모국어(자궁에 있을 때 들은 언어)에 더 잘 반응하고, 모국어를 거꾸로 틀었을 때보다 정상으로 틀었을 때 더 잘 반응한다. 따라서 신생아는 이미 언어의 중요한 요소를 많이

'아는' 것으로 보인다. 뇌파 기록과 기능성 자기공명영상 연구는 아기가 언어를 들을 때 아기의 뇌에서 언어를 부호화하고 해독하는 좌뇌 피질 영역들이 밝아지는 것을 보여준다. 특히 최근의 연구에서 입증된 바에 따르자면, 좌뇌 측두엽 부위인 시각적 단어 형태 영역(글로 쓰인 단어와 철자를 인식할 때 사용되는 영역)은 태어날 때 이미 다른 언어 중추들과 선택적으로 연결돼 있다.[11] 아기는 몇 년이 더 지나도록 말과 글을 이해하거나 생산하지 못하지만, 뇌 영역들은 아기가 말이 터지기 오래전에 언어를 해독하고 생산하는 법을 배우도록 배선을 갖추는 것이다.

뇌에서 언어 연합 회로가 조기에 발달한다는 사실은 유전적 기제가 관여한다는 것을 의미한다. 그렇다면, 뇌에서 언어 발달에 중요한 역할을 하는 특정한 유전자가 발견될 가능성이 수면에 떠오른다. 언어의 유전학을 처음 들여다보게 한 사례는 몇 세대에 걸쳐 언어 장애를 보인 영국의 한 가족에서 나왔다. 이 대가족의 약 절반은 얼굴의 하반부가 특이하게 경직됐으며, 그들은 대부분 단어 하나를 완전히 발음하지 못했다. 그들은 "스푼(spoon)" 대신에 "분(boon)", "블루(blue)" 대신에 "부(bu)"라고 말했다. 어휘도 제한적이었으며, 몇 가지 언어음을 생산할 때는 명백히 어려워했다. 이 가족을 유전학적으로 연구한 결과 문제의 개인들에게는 전사인자 FoxP2를 만드는 유전자에 돌연변이가 있음이 밝혀졌다.[12] 지금까지 이들과 비슷한 언어 문제를 가진 많은 개인에게서 FoxP2 돌연변이가 발견되었다. FoxP2 돌연변이가 있는 사람은 뇌에서 뚜렷한 변화가 발견된다. 브로카 영역을 비롯한 몇몇 피질 영역의 회백질이 얇은 것이다. 언어 과제를 수행하는 동안 뇌 기능을 촬영하면 브로카 영역뿐 아니라 다른 언어 영역들까지도 정상적인 친척에 비해 활성이 낮은 것을 볼 수 있다.

　FoxP2는 인간에게만 있는 게 아니다.[13] 이 유전자는 모든 포유 동물에 존재한다. 생쥐의 FoxP2는 소리 지르기에 영향을 미친다. FoxP2 돌연변이가 있는 생쥐는 보통 쥐만큼 소리를 지르지 않으며, 소리를 지를 때는 비정상적인 소리를 낸다. 새에도 FoxP2가 있다. 금화조를 비롯한 일부 명금류의 수컷은 아비로부터 배운 노래를 부른다. 하지만 뇌에 FoxP2가 있어야만 노래 배우기와 부르기가 가능하다. 포유류와 조류 사이에서 목소리를 사용하는 소통은 FoxP2가 언어 발달에 중요하다는 걸 강하게 시사한다. 하지만 정작 과학계의 관심을 사로잡은 것은 이 유전자가 인간에 이르러 특별하게 진화했다는 점이다. 새와 생쥐는 물론이고 침팬지마저도 모두 똑같은 형태의 FoxP2 전사인자를 갖고 있다. 하지만 인간의 FoxP2는 단백질 속 아미노산 2개에 변화가 발생했다. 우리의 현존하는 가장 가까운 친척을 포함해서 모든 동물이 이 전사인자를 그렇게 보존해왔다는 사실은 영장류가 진화하던 중에 이 변화가 비교적 늦게 발생했음을 가리킨다. 네안데르탈인과 데니소바인의 조직을 대상으로 한 DNA 서열 연구에 따르면 호모사피엔스와 이종교배를 하기도 한 이 멸종한 호미닌들도 인간과 똑같은 형태의 FoxP2 유전자를 가지고 있다 하므로, 그들 역시 언어를 사용했을 가능성이 있다. FoxP2의 이러한 구조 변화가 전사인자로서의 기능에 어떤 영향을 주는지는 알려지지 않았다. 하지만 그 변화가 어면 영향을 주는 것은 분명하다. FoxP2 유전자의 인간화된 버전을 가진 새끼 생쥐는 부자연스러우리만치 낮은 음조로 소리를 지르기 때문이다![14]

현대적인 유전자 분석과 유전적인 언어 장애를 보이는 가족 및 개인의 DNA 서열화를 통해서 오늘날에는 FoxP2처럼 인간 언어에 관여한다고 확인된 유전자는 수십 개에 이른다.[15] 또한 FoxP2처럼 이 유전자들은 대부분 오로지 언어에만 관여하지 않고 다른 인지 증후군들과도 관련이 있다. 이 사실은 이 '언어 유전자들'이 뇌 발달의 다른 측면에도 관여한다는 걸 가리킨다. 이에 대한 현대적인 견해를 요약하자면, 뇌에 언어 특이적 회로를 구축하는 것은 수천 개의 유전자가 협력해야 하는 일이며, 그 유전자의 대부분은 다른 뇌 영역을 구축하는 일에도 관여한다는 것이다. 이 유전자 중 일부는 FoxP2를 포함한 중요한 전사인자들을 지정해서 다른 많은 유전자의 발현을 조절한다. 갓 태어난 아기의 특정한 뇌 영역에 세포와 회로가 풍부해져서 성장하는 아이가 그것을 토대로 언어를 알아듣고 말하고 읽고 쓰게 되는 것은 이 모든 유전자가 발달 사건, 즉 세포증식, 뉴런형 결정, 축삭돌기 길 찾기, 시냅스 형성에 작용을 가하기 때문이다.

"안녕, 귀여운 피클?" 내 손녀가 생후 몇 개월이었을 때 아이는 나를 바라보았고 때론 작고 귀여운 소리로 옹알이를 했지만, 내가 그렇게 물어도 대답하지 않았다. 아이들이 언어를 이해하기 위해서는 먼저 귀로 들어야 하고, 한동안 언어를 연습해야 한다. 그래야 지금 세 살이 된 손녀가 말하는 것과 같은 대답을 들을 수 있다.

"난 피코가 아니에요!" 금화조의 노래도 마찬가지다. 금화조는 성체가 노래하는 걸 들으면서 노래를 배우고, 기억하고, 재생하기 위해 노력한다. 영아들처럼 처음에 새끼 금화조도 분명치 않은 소리로 옹알거린다. 새끼들은 작고 불완전한 짹짹거림과 단편적인 소절들을 하나씩 소리 낸다. 하지만 시간이 흐를수록 노래를 더 잘 부르고 짧은 소절을 이어 붙이기 시작한다. 새끼 금화조는 기억 속에 각인된 아비의 노래와 스스로 부르는 노래를 완벽하게 일치시켜나간다. 생후 3개월이 될 무렵 금화조의 노래는 명확해지고 아비와 거의 비슷한 노래를 부른다. 물론 세 살 된 내 손녀와는 약간 다르다. 손녀의 말은 단순한 모방이 아니라, 내 질문의 전제를 통째로 거부하고 있지 않은가! 손녀의 뇌에서는 더 복잡한 일이 벌어지고 있는 게 분명하다.

금화조의 노래 배우기에는 결정적 시기가 있다(8장을 보라). 그렇다면 인간의 언어 배우기에도 결정적 시기가 있을까? 이 문제에 대해서 사람들은 1957년에 태어난 미국의 '늑대' 소녀, 제니의 사례를 자주 거론한다.[16] 아이를 싫어하고 소음을 참지 못하는 제니의 아버지는 20개월 된 제니를 방에 가둬버렸다. 아버지는 제니를 낮에는 화장실에, 밤에는 침대에 묶어두었다. 제니는 누구와도 소통할 수 없었고, 소리를 내면 맞거나 끼니를 걸러야 했다. 아버지역시 제니에게 말을 하지 않았고, 말 대신 제니를 향해 개처럼 짖었다. 제니는 열세 살에 경찰에 구조되어 병원에 입원했다. 제니가 열여덟 살이 될 때까지 많은 언어학자가 그녀를 연구했고, 그에 따라 이 사건은 유일무이하게 아주 잘 기록된 사례가 될 수 있었다.

제니는 몸짓 소통에는 대단히 능숙했지만, 언어 능력은 조금밖에 나아지지 않았다. 이 사례는 다음과 같은 사실을 가리킨다. 금화조처럼 인간도 초기에 언어를 듣고 생성해야만 신경 구조가 적절히 정제돼서 언어를 유창하게 해독하고 생성할 수 있는 것이다. 제니의 뇌 영상으로 알 수 있듯이 입력 신호가 없으면 뇌의 주요 언어 중추들이 위축된다. 제니는 극단적인 박탈, 학대, 영양실조의 사례이므로, 이것만으로는 확실한 결론을 내리기 어렵다. 그럼에도 인간의 언어 습득에 결정적 시기가 있을지 모른다는 생각은 모든 사람이 인정하는 사실과 맞아떨어진다. 성인은 제2언어를 배울 때 아이들보다 더 힘들어하며 아이들 사이에서도 나이가 어릴수록 제2언어를 유창하게 구사하고, 말투가 자연스럽게 흘러나온다. 제2언어를 습득하는 능력의 감소는 이른 나이에 시작된다. 이른 시기에 모국어를 배우는 단계에서도 외국어의 언어음들을 분간하는 능력이 줄어들기 때문이다. 예를 들어 미국에서 6~8개월의 아기들은 대부분 매우 비슷한 2개의 힌디어 언어음을 구별해낸다. 이 관찰 결과는 이식된 달팽이관을 통해 듣기에 접하게 된 청각장애아들을 연구한 결과와도 일치한다. 이 연구는 유년기 후기보다 유년기 초기에 달팽이관을 이식하면 언어 이해와 입말 생성이 더 빠르게 발달하는 것을 분명히 보여준다.

이상을 요약하자면, 인간 언어는 인간종 자체를 변화시켰다. 언어는 지구상의 모든 사람 사이에 정교한 소통 체계가 형성되게 했을 뿐 아니라 역사, 철학, 자연과학, 문학, 오래된 '지혜'의 전수 같은 인간 특유의 노력을 뒷받침했다. 언어는 우리가 뇌를 통해 세계를 학습한 뒤 그 정보를 기록함으로써 유전과 후성유전을 극복하고, 그렇게 해서 현재의 살아 있는 수십억 명의 타인과 미래 세대에 잠재적 영향을 미칠 수 있는 수단이다. 처음에 언어는 발달 중인 인간 뇌에서 수천 개의 유전자에 의해 만들어지는데, 그 대부분은 다른 유전자들을 조절한다. 그 유전자들이 정확한 방식으로 협력해서 인간 특유의 이 소통 방식을 인식하고 해석하고 생성할 수 있는 뇌 회로를 구축한다. 발화를 언어로 전환해서 귀로 듣거나 눈으로 읽는 언어를 해독하는 신경 알고리즘은 아직은 두터운 베일에 싸여 있으며, 그 회로가 구축되는 방식도 자세히 밝혀지지 않았다. 유아기와 유년기에 이 언어 회로는 실제 세계의 언어를 듣거나 연습하는 경험을 통해서 조정된다. 그리고 그 회로가 정제되고 조정될수록 제2언어를 유창하게 구사하는 능력은 감소한다.

비대칭

모든 동물의 뇌가 좌우대칭인 것처럼 인간 뇌 역시 거의 좌우대칭이지만 완벽한 대칭을 이루지는 않는다.[17] 인간 뇌는 양쪽 반구의 정중선을 기준으로 약간 왜곡된 거울상과 비슷하다. 우뇌에 있는 부위는 모두 좌뇌에도 있지만, 좌뇌의 특정 부위는 우뇌의 그 부위와 약간 다를 수 있다. 피질 두께, 조직학, 유전자 발현 패턴, 연결 패턴을 자세히 조사하는 해부학 연구에 따르자면, 인간의 대뇌피질은 우리의 가장 가까운 친척인 침팬지의 대뇌피질보다 더 비대칭적이다. 예를 들어, 침팬지도 우리처럼 좌뇌와 우뇌에 브로카 영역이 있지만, 그 크기가 완전히 대칭인 반면 인간은 비대칭이다.

다른 척추동물과 마찬가지로 인간 뇌에서도 우뇌는 좌반신을 감지하고 좌반신 근육을 제어하는 한편, 좌뇌는 정확히 반대쪽을 담당한다. 하지만 인간 뇌는 언어와 관련해서는 대칭이 아니다. 특별한 경우를 제외하고 언어는 왼쪽 뇌에 훨씬 더 집중되어 있다. 인간 뇌에서 발견되는 언어 편측화에 대해서 브로카는 이렇게 말했다. "우리는 좌반구로 말을 한다." 좌반구에 뇌졸중이 일어나면 우반신의 감각과 제어가 사라지고 대개 언어로 소통하는 능력도 함께 사라지지만, 우뇌에 뇌졸중이 일어나면 좌반신의 감각과 제어는 사라져도 대개 언어 능력은 그대로 유지된다.

뇌량(뇌들보)은 좌우 대뇌반구가 약 2조 개의 유수 축삭(미엘린으로 둘러싸인 축삭)을 통해 연결되는 거대한 신경로다. 1960년대에 몇몇 형태의 간질을 치료하고자 했던 신경외과의들은 뇌량에 길을 낼 때 뇌량의 모든 축삭돌기를 절단했고, 수술을 받은 일부 환자는 간질 증상이 크게 완화되었으며, 그 거대한 소통의 고속도로가 그렇게 단절된 것을 고려하면 뇌 기능이 놀라울 정도로 온전해 보였다. 그러한 수술을 받은 환자들은 '분리뇌' 환자로 불렸다. 정교한 검사를 하지 않으면 분리뇌 환자를 다른 사람과 구별하기는 거의 불가능하다. 어쨌든 신경장애나 인지장애로 진단받지 않은 많은 사람이 사후 부검에서 태어날 때부터 뇌량이 없는 사람이었다고 밝혀지기도 한다!

화학친화성 개념을 우리에게 알려준(6장을 보라) 로저 스페리도 좌뇌 대 우뇌에 강한 흥미를 느꼈다. 그런 스페리에게 분리뇌 환자들을 통해서 인간 뇌 편측화를 조사할 매우 특별한 기회가 찾아왔다. 그리고 분리뇌 환자를 검사하자 즉시 놀라운 사실이 드러났다. 언어가 완전히 좌반구에 몰려 있지 않았던 것이다. 우반구에도 언어를 이해하는 능력이 상당히 있었다. 스페리는 단어를 화면에 띄울 때 단어가 왼쪽 주시점에 보이게 해서 환자의 오른쪽 피질 반구에서만 감지될 수 있게 했다. 단어를 보여준 뒤에는 환자에게 앞에 있는 몇 가지 물건 중 하나를 고르게 했다. 예를 들어, 스페리가 '사과'라는 단어를 우뇌에 보여주면, 분리뇌 환자는 사과를 골랐다. 스페리는 그런 실험을 통해서 우반구가 '액체를 담는 용기' 같은 복잡한 구절도 이해할 수 있다는 걸 보여줬다. 하지만 실험하는 내내 말하는 좌반구는 우반구의 이러한 수행을 까맣게 몰랐고, 환자는 자신이 왜 사과나 계량컵을 골랐는지 설명하지 못했다.

스페리는 캘리포니아 공과대학교 신경생물학 강좌에서 분리뇌 환자의 우반구에 외설적인 이미지를 보여줬을 때를 학생들에게 설명했다(정확히 어떤 이미지였는지는 얘기하지 않았다). 환자는 당황하는 기색이 역력했다. 좌반구는 어떤 일이 일어났다고 느꼈지만, 그 일이 무엇인지는 알지 못했다. 그래서 환자에게 왜 얼굴이 붉어졌는지를 묻자 환자는 매우 당황스러운데 이유는 잘 모르겠다고 말했다. 분리뇌 환자의 뇌에서 두 반구는 별개의 뇌처럼 작동한다. 한 반구가 다른 반구에 접근하지 못하는 상태에서 상호 모순된 인지 작용을 동시에 가동하기도 한다. 스페리는 이렇게 표현했다. 두 반구는 "인지 영역이 거의 분리된 것처럼 보였다. 우뇌와 좌뇌는 지각, 학습, 기억을 따로따로 경험했고, 다른 반구에서 일어나는 일을 전혀 모르는 것 같았다."[18] 하나의 뇌에 2개의 반(半)독립적인 정신이 공존하는 셈이다.

뇌에서 뚜렷이 나타나는 또 다른 비대칭은 좌우 손잡이(일을 할 때 주로 쓰는 손이 오른손인가 왼손인가)다. 임신 15주경에 이르면 태아는 대부분 왼손보다 오른손을 더 많이 움직이고, 빠는 손가락도 왼손 엄지보다 오른손 엄지를 선호한다. 이 초음파 사진을 찍었던 아이들을 추적한 결과, 태아기의 이 비대칭적인 선호는 나중에 확인된 손잡이와 상관성이 높았다. 태아를 대상으로 한 신경해부학 연구와 유전자 발현 연구도 뇌의 편측성은 출생 전부터 명백하다는 점에 동의한다.

손잡이와 언어가 더 균형 잡힌 사람도 적지 않고, 역으로 비대칭인 사람도 존재한다(예를 들어, 좌뇌가 아닌 우뇌 중심의 언어). 언어 지배와 손잡이 같은 뇌 비대칭의 양상들은 상관성이 거의 없고, 그래서 왼손잡이인 사람이라도 언어 지배는 우뇌일 수도 있고 좌뇌일 수도 있다. 언어 편측화보다는 손잡이의 편측화가 더 가변적인 탓에, 왼손잡이라도 언어를 사용할 때는 대부분 좌반구를 사용한다. 따라서 각기 다른 뇌 영역의 편측화는 각기 다른 발달 기제와 관련이 있다는 걸 알 수 있다. 하지만 상호작용도 존재한다. 왼손잡이 중에는 언어 기능을 우뇌에 의존하는 사람이 더 많기 때문이다. 스페리와 동료들은 분리뇌 환자들의 다양한 인지 기능을 측정했다. 그 결과 과제가 좌반구에 주어졌을 때 높은 점수를 올린 환자들은 우반구 수행에서는 그만큼 점수가 하락하고, 반대의 경우에도 좌우 상쇄가 나타났다. 이는 편측화에 가변성 또는 유연성이 있음을 가리킨다. 이 체계의 유연성을 잘 보여주는 것이 아주 어린 나이에 좌반구에 손상을 입은 아이들이다. 우반구 대뇌피질이 언어를 넘겨받을 수 있기 때문에, 그런 아이들의 언어 능력은 대개 정상적으로 발달한다. 물론 성인이 비슷한 손상을 입었을 때는 피해가 깊어서 좀처럼 회복되지 않는다.

뇌의 편측화는 장의 편측화와 관련이 있을지 모른다고 추정해볼 수 있다. 거의 모든 사람이 좌반신에 심장, 위장, 비장이 있고 우반신에 간, 쓸개, 맹장이 있으며, 그 밖에도 내장과 혈관계에 수많은 좌우 비대칭이 있다. 놀랍게도 우리 몸의 좌우 비대칭은 임신 3주경 낭배 형성기에 섬모 몇 개의 꿈틀거림에서 시작된다. 이때 결절에서 중배엽 세포들이 배아 내부로 이동하기 시작한다(1장을 보라). 결절에서 섬모들이 동시에 움직일 때마다 결절에서 세포외 유체가 오른쪽에서 왼쪽으로 밀린다. 이 지속적인 좌방향 흐름에는 '노달(Nodal, 결절과 관련된)'이라는 적절한 이름을 가진 분비단백질이 녹아 있다. 이 좌방향 흐름의 결과로 결절의 왼쪽에 있는 세포들은 오른쪽 세포들보다 노달 신호를 더 많이 받고, 그로부터 촉발된 연쇄적인 사건이 우리의 장을 비대칭으로 배치한다. '좌우바뀜증(situs inversus)'이라는 대단히 희귀한 병은 결절에서의 섬모 운동에 관여하는 유전자에 문제가 있을 때 발생한다. 이런 사람은 모든 내장의 위치가 좌우로 역전돼 있다. 그럼에도 장기들의 기본적인 관계는 거울상처럼 바뀌어 있을 뿐 기본적으로 동일해서 좌우바뀜증이 있다 해도 딱히 병원 신세를 지지 않는다. 그런 사람의 뇌는 어떨까? 뇌도 역전돼 있을까? 아니, 그렇지 않다! 좌우바뀜증이 있는 사람의 대부분은 언어가 좌반구에 있고, 오른손잡이다. 따라서 뇌 부위의 편측화는 장기의 편측화와는 별개인 것으로 보인다.

그렇다면 뇌에서 진행되는 편측화의 발달에 관해서 우리는 얼마나 많이 알고 있을까? 첫째, 일란성쌍둥이 두 명은 편측화된 뇌 구조와 기능이 이란성쌍둥이 두 명보다 그리 더 비슷하지는 않다는 것이다. 따라서 피질 부위의 편측화에 작용하는 가변성은 유전자와 거의 무관하다고 생각할 수 있다. 대신 언어와 손잡이의 경우에 한해서 임신기에 배아가 스테로이드성 성호르몬에 노출됐을 경우 이것이 성 발달에 영향을 주는 것처럼 편측화에도 얼마간 영향을 줄 수 있다는 연구 결과가 있다. 이 결과는 여성보다는 남성들 사이에 왼손잡이가 더 많다는 사실과 일치한다. 또한 언어와 관련해서는 남성보다 여성이 약간 더 대칭적이고, 그에 따라 좌뇌에 뇌졸중이 왔을 때 남성보다 여성이 언어 장애를 더 적게 경험하는 경향이 있다. 하지만 편측화는 여전히 베일에 싸여 있다. 유전자의 역할은 작은 듯하고, 자궁 내 호르몬 노출은 얼마간 영향을 미치는 듯하다. 출생 후 경험의 역할은 거의 명백하다. 1910년대와 1920년대에 미국에서는 오른손 사용을 강조하는 사회적 압박이 있었다(몇몇 나라에서는 지금도 계속되고 있다). 그러한 환경에서는 선천적인 왼손잡이들이 어쩔 수 없이 오른손으로 글을 쓰게 된다.

후성유전학

후성유전학은 DNA 서열의 변화와 무관하게 유전자가 다른 요인들에 의해서 켜지고 꺼지는 현상을 연구한다. DNA 서열의 변화(즉, 다음 세대로 전달되는 유전적 변화)는 현대의 진화 이론을 떠받치는 토대다. 예를 들어, 유전적 변화는 인간에게 원숭이 뇌가 아닌 인간 뇌를 구축하는 데 필수적이다. 반면에 후성유전적 변화는 메틸(CH_3), 아세틸(CH_3CO) 등과 같은 몇몇 화학물질 소그룹과, DNA 또는 DNA를 염색체 속에 포장하는 '히스톤(histone)'이라는 단백질 간의 화학적 연관성과 관련이 있다. 그러한 소그룹들이 가세해서 유전자가 활성화되는 방식을 장기간에 걸쳐 변화시킬 수 있는 것이다. 예를 들어, 메틸 그룹은 DNA와 직접적이고 안정적으로 관련돼 있어서 근처에 있는 유전자의 발현에 평생 영향을 줄 수 있다. 발달기에 DNA와 히스톤에 영향을 주는 어떤 후성적 변화들은 뉴런 분화에 관여하는 유전자를 활성화하고 증식에 관여하는 유전자를 억제함으로써 뇌 발달의 시기를 조절하는 데 일조한다. 어떤 뇌종양은 그런 후성적 변화를 만드는 과정의 결손 때문에 발생하는 것으로 여겨진다.

이미 오래전에 알려진 사실이지만, 스테로이드성 성호르몬은 방금 말했듯이 뇌의 편측화에 영향을 줄 뿐 아니라 거의 모든 척추동물의 몸과 뇌에서 성차가 발달하는 것에도 영향을 미친다. 발달 중인 뇌세포는 자궁 안에서 스테로이드성 성호르몬에 노출되는

데 이 노출이 뇌세포의 염색체에 후성적 변화를 유발한다. 임신부는 호르몬, 영양분, 그 밖의 생리활성 분자의 형태로 태반을 통해 태아에게 계속 신호를 보낸다. 이 신호를 통해서 발달 중인 배아는 외부 환경 조건에 대한 정보를 얻는다. 예를 들어, 어머니가 섭취한 음식에 포함된 다양한 영양분(혹은 영양분의 결핍), 산소 수치, 스트레스와 알코올과 약물의 수치는 염색체에 메틸과 아세틸 그룹을 더하거나 제거하는 효소의 활성을 변화시키고, 그렇게 해서 뇌가 발달하고 그 후 기능하는 동안 유전자 발현에 변화를 일으킨다. 어머니로부터 배아에 후성적으로 전달되는 이 정보 덕분에 발달 중인 동물은 어머니가 경험하고 있는 환경에 더 적합한 특성을 채택할 수 있지만, 만일 환경이 변하면 후성적 변화는 안 좋은 결과로 이어질 수 있다. 후성적 변화는 대부분 배아 초기에 DNA에서 제거되므로 다음 세대는 순수한 DNA를 바탕으로 후성적 변화를 시작하게 되지만, 이 삭제를 피하는 변화도 있다. 결국 한 세대는 유전자 활성에는 관여하면서도 DNA의 서열 변화와는 무관한 방식으로 다음 세대에 잠재적인 영향을 미칠 수 있다.

과학자들은 선충을 대상으로 기아에 반응해서 나타나는 후성적 변화를 연구했다.[19] 실제 세계에서 이 동물의 삶은 대박 아니면 쪽박이다. 선충은 짧은 수명으로 여러 세대를 이어갈 수 있는 환경에서 태어날 수도 있고, 먹이가 고갈된 시기에 태어날 수도 있다. 실험실에서 한 세대의 선충을 굶주리게 하면 그 영향이 다음 몇 세대까지 존속한다. 굶주리는 조건에서는 풍족한 시기의 선충보다 더 강인하고 오래 사는 선충 집단이 출현한다. 이 상태는 마치 기아에 대한 기억 흔적과도 같이 후성적 변화를 통해 몇 세대까지 유지된다. 선충에 대한 이 실험은 제2차 세계대전 중 네덜란드 죄수를 대상으로 한 잔인한 실험을 연상시킨다. 실험 목적은 사람이 평소 칼로리의 3분의 1만으로 생존할 수 있는지를 알아보는 것이었다. 전후에 과학자들은 이 강요된 기근 중에 태어난 아이들을 연구할 수 있었다. 아이들은 태어난 후에는 굶주리지 않았음에도 평균보다 작았다. 게다가 아이들의 아이들도 체구가 작았다. 문제의 기근과 그 밖의 영양실조 사례에서 나온 상세한 기록을 보면 다음과 같은 사실도 알 수 있다. 임신기에 어머니가 굶주림을 경험하면 자식들이 심혈관계 질환 그리고 당뇨병 같은 대사질환에 걸릴 위험성이 높다는 점이다.[20]

실험실 쥐 중에는 갓 태어난 새끼를 핥고 털을 손질해주면서 젖을 뗄 때까지 자식에 정성을 쏟는 어미들이 있다. 우리는 그런 어미를 많이 핥는다는 뜻으로 '하이리커(high-licker)'라 부른다. 그런데 자식을 잘 돌보지 않는 어미들, '로리커(low-licker)'도 있다. 로리커 밑에서 자란 암컷 쥐가 성체가 되면 똑같이 로리커가 되는 경향이 있고, 반면에 하이리커 밑에서 자란 쥐는 대체로 하이리커가 된다. 이 순환은 교차 양육으로 깨질 수 있다. 예를 들어, 로리커 어미에서 태어난 암컷 쥐를 하이리커에서 태어난 새끼들 사이에 놓으면, 그 쥐는 문제없이 하이리커가 되고 자기 딸들에게 그 특성을 전해준다. 하지만 실제 세계에서는 그런 교차 양육이 일어나기 힘든 까닭에 이 특성은 초기에 각인되는 어미 돌봄(또는 방치) 효과를 통해서 다음 세대로 계속 이어진다.[21]

갓 태어난 쥐를 대상으로 DNA 메틸화의 변화를 연구한 결과, 핥기와 손질하기가 수백 개의 유전자를 별도로 조절한다는 것이 밝혀졌다. 그중 많은 유전자가 뇌 발달에 영향을 미친다. 로리커나 하이리커 어미가 키운 쥐들의 어떤 행동 변화는 뇌에서 스트레스 호르몬 수치에 관여하는 유전자의 발현과 관련이 있다. 어미 쥐가 스트레스가 많은 환경에 있을 때 그 어미는 새끼를 핥고 털을 골라주는 시간이 짧았다. 그로 인해 새끼도 스트레스를 받아서 긴장 회로가 과도하게 활성화하고 더 강해진다. 결과적으로, 새끼 쥐들이 핥아주고 털을 골라주는 시간이 적은 부모 밑에서 자라면 성체가 됐을 때 쉽게 긴장하고, 세심한 어미 밑에서 자란 쥐보다 더 쉽게 두려움을 느낀다.

무관심 속에서 자란 성인도 두려움, 부정적 감정, 사회적 억제 같은 지표에서 높은 점수를 보이는 경향이 있으며, 이는 뇌에 오래 지속되는 후성적 변화가 있음을 가리킨다. 일부 국영 탁아소에서 신생아들이 경험하는 것 같은 극단적인 모성 박탈 역시 뇌의 형태학적 변화와 관련이 있다. 그러한 형태 변화는 이후 오랫동안 환경 풍부화를 경험해도 정상으로 돌아오지 않는다. 양육자가 세심하게 돌보고 적극적으로 반응하면 초기 박탈의 감정적 효과가 어느 정도 개선되지만 말이다.

성인의 트라우마 경험도 후성유전체에 각인 효과를 남긴다. 실험쥐들에 공포를 조건화하면(전혀 두려울 것이 없는 자극과 전기 충격을 짝지으면), 수백 개에 달하는 유전자의 미엘린화에 변화가 생기고, 그에 따라 유전자 발현에도 변화가 발생한다. 심지어 생쥐 연구가 가리키는 바에 따르면, 그러한 공포 조건화가 후성유전 기제를 통해 다음 두 세대까지 전달될 수 있다고 한다. 예를 들어, 어미 생쥐에 어떤 냄새와 전기 충격을 함께 가하면 그 어미의 자식들은 똑같은 냄새를 맡은 적이 없어도 그 냄새를 두려워한다.[22] 집에서 우리는 거미 공포증을 주제로 입씨름을 한다. 언젠가 우리 딸은 예기치 않게 거미를 만나자 기겁을 했다. 딸은 자기 딸을 안고 있었고 그때 손녀 나이는 두 살이었다. 이제는 손녀도 크고 북슬북슬한 거미를 무서워한다. 내가 딸에게 어떻게 그 두려움을 갖게 됐냐고 묻자, 딸은 기억나지 않는다고 대답했다. 하지만 내 아내도 큰 거미를 보면 소리를 지르고, 그래서 나는 아마도 딸이 어머니에게서 배웠을 거라고 생각한다. 하지만 아내는 딸에게 아무도 가르치지 않았다고 주장한다. 본능적인 두려움이라는 것이다. 사실, 뱀과 거미를 두려워하는 건 충분히 그럴 만하고, 유전자로든 후성유전으로든 그렇게 프로그래밍돼 있지 않다면 그게 이상하다고 목소리를 높인다!

가변성

우리 뇌를 인간 특유의 뇌로 규정할 수 있는 건 공통된 해부학적 특징이 있기 때문이다. 하지만 인간 뇌는 편차가 상당히 크다.[23] 대뇌피질의 몇몇 해부학적 특징을 측정해보면 인간 뇌는 수많은 피질 부위의 형태, 크기, 두께가 침팬지 뇌보다 더 가변적인 걸 알 수 있다. 크기만 해도 인간 뇌는 2배까지 차이가 나고, 부위의 크기도 그에 못지않게 차이가 난다. 뇌 해부 구조에 편차가 가장 적은 사람은 일란성쌍둥이다. 하지만 일란성쌍둥이 아기를 대상으로 한 MRI 연구로 알 수 있듯이, 피질 주름 패턴의 차이를 이용하면 지문의 차이를 이용할 때처럼 쌍둥이 두 사람을 100퍼센트 정확하게 구별할 수 있다.[24] 일란성쌍둥이의 뇌가 이란성쌍둥이의 뇌보다 더 비슷하다는 사실은 뇌 구조의 가변성을 설명하는 유전적 요인을 말해주지만, 일란성쌍둥이의 뇌에서 볼 수 있는 많은 차이는 뇌 구조의 후천적 요인이나 우연 요인을 말해준다.

피질을 펼친 것과 같은 크기의 라지 피자를 두개골 안에 구겨 넣는다고 상상해보자. 대뇌피질은 성장하는 동안 통합적인 방식으로 둥글어진다. 그 결과 어떤 둔덕(뇌회)과 홈(뇌구)은 거의 모든 사람에게서 알아볼 수 있고, 일관되게 나타나서 이름을 얻기에 부족함이 없다. 예를 들어, 일차 운동피질과 일차 체성감각피질의 경계선 근처에 있는 중심구(중심고랑)는 전두엽과 두정엽을 나눈다. 하지만 피자를 구겨 넣는 그 프로그램이 완벽하게 엄밀한 건 아니어서 뇌회와 뇌구는 깊이와 길이 그리고 정확한 방향이 일정하지 않으며, 피질의 주름을 따라가다 보면 일관되지 않아서 이름이 없는 작은 뇌회와 뇌구가 산재해 있다. 사람들 사이에 피질 주름이 가장 많이 비슷한 부위(예를 들어, 중심구)는 크기와 모양이 다른 영장류와 가장 비슷하고 따라서 진화적으로 가장 오래됐다고 볼 수 있는 부위들이다. 반대로 주름에 편차가 큰 부위들은 고등한 연합영역(즉, 인간에 이르러 빠르게 확장되고 진화한 부위들)에서 발견된다.

가장 새로운 동시에 고등한 처리와 관련이 있는 피질 부위에서 편차가 더 크게 나타나는 이유는 오래된 일차감각 및 운동영역에 비해서 그 영역들의 진화사가 짧아서일 것이다.

　나이가 들면 얼굴이 변하듯이 뇌도 변한다. 화가와 컴퓨터 프로그램은 열 살 된 아이가 마흔 살이 되면 어떤 모습이 될지 합리적으로 예측한다. 마찬가지로 세월과 함께 뇌가 어떻게 변할지에 대해서도 그와 비슷한 예측이 가능하다. 멀티모달 MRI 연구에 따르면 3세에서 20세 사이에 뇌에서 일어나는 많은 변화가 실제로 예측이 가능하다고 한다. 예를 들어, 대뇌피질을 납작하게 편 것처럼 해서 표면적을 측정했을 때 3세에서 11세까지는 면적이 증가하고, 청소년기부터는 감소한다. 대뇌피질의 고등한 연합 영역들은 출생 후 가장 큰 폭으로 확장되고, 피질의 하부 영역들은 일관되게 자신만의 궤적을 보여준다. 3세에서 40세 사이에 뇌 구조는 상대적으로 크게 변하고, 그래서 걸음마 아기의 뇌와 성인의 뇌는 쉽게 구별된다. 하지만 그중 많은 변화가 어느 정도 예측할 수 있기 때문에 이 추이를 고려해서 가변성을 측정할 수 있다. 그렇게 측정했을 때, 걸음마 아기의 MRI 영상을 토대로 예측한 뇌와 그 아기가 성인이 됐을 때 측정한 뇌 사이의 편차보다는 성인들의 뇌 사이에서 나타나는 편차가 훨씬 크다.[25] 이 결과에 근거한다면, 출생 후 세계 경험은 대뇌피질의 기본적인 해부 구조에 그리 큰 영향을 미치지 않는다고 생각할 수 있다.

　인간 뇌가 왜 그토록 큰 편차를 보이는지는 아직 밝혀지지 않았다. 어쩌면 우연 때문일지 모른다. 유전자가 켜지고 꺼지는 것에서

부터 신경줄기세포가 한 번 더 분열하는지 안 하는지에 이르기까지(3장을 보라) 발달은 우연으로 충만해 있다. 일란성쌍둥이의 뇌에서 발견되는 어떤 차이들은 유전자 발현의 협응이 조금 엉성해서 그런 것일 수 있다. 또한 어떤 차이들은 유전체에 무작위로 끼어든 차이에서 비롯된 것일지 모른다. 그러한 변화로부터 많은 유전자의 발현이나 기능이 영향을 받을 수 있다. 많은 신경학적 증후군의 유전율이 높다는 사실은 한 쌍둥이가 그런 증후군을 보이면 대개 다른 쌍둥이도 그렇다는 걸 의미한다. 하지만 일란성쌍둥이라도 한 명은 그런 병으로 고생하고 다른 한 명은 그렇지 않은 경우가 있다. 유전학자들은 이렇게 불일치하는 쌍둥이를 이용해서 쌍둥이 사이에 다르게 존재하는 희귀한 유전자를 탐색해볼 수도 있다. 그런 유전자를 발견하면 조현병, 자폐증, 양극성 장애 같은 신경 질환은 물론이고 다양한 신체적 질병과 연결 지을 수도 있기 때문이다.

개성과 인간 뇌

개성과 성격은 천차만별이다. 어떤 사람은 상대적으로 소심하고, 어떤 사람은 고집이 세고, 어떤 사람은 공감을 잘하고, 어떤 사람은 사교적이지 못하고, 어떤 사람은 신중한 반면 다른 사람은 큰 위험을 흔쾌히 감수한다. 한 사람의 성격은 그런 수많은 특성의 조합으로 구성된다. 성인의 성격 특성은 세월이 흘러도 상당히 안정적이지만, 뇌 손상이나 신경퇴행성 질환은 성인의 성격을 돌연하고도 극심하게 바꿔놓을 수 있다. 아이들과 10대 청소년은 성격이 더 빠르게 변하는 것으로 보인다. 하지만 상이한 시점에서 조사하는 종단 연구를 보면, 성년기에 도달할수록 사람들은 대개 비슷한 방향으로 기운다. 예를 들어, 사람들은 대부분 어렸을 때와 비교해서 점차 더 상냥하고 정서적으로 안정된 사람으로 변한다.

성격을 연구할 때 영국과 미국의 많은 심리학자는 다원적 분석으로 확인된 5가지 특성의 점수를 사용한다. 이 점수는 평가하고자 하는 5가지 성격 유형에 큰 편차가 있음을 보여준다. 그렇다면 신생아에게도 성격이 있는지 어떻게 알 수 있을까? 아기들에게는 심리학자가 말하는 이른바 '기질'이 있다. 예를 들면, 아기가 마음을 쉽게 돌리는가 고집이 센가, 충동적인가 차분한가, 두려워하는가 겁이 없는가 등이다. 기질의 구성 요인은 5가지 성격 특성의 전조라고 볼 수 있다. 예를 들어, 억제된 성향 대 거침없는 성향(조심스러움, 무서워함, 낯선 것 회피를 고려한다)을 기준으로 해서 걸음마 유아들의 점수를 매긴 종단 연구는 더 '억제된' 아기가 성년기에 더 내향적인 사람이 된다는 것을 보여준다.[26] 1개월 된 아기들의 활성 패턴을 측정한 최근 연구에서는 이 활성 패턴과 기질적 측면의 상관관계가 발견되었다.[27]

자장가 중에 수요일의 아이는 근심이 많고 금요일의 아이는 사랑스럽다는 노래가 있다. 하지만 기질이 일찍 발현한다는 사실 그리고 일란성쌍둥이는 출생 후에 헤어졌을지라도 이란성쌍둥이보다 성격이 더 비슷하다는 사실은 적어도 성격의 일부 측면들에는 유전적 요인이 있음을 가리킨다. 그럼에도 유전학은 일란성쌍둥이의 성격 차이를 설명하지 못한다. 일란성쌍둥이의 차이 중 성격 차이는 가장 큰 편에 속한다.[28] 일란성쌍둥이는 외모보다 행동이 더 상이하다. 걸음마 유아의 기질은 성격을 나타내는 대략적인 지표일 뿐 엄밀한 결정 요인이 아니다. 실제로 성년기에 대단히 상냥한 사람이 유아기에 고집이 셌던 경우가 드물지 않다. 유전은 5가지 성격 특성에서 드러나는 차이를 절반 이하밖에 설명하지 못한다. 유전적 변화와 성격 특성을 관련짓는 유전체 연구에서는 성격 특성과 관련된 유전자 변이를 수백 개나 발견했지만, 어떤 변이도 강한 영향력을 미치지 않는 것으로 보인다. 만일 유전자가 사람들 간의 성격 차이를 설명한다면, 나머지는 무엇으로 설명할 수 있을까? 성격의 구성 요소 그리고 그 요소들이 우리 뇌에 어떻게 구현돼 있는지에 관한 자세한 이해는 아직 요원하지만, 어쨌든 비유전적인 기제가 관여하는 것이 분명하다.

경험과 박탈

8장에서 우리는 이 주제를 다룬 적이 있다. 허블과 비셀의 시각 박탈 실험 그리고 출생 직후 결정적 시기에 시각 박탈이 시각피질의 양안시성에 미치는 효과를 살펴보는 대목에서였다. 하지만 숙련된 신경해부학자라고 해도 선천적 시각장애인의 뇌와 정상인의 뇌를 쉽게 구별하지 못할 것이다. 이렇게 구조상 큰 차이가 없다는 것은 뇌의 미시적인 구조나 기능적인 연결에 차이가 없다는 걸 의미하지 않는다. 두 사람의 똑같은 뇌 영역은 겉으로는 비슷해 보여도 기능이 근본적으로 다를 수 있다.[29] 예를 들어 선천적 시각장애인의 시각피질은 손가락으로 점자를 읽을 때 활성화한다. 비시각장애인은 그렇지 않다. 시각장애인의 시각피질은 소리나 언어를 들을 때도 활성화하는 반면, 비시각장애인의 시각피질은 청각 신호나 체성감각 신호가 들어와도 거의 활성화하지 않는다. 이 관찰 결과는 이른바 '경두개자기자극술(transcranial magnetic stimulation, TMS)'을 사용한 실험 결과와 일치한다. TMS에서 사용하는 헬멧에는 윗면에 잠깐씩 켜지는 전자석(코일) 한 쌍이 달려 있다. 피질 영역을 선택해서 이 자기 펄스를 가하면 그 영역의 신경 활성이 순간적으로 차단된다. 이 자기 펄스를 시각장애인의 시각피질에 가했을 때는 대화의 흐름이 끊기는 반면, 비시각장애인에게는 그런 효과가 일어나지 않는다. 시각장애인의 뇌를 연구한 결과에 따르면 그들의 시각피질은 네 살 무렵에도 언어에 잘 반응한다. 시각피질은 심지어 태어날 때도 소리와 촉각에 반응할 가능성이 있으며, 비시각장애인 아이들의 경우 처음 몇 년 동안 시각적 입력이 이 비시각적 입력을 제거하거나 억제하는 반면, 시각장애인 아이들은 시각적 입력이 계속 유지되고 있을 가능성이 있는 것이다.

선천적인 시각장애인의 시각피질에서 볼 수 있는 변화들은 성인이 되어 시각을 잃게 된 사람들의 변화와 대조를 이룬다. 후자의 '시각' 피질은 눈이 멀게 된 후 수십 년이 지난 시점에도 입말에 반응을 보이지 않는다. 또한 시각장애아로 태어난 후 시각을 회복한 사람 역시 성인이 되어 시각을 잃은 후 다시 회복한 사람만큼 잘 보지 못한다. 이는 생애 초기에 민감한 시기가 존재하며, 이 시기에 시각장애인의 시각피질은 다른 용도에 더 잘 맞게 고정돼서 유용한 시각 정보를 처리하고 전달하는 능력이 줄었음을 의미한다. 이상과 같은 발견으로부터 내릴 수 있는 결론은 다음과 같다. 시각피질은 '시각적'일 필요가 없으며, 그쪽으로 들어오는 다른 유용한 정보를 처리할 수 있다는 것이다. 더 나아가 이 결론은 피질의 모든 영역에 적용될지도 모른다. 사실, 각기 다른 피질 영역은 고정된 기능 또는 채널에 기초한 영역이라기보다는 각기 다른 정보처리 영역이라고 생각하는 게 합리적이다.

하지만 브로드만 영역 17(일명, 일차시각피질 또는 V1)이 보통 시각 정보를 나르는 뉴런으로부터 엄청난 양의 축삭돌기를 받는다는 점은 부인할 수가 없다. 망막에서 나오는 신호는 대부분 V1 경로로 들어간다. 시각장애인의 경우 이 입력 신호는 외부 세계의 장면에 의해 활성화되지 않고, 그래서 그 신호에는 시각 정보가 담겨있지 않다. 비록 시각피질은 다른 용도로 사용되고 있지만, 이렇게 시각적 경험을 하지 못할 때는 V1의 미시적인 해부 구조에 회백질의 두께가 감소하는 극적인 효과가 발생한다. 유년기에 시각장애인의 V1은 급속히 얇아지고 이후에는 크게 변하지 않는다. 우리가 예상할 수 있듯이 성년기에 시각을 잃게 된 사람의 시각피질에서는 이렇게 얇아지는 일이 발생하지 않는다. 하지만 얇아진 것을 보완하듯이 선천적 시각장애인은 대뇌피질의 다른 영역들이 정상인보다 두꺼우며, 피질 영역들 간의 기능적 연결성에도 수많은 차이를 보인다.

캘리포니아 대학교 버클리 캠퍼스에 몸담았던 메리언 다이아몬드(Marian Diamond, 1926~2017)는 출생 후 경험이 대뇌피질의 미시적 구조에 어떤 영향을 미치는가 하는 문제에 특별히 매혹되었다. 본인 말에 따르면 그녀가 이 문제에 처음 끌리게 된 것은 도널드 헵(8장을 보라)이 해준 이야기 때문이었다고 한다. 어떤 이야기가 그녀를 솔깃하게 했을까?

어느 날 나는 우리 아이들이 반려동물로 키울 수 있도록 어린 쥐 한 쌍을 집에 데리고 왔다. 녀석들 이름은 윌리와 조너선이었다(아이들이 아니라 쥐 이름이다). 아이들은 이 쥐들을 애지중지했고, 쥐들도 아이들을 좋아했다. 윌리와 조너선은 온 집 안을 돌아다녔고, 아이들은 온종일 녀석들과 놀았다. 내 생각에 이 운 좋은 반려 쥐들은 실험실 케이지에 갇혀 사는 불쌍한 형제들에 비해 풍부하고 흥미로운 삶을 누리고 있었다. 그래서 나는 아이들의 쥐와 실험실 형제들을 모아 미로 찾기 대회를 열었다. 어떤 녀석이 먹이로 가는 길을 가장 빨리 학습할까? 여러분이 짐작한 대로다. 실험실 쥐는 반려 쥐에 상대가 되지 못했다.

다이아몬드는 이 이야기를 동료들에게 전했고, 그들은 통제된 과학적 방법으로 헵의 쥐 실험을 재현하기로 즉시 결정했다. 그들은 어린 쥐들을 두 종류의 케이지에 넣었다. '풍부화 케이지'에는 장난감이 가득하고 12마리가 함께 지내는 반면, '빈곤화 케이지'에는 다른 쥐나 장난감이 전혀 없었다. 몇 달 후 쥐들은 미로 찾기 시험을 치렀다. 헵의 반려 쥐 이야기로부터 예상할 수 있듯이 풍부화 쥐들이 훨씬 좋은 성적을 올렸다. 다음으로 다이아몬드는 풍부화 쥐들과 빈곤화 쥐들의 뇌를 현미경으로 조사했다. 그 결과 빈곤화 쥐들의 대뇌피질에서 많은 영역의 두께가 눈에 띄게 감소해 있었다.[30] 감소치는 평균 6퍼센트에 불과했지만, 피질의 큰 영역들이 일관되게 감소해 있었다. 현미경 아래 놓고 보니, 풍부화 쥐들의 피질에서는 뉴런이 더 크고, 수상돌기가 더 길었으며, 시냅스의 수와 신경아교세포의 수가 더 많은 걸 알 수 있었다. 환경 풍부화는 또한 피질의 혈관화를 증가시켜서 더 많은 산소와 영양분이 뉴런에 도달할 수 있다. 다이아몬드는 어떤 연령의 쥐라도 풍부한 환경에서 며칠만 지내면 피질 구조에 변화가 나타나지만, 가장 큰 효과는 생후 60일에서 90일 사이에 쥐들을 풍부한 환경에 노출했을 때 나타난다는 걸 발견했다. 정상적인 발달에서 이 시기는 시냅스 손실이 시냅스 형성을 압도하는 시기다. 따라서 풍부한 환경은 활성화한 새로운 시냅스를 더욱 안정화함으로써 이 하락세를 상쇄한다고 생각할 수 있다.

환경 풍부화가 뇌 구조와 기능에 미치는 영향을 조사한 최근 연구에 따르면, 환경 풍부화는 손상, 노화 그리고 몇몇 치매의 영향에 대한 회복탄력성을 높여준다. 박탈의 기본 기제는 시냅스를 약화하고 제거하는 전략을 사용하고, 풍부화의 기본 기제는 시냅스를 강화하고 유지하는 전략을 사용할 것이다. 다시 말해서, 풍부한 경험은 그 경험에 관여하는 피질 부위에서 뉴런의 연결을 살리고 풍부하게 한다고 볼 수 있다. 그에 따라 우리는 일란성쌍둥이의 뇌에서 볼 수 있는 피질 두께의 차이는 세계 경험의 차이 때문이라고 예측할 수 있다. 예를 들어, 일란성쌍둥이가 한 가정에서 자랐지만 한 명은 피아노를 꾸준히 연습해서 매우 능숙해진 반면 다른 한 명은 어렸을 때 연습을 중단했다면 두 사람의 뇌 MRI 영상이 어떨지 상상해보자. 비록 표본의 크기는 엄청나지 않지만, 그러한 연구는 음악적으로 활발한 쌍둥이들의 청각 영역 피질이 더 두껍다는 것을 밝혀냈다.[31] 피질 영역을 사용하지 않았을 때 상대적으로 두께가 감소한 것을 볼 수는 있지만, 풍부화와 연습이 뇌 영역을 두껍게 하거나 위축되지 않게 하는지는 분명치 않다. 또한 시간적 경로나 민감한 시기가 대부분의 영역에 적용되는지도 알려지지 않았다. 이 문제들은 미래의 발달신경과학자들이 도전할 과제로 남아 있다.

이상을 요약해보자. 인간과 다른 동물의 정신 기능에 수많은 유사성과 수많은 차이가 존재하는 것은 우리 뇌가 그들의 뇌와 다방면으로 비슷하기도 하고 다르기도 하기 때문이다. 모든 척추동물의 뇌는 같은 종류의 세포로 이뤄지고 같은 바우플란에 기초하지만, 진화적 시간에 걸쳐 각기 다른 뇌 부위가 상대적으로 팽창하고 세분화하고 축소된 까닭에 지구상에는 척추동물의 종만큼이나 수많은 유형의 뇌가 탄생했다. 우리 뇌에서 가장 인간적이라 할 수 있는 특징은 대뇌피질의 확장된 크기와 두께다. 대뇌피질은 적어도 해부학상으로는 인간 뇌의 지배적인 특징이다. 대뇌피질은 대단히 구역화돼 있으며 각 구역에는 분화된 기능적 회로가 있다. 이 회로들은 고등한 정보를 처리한다. 예를 들어, 인간의 특수한 소통 형식인 언어는 가장 가까운 영장류 친척들에 비해서 특별히 확장된 피질 부위와 관련이 있다. 인간 뇌의 또 다른 특징은 대뇌피질 영역들의 편측화, 주름 패턴, 영역 크기, 회백질 두께에 개인 간 편차가 대단히 크다는 것이다. 이러한 가변성의 일부(성격 차이, 인지 기능의 차이, 다양한 신경학적·정신적 증후군에 걸릴 가능성의 차이와 관련이 있다)는 유전적 차이로 설명이 된다. 다른 요인들, 즉 자궁 내 조건, 무작위의 영향, 초기 영양 공급과 유년기 경험 등도 뇌 형성에 관여한다. 마지막으로 유년기 이후에도 뇌는 계속 변하고, 시냅스 개조를 통해 자신을 업데이트한다. 인간 뇌의 진화사는 유전체에 적혀 있지만, 개인의 특별한 정신은 항상 변하는 개인 특유의 시냅스 회로에 적혀 있다. 우리 모두를 인간으로 만드는 것이 또한 우리 모두를 다른 존재로 만드는 것 같다. 모든 사람의 몸과 모든 사람의 뇌는 태어나는 순간부터 다른 모든 사람의 몸과 뇌와 다르며, 이 차이는 자궁 밖에서 우리 몸과 뇌가 마지막으로 조성되고 개인의 세계 경험을 통합함에 따라 계속 증가한다. 인간으로서 우리는 이 경험의 무대인 환경을 통제할 수 있으므로, 여러분은 침착하고 편안한 마음으로 이 책을 마무리할 수 있다. 우리는 개인의 정체성에 결정적으로 중요한 뇌라는 기관의 구조와 기능과 건강을 구축하는 일에 스스로 영향력을 행사할 수 있다.

감사의 말

먼저 도움을 준 댄 세인즈(Dan Sanes), 톰 레흐(Tom Reh), 머사이어스 랜드그래프(Matthias Landgraf)에게 진심으로 감사드린다. 세 사람은 나와 함께 《신경계의 발달(Development of the Nervous System)》을 저술했고, 이 책은 현재의 노력을 시작할 수 있는 출발점이 되었다. 이 책의 원고에 대해서 유용한 조언을 해준 모든 친구에게 감사드린다. 마리골드 애클랜드(Marigold Acland), 데이비드 베인브리지(David Bainbridge), 마이클 베이트(Michael Bate), 존 빅스비(John Bixby), 조바나 드리냐코비치 프레이저(Jovana Drinjakovic Fraser), 퍼트리샤 패러(Patricia Fara), 대니얼 필드(Daniel Field), 프레드 해리스(Fred Harris), 밥 골드스타인(Bob Goldstein), 제프 해리스(Jeff Harris), 사이먼 커스(Simon Kerss), 크리스 킨트너(Chris Kintner), 로버트 클렙카(Robert Klepka), 질레스 로렌트(Gilles Laurent),

조지프 마샬(Joseph Marshall), 조시 세인스(Josh Sanes), 돈 스코트(Dawn Scott), 폴 스나이더먼(Paul Sniderman), 마이클 스트리커(Michael Stryker), 군터 와그너(Gunter Wagner). 또한 케임브리지 대학교 클레어 칼리지에서 나의 '2020~2021 Part 1B'를 관리해준 담당자들 그리고 내 아내 크리스틴 홀트에게 감사드린다. 혹 남아 있을 문제에 대한 책임은 오로지 내 어깨 위에 있다.

이 책에 담긴 정보는 대부분 표준 교과서(아래를 보라)에 실려 있으며, 교과서에 담긴 거의 모든 과학적 발견에는 참고문헌이 달려 있다. 공간 제약으로 인해 주로 이 책의 미주에서 언급한 고전적인 논문과 최신 평론의 출처인 참고문헌만을 소개하고자 한다.

뇌 발달 교과서

L. Bianchi. 2017. *Developmental Neurobiology*. New York: Garland Science.

M. Breedlove. 2017. *Foundations of Neural Development*. Sunderland, MA: Sinauer Associates.

S. E. Fahrbach. 2013. *Developmental Neuroscience: A Concise Introduction*. Princeton, NJ: Princeton University Press.

D. J. Price, A. P. Jarman, J. Mason, and P. Kind. 2017. *Building Brains: An Introduction to Neural Development* (2nd ed.). New York: Wiley.

D. Purves and J. Lichtman. 1984. *Principles of Neural Development*. Sunderland, MA: Sinauer Associates.

M. S. Rao and M. Jacobson (eds.). 2005. *Developmental Neurobiology* (4th ed.).

New York: Springer.

D. Sanes, T. Reh, W. A. Harris, and M. Landgraf. 2019. *Development of the Nervous System* (4th ed.). Cambridge, MA: Academic Press.

뇌 진화 교과서

G. Schneider. 2014. *Brain Structure and Its Origins: In Development and in Evolution of Behavior and the Mind.* Cambridge, MA: MIT Press.

G. Streider. 2004. *Principles of Brain Evolution* (4th ed.). Sunderland, MA: Sinauer Associates.

발달생물학 교과서

M. Barresi and S. Gilbert. 2020. *Developmental Biology* (12th ed.). Oxford: Oxford University Press.

G. Schoenwolf, S. Bleyl, P. Brauer, and P. Francis-West. 2021. *Larsen's Human Embryology* (6th ed.). Amsterdam: Elsevier.

L. Wolpert, C. Tickle, and A. M. Arias. 2019. *Principles of Development* (6th ed.). Oxford: Oxford University Press.

신경과학 교과서

M. Bear, B. Connors, and M. Paradiso. 2020. *Neuroscience: Exploring the Brain* (4th ed.). Burlington, MA: Jones and Bartlett.

E. Kandel, J. Koester, S. Mack, and S. Siegelbaum. 2021. *Principles of Neural Science* (6th ed.). New York: McGraw-Hill Education.

L. Luo. 2015. *Principles of Neurobiology.* New York: Garland Science.

D. Purves, G. Augustine, D. Fitzpatrick, W. Hall, A. LaMantia, L. White, R. Mooney, and M. Platt (eds.). 2018. *Neuroscience* (6th ed.). Oxford: Oxford University Press.

L. Squire, D. Berg, F. Bloom, S. du Lac, A. Ghosh, and N. C. Spitzer (eds.). 2012. *Fundamental Neuroscience* (4th ed.). Cambridge, MA: Academic Press.

대중 과학서

K. Mitchell. 2018. *Innate: How the Wiring of Our Brains Shapes Who We Are*. Princeton, NJ: Princeton University Press.

S. Pinker. 2003. *The Blank Slate: The Modern Denial of Human Nature*. London: Penguin.

책머리에

1. E. Dickinson. 1960. *The Complete Poems of Emily Dickinson*. T. H. Johnson (ed.). Boston: Little, Brown & Co. Part 1, Life number 126.

2. S. B. Carroll. 2011. *Endless Forms Most Beautiful: The New Science of Evo Devo and the Making of the Animal Kingdom*. London: Quercus.

1. 뉴런의 탄생

1. W. Roux. 1888. "Beiträge zur Entwickelungsmechanik des Embryo. Über die künstliche Hervorbringung halber Embryonen durch Zerstörung einer der beiden ersten Furchungskugeln, sowie über die Nachentwickelung (Postgeneration) der fehlenden Körperhälfte." *Virchows Arch Pathol Anat Physiol Klin Med* 114: 113~153. Translated in B. Whittier and J. M. Oppenheimer (eds.). 1974. *Foundations of Experimental Embryology*. New York: Hafner Press, pp. 2~37.

2. H. Driesch. 1891. "Entwicklungsmechanische Studien: I. Der Werthe der beiden ersten Furchungszellen in der Echinogdermenentwicklung. Experimentelle Erzeugung von Theil-und Doppelbildungen. II. Über die Beziehungen des Lichtez zur ersten Etappe der thierischen Form-bildung." *Zeitschrift für wissenschaftliche Zoologie* 53: 160~184. Translated in B. H. Willier and J. M. Oppenheimer (eds.). 1974. "The Potency of the First Two Cleavage Cells in Echinoderm Development. Experimental Production of Partial and Double Formations." In *Foundations of Experimental Embryology*. New York: McMillan, pp. 38~50.

3. H. Spemann. 1903. "Entwickelungsphysiologische Studien am Tritonei III." *Arch f Entw Mech* 16: 551~631. H. Spemann. 1938. *Embryonic Development and Induction*. New Haven, CT: Yale University Press.

4. A. K. Tarakowski. 1959. "Experiments on the Development of Isolated Blastomeres of Mouse Eggs." *Nature* 184: 1286~1287.

5. W. B. Kristan, Jr. 2016. "Early Evolution of Neurons." Curr Biol 26: R949~R954. D. Arendt. 2021. "Elementary Nervous Systems." *Phil Trans R Soc Lond B Biol Sci* 376: 20200347. M. G. Paulin and J. Cahill-Lane. 2021. "Events in Early Nervous System Evolution." *Top Cogn Sci* 13: 25~44.

6. S. M. Suryanarayana, B. Robertson, P. Wallén, and S. Grillner. 2017. "The Lamprey Pallium Provides a Blueprint of the Mammalian Layered Cortex." *Curr Biol* 27: 3264~3277.

7. H. Spemann. 1918. "Über die Determination der ersten Organanlagen des Amphibienembryo I-IV." *Arch f Entwicklungsmech d Organismen* 43: 448~555.

8. See H. Spemann and H. Mangold. 1924. "Induction of Embryonic Primordia by Implantation of Organizers from a Different Species." Translated in *J Dev Biol* 45: 13~38. (2001).

9. H. Spemann. 1935. Nobel Prize lecture. https://www.nobelprize.org/prizes/medicine/1935/spemann/lecture/.

10. J. Holtfreter and V. Hamburger. 1955. "Amphibians." In B. H. Willier, P. Weiss, and V. Hamburger (eds.). *Analysis of Development.* Philadelphia: Saunders, pp. 230~396.

11. W. C. Smith and R. M. Harland. 1992. "Expression Cloning of Noggin, a New Dorsalizing Factor Localized to the Spemann Organizer in Xenopus Embryos." *Cell* 70: 829~840.

12. A. Hemmati-Brivanlou and D. A. Melton. 1994. "Inhibition of Activin Receptor Signaling Promotes Neuralization in Xenopus." *Cell* 77: 273~281.

13. M. Z. Ozair, C. Kintner, and A. Hemmati-Brivanlou. 2013. "Neural Induction and Early Patterning in Vertebrates." *Wiley Interdiscip Rev Dev Biol* 2: 479~498.

14. V. François and E. Bier. 1995. "Xenopus Chordin and Drosophila Short Gastrulation Genes Encode Homologous Proteins Functioning in Dorsal-Ventral Axis Formation." *Cell* 80: 19~20.

15. J. B. Gurdon, T. R. Elsdale, and M. Fischberg. 1958. "Sexually Mature Individuals of Xenopus laevis from the Transplantation of Single Somatic Nuclei." *Nature* 182: 64~65.

16. K. Eggan, K. Baldwin, M. Tackett, J. Osborne, J. Gogos, A. Chess, R. Axel, and R. Jaenisch. 2004. "Mice Cloned from Olfactory Sensory Neurons." *Nature* 428: 44~49.

17. M. Eiraku, N. Takata, H. Ishibashi, T. Adachi, and Y. Sasai. 2011. "Self-Organizing Optic-Cup Morphogenesis in Three-Dimensional Culture." *Nature* 472: 51~58. K. Muguruma and Y. Sasai. 2012. "In Vitro Recapitulation of Neural Development Using Embryonic Stem Cells: From Neurogenesis to Histogenesis." *Development Growth and Differentiation* 54: 349~357.

18. M. A. Lancaster, N. S. Corsini, S. Wolfinger, E. H. Gustafson, A. W. Phillips, T. R. Burkard, T. Otani, F. J. Livesey, and J. A. Knoblich. 2017. "Guided Self-Organization and Cortical Plate Formation in Human Brain Organ-

oids." *Nat Biotech* 35: 659~666.

2. 뇌의 건축설계

1. https://www.uclh.nhs.uk/patients-and-visitors/patient-information-pages/management-fetal-spina-bifida.

2. S. J. Gould. 1977. *Ontogeny and Phylogeny*. Cambridge, MA: Harvard University Press.

3. R. P. Elinson. 1987. "Changes in Developmental Patterns: Embryos of Amphibians with Large Eggs." In R. A. Raff and E. C. Raff (eds.). *Development as an Evolutionary Process*. New York: Liss, pp. 1~21. D. Duboule. 1994. "Temporal Colinearity and the Phylotypic Progression: A Basis for the Stability of a Vertebrate Bauplan and the Evolution of Morphologies through Heterochrony." *Dev Suppl* 1994: 135~142.

4. N. Holmgren. 1925. "Points of View Concerning Forebrain Morphology in Higher Vertebrates." *Acta Zool Stockholm* 6: 413~477.

5. J. Kaas and C. Collins. 2001. "Variability in the Sizes of Brain Parts." *Behav Brain Sci* 24: 288~290.

6. M. McKeown, S. L. Brusatte, T. E. Williamson, J. A. Schwab, T. D. Carr, I. B. Butler, A. Muir, et al. 2020. "Neurosensory and Sinus Evolution as Tyrannosauroid Dinosaurs Developed Giant Size: Insight from the Endocranial Anatomy of Bistahieversor sealeyi." *Anat Rec* 303: 1043~1059.

7. E. B. Lewis. 1957. "Leukemia and Ionizing Radiation." *Science* 125: 965~972.

8. E. B. Lewis. 1978. "A Gene Complex Controlling Segmentation in Drosophila." *Nature* 276: 565~570.

9. J. J. Stuart, S. J. Brown, R. W. Beeman, and R. E. Denell. 1991. "A Deficiency of the Homeotic Complex of the Beetle Tribolium." *Nature* 350: 72~74.

10. T. A. Tischfield, T. M. Bosley, M. A. Salih, A. I. Alorainy, E. C. Sener, M. J. Nester, D. T. Oystreck, et al. 2005. "Homozygous HOXA1 Mutations

Disrupt Human Brainstem, Inner Ear, Cardiovascular and Cognitive Development." *Nat Genet* 37: 1035~1037.

11. P. D. Nieuwkoop. 1952. "Activation and Organization of the Central Nervous System in Amphibians. Part III. Synthesis of a New Working Hypothesis." *J Exp Zool* 120: 83~108.

12. C. Nolte, B. De Kumar, and R. Krumlauf. 2019. "Hox Genes: Downstream 'Effectors' of Retinoic Acid Signaling in Vertebrate Embryogenesis." *Genesis* 57: 7~8.

13. E. Wieschaus, C. Nusslein-Volhard, and G. Jurgens. 1984. "Mutations Affecting the Pattern of the Larval Cuticle in Drosophila melanogaster: III. Zygotic Loci on the X-Chromosome and Fourth Chromosome." *Wilehm Roux Arch Dev Biol* 193: 296~307. G. Jürgens, E. Wieschaus, C. Nüsslein-Volhard, and H. Kluding. 1984. "Mutations Affecting the Pattern of the Larval Cuticle in *Drosophila melanogaster*: II. Zygotic Loci on the Third Chromosome." *Wilehm Roux Arch Dev Biol* 193: 283~295. C. Nüsslein-Volhard, E. Wieschaus, and H. Kluding. 1984. "Mutations Affecting the Pattern of the Larval Cuticle in *Drosophila melanogaster*: I. Zygotic Loci on the Second Chromosome." *Wilehm Roux Arch Dev Biol* 193: 267~282.

14. J. Briscoe, A. Pierani, T. M. Jessell, and J. A. Ericson. 2000. "A Homeodomain Protein Code Specifies Progenitor Cell Identity and Neuronal Fate in the Ventral Neural Tube." *Cell* 101: 435~445.

15. L. J. Wolpert. 1969. "Positional Information and the Spatial Pattern of Cellular Differentiation." *Theor Biol* 25: 1~47.

16. R. Nusse, A. van Ooyen, D. Cox, Y. K. Fung, and H. Varmus. 1984. "Mode of Proviral Activation of a Putative Mammary Oncogene (int-1) on Mouse Chromosome 15." *Nature* 307: 131~136.

17. D. Arendt, A. S. Denes, G. Jékely, and K. Tessmar-Raible. 2008. "The Evolution of Nervous System Centralization." *Philos Trans R Soc Lond B Biol*

Sci 363: 1523~1528.

18. M. K. Cooper, J. A. Porter, K. E. Young, and P. A. Beachy. 1998. "Teratogen-Mediated Inhibition of Target Tissue Response to Shh Signaling." *Science* 280: 1603~1607.

19. W. J. Gehring. 1996. "The Master Control Gene for Morphogenesis and Evolution of the Eye." Genes Cells 1: 11~15. W. J. Gehring. 2014. "The Evolution of Vision." *Interdiscip Rev Dev Biol* 3: 1~40.

20. M. E. Zuber, G. Gastri, A. S. Viczian, G. Barsacchi, and W. A. Harris. 2003. "Specification of the Vertebrate Eye by a Network of Eye Field Transcription Factors." *Development* 130: 5155~5167.

21. K. Brodmann. 1909. *Vergleichende Lokalisationslehre der Großhirnrinde.* Leipzig: Verlag von Johanne Ambrosius Barth.

3. 증식

1. M. Florio and W. B. Huttner. 2014. "Neural Progenitors, Neurogenesis and the Evolution of the Neocortex." *Development* 141: 2182~2194. J. H. Lui, D. V. Hansen, and A. R. Kriegstein. 2011. "Development and Evolution of the Human Neocortex." *Cell* 146: 18~36.

2. T. Otani, M. C. Marchetto, F. H. Gage, B. D. Simons, and F. J. Livesey. 2016. "2D and 3D Stem Cell Models of Primate Cortical Development Identify Species-Specific Differences in Progenitor Behavior Contributing to Brain Size." *Cell Stem Cell* 18: 467~480.

3. V. C. Twitty. 1966. *Of Scientists and Salamanders.* San Francisco: W. H. Freeman.

4. J. E. Sulston, E. Schierenberg, J. G. White, and J. N. Thomson. 1983. "The Embryonic Cell Lineage of the Nematode *Caenorhabditis elegans*." *Dev Biol* 100: 64~119. J. E. Sulston and H. R. Horvitz. 1977. "Post-embryonic Cell Lineages of the Nematode, *Caenorhabditis elegans*." *Dev Biol* 56: 110~156.

5. J. He, G. Zhang, A. D. Almeida, M. Cayouette, B. D. Simons, and W. A. Harris. 2012. "How Variable Clones Build an Invariant Retina." *Neuron* 75: 786~798.

6. D. Morgan. 2006. *The Cell Cycle: Principles of Control*. Oxford: Oxford University Press.

7. O. Warburg. 1956. "On the Origin of Cancer Cells." *Science* 123: 309~314.

8. M. E. Zuber, M. Perron, A. Philpott, A. Bang, and W. A. Harris. 1999. "Giant Eyes in Xenopus laevis by Overexpression of XOptx2." *Cell* 98: 341~352.

9. G. K. Thornton and C. G. Woods. 2009. "Primary Microcephaly: Do All Roads Lead to Rome?" *Trends Genet* 25: 501~510.

10. J. B. Angevine and R. L. Sidman. 1961. "Autoradiographic Study of Cell Migration during Histogenesis of Cerebral Cortex in the Mouse." *Nature* 192: 766~768.

11. D. S. Rice and T. Curran. 2001. "Role of the Reelin Signaling Pathway in Central Nervous System Development." *Annu Rev Neurosci* 24: 1005~1039.

12. K. L. Spalding, R. D. Bhardwaj, B. A. Buchholz, H. Druid, and J. Frisén. 2005. "Retrospective Birth Dating of Cells in Humans." *Cell* 122: 133~143.

13. A. J. Fischer, J. L. Bosse, and H. M. El-Hodiri. 2013. "The Ciliary Marginal Zone (CMZ) in Development and Regeneration of the Vertebrate Eye." *Exp Eye Res* 116: 199~204.

14. J. Altman. 1962. "Are New Neurons Formed in the Brains of Adult Mammals?" *Science* 135: 1127~1128.

15. G. Kempermann, F. G. Gage, L. Aigner, H. Song, M. A. Curtis, S. Thuret, H. G. Kuhn, et al. 2018. "Human Adult Neurogenesis: Evidence and Remaining Questions." *Cell Stem Cell* 23: 25~30.

4. 영혼의 나비

1. H. Zeng and J. R. Sanes. 2017. "Neuronal Cell-Type Classification: Challenges, Opportunities and the Path Forward." *Nat Rev Neurosci* 18: 530~546.

2. F. Jimenez and J. A. Campos-Ortega. 1979. "A Region of the Drosophila Genome Necessary for CNS Development." *Nature* 282: 310~312.

3. R. L. Davis, H. Weintraub, and A. B. Lassar. 1987. "Expression of a Single Transfected cDNA Converts Fibroblasts to Myoblasts." *Cell* 51: 987~1000.

4. S. Ramon y Cajal. 1989. *Recollections of My Life*. Cambridge, MA: MIT Press.

5. C. S. Sherrington. 1906. *The Integrative Action of the Nervous System*. Oxford: Oxford University Press.

6. S. Ramón y Cajal. 1995. *Histology of the Nervous System of Man and Vertebrates* (translated from French by Neely Swanson and Larry W. Swanson). Oxford: Oxford University Press.

7. Ramón y Cajal. *Recollections of My Life*.

8. J. Liu and J. R. Sanes. 2017. "Cellular and Molecular Analysis of Dendritic Morphogenesis in a Retinal Cell Type That Senses Color Contrast and Ventral Motion." *J Neurosci* 37: 12247~12262.

9. https://en.wikipedia.org/wiki/Sydney_Brenner.

10. D. F. Ready, T. E. Hanson, and S. Benzer. 1976. "Development of the *Drosophila* Retina, a Neurocrystalline Lattice." *Dev Biol* 53: 217~240.

11. T. M. Jessell. 2000. "Neuronal Specification in the Spinal Cord: Inductive Signals and Transcriptional Codes." *Nat Rev Genet* 1: 20~29.

12. N. Le Douarin. 1980. "Migration and Differentiation of Neural Crest Cells." *Curr Top Dev Biol* 16: 31~85.

13. J. I. Johnsen, C. Dyberg, and M. Wickström. 2019. "Neuroblastoma—A Neural Crest Derived Embryonal Malignancy." *Front Mol Neurosci* 12: 9.

14. C. Q. Doe. 2017. "Temporal Patterning in the *Drosophila* CNS." *Annu Rev Cell Dev Biol* 33: 219~240.

15. S. K. McConnell. 1991. "The Generation of Neuronal Diversity in the Central Nervous System." *Annu Rev Neurosci* 14: 269~300.

16. C. H. Waddington. 1956. *Principles of Embryology*. London: George Allen & Unwin.

17. P. M. Smallwood, Y. Wang, and J. Nathans. 2002. "Role of a Locus Control Region in the Mutually Exclusive Expression of Human Red and Green Cone Pigment Genes." *Proc Natl Acad Sci USA* 99: 1008~1011.

18. M. Perry, M. Kinoshita, G. Saldi, L. Huo, K. Arikawa, and C. Desplan. 2016. "Molecular Logic behind the Three-Way Stochastic Choices That Expand Butterfly Colour Vision." *Nature* 535: 280~284.

19. K. Yamakawa, Y. K. Huot, M. A. Haendelt, R. Hubert, X. N. Chen, G. E. Lyons, and J. R. Korenberg. 1998. "DSCAM: A Novel Member of the Immunoglobulin Superfamily Maps in a Down Syndrome Region and Is Involved in the Development of the Nervous System." *Hum Mol Genet* 7: 227~237.

20. D. Schmucker, J. C. Clemens, H. Shu, C. A. Worby, J. Xiao, M. Muda, J. E. Dixon, and S. L. Zipursky. 2000. "*Drosophila* DSCAM Is an Axon Guidance Receptor Exhibiting Extraordinary Molecular Diversity." *Cell* 101: 671~684.

21. W. V. Chen and T. Maniatis. 2013. "Clustered Protocadherins." *Development* 140: 3297~3302.

22. X. Duan, A. Krishnaswamy, I. De la Huert, and J. R. Sanes. 2014. "Type II Cadherins Guide Assembly of a Direction-Selective Retinal Circuit." *Cell* 158(4): 793~807.

5. 배선

1. R. Harrison. 1910. "The Outgrowth of the Nerve Fiber as a Mode of Protoplasmic Movement." *J Exp Zool* 9: 787~846.

2. R. G. Harrison. 1907. "Observations on the Living Developing Nerve Fi-

ber." *Proc Soc Exp Biol Med* 4: 140~143.

3. S. Ramón y Cajal. 1989. *Recollections of My Life*. Cambridge, MA: MIT Press.

4. Ramón y Cajal. 1989. *Recollections of My Life*.

5. C. M. Bate. 1976. "Pioneer Neurones in an Insect Embryo." *Nature* 260: 54~56.

6. D. Bentley and M. Caudy. 1983. "Pioneer Axons Lose Directed Growth after Selective Killing of Guidepost Cells." *Nature* 304: 62~65.

7. C. S. Goodman, C. M. Bate, and N. C. Spitzer. 1981. "Embryonic Development of Identified Neurons: Origin and Transformation of the H Cell." *J Neurosci* 1: 94~102. M. Bate, C. S. Goodman, and N. C. Spitzer. 1981. "Embryonic Development of Identified Neurons: Segment-Specific Differences in the H Cell Homologues." *J Neurosci* 1: 103~106.

8. J. A. Raper, M. J. Bastiani, and C. S. Goodman. 1984. "Pathfinding by Neuronal Growth Cones in Grasshopper Embryos. IV. The Effects of Ablating the A and P Axons upon the Behavior of the G Growth Cone." *J Neurosci* 4: 2329~2345. M. J. Bastiani, J. A. Raper, and C. S. Goodman. 1984. "Pathfinding by Neuronal Growth Cones in Grasshopper Embryos. III. Selective Affinity of the G Growth Cone for the P Cells within the A/P Fascicle." *J Neurosci* 4: 2311~2328. J. A. Raper, M. Bastiani, and C. S. Goodman. 1983. "Pathfinding by Neuronal Growth Cones in Grasshopper Embryos. II. Selective Fasciculation onto Specific Axonal Pathways." *J Neurosci* 3: 31~41. J. A. Raper, M. Bastiani, and C. S. Goodman. 1983. "Pathfinding by Neuronal Growth Cones in Grasshopper Embryos. I. Divergent Choices Made by the Growth Cones of Sibling Neurons." *J Neurosci* 3: 20~30.

9. W. A. Harris. 1986. "Homing Behaviour of Axons in the Embryonic Vertebrate Brain." *Nature* 320: 266~269.

10. J. S. Taylor. 1990. "The Directed Growth of Retinal Axons towards Surgically Transposed Tecta in Xenopus: An Examination of Homing Behaviour

by Retinal Ganglion Cells. *Development* 108: 147~158.

11. E. Hibbard. 1965. "Orientation and Directed Growth of Mauthner's Cell Axons from Duplicated Vestibular Nerve Roots." *Exp Neurol* 13: 289~301.

12. W. A. Harris. 1989. "Local Positional Cues in the Neuroepithelium Guide Retinal Axons in Embryonic Xenopus Brain." *Nature* 339: 218~221.

13. A. G. Lumsden and A. M. Davies. 1986. "Chemotropic Effect of Specific Target Epithelium in the Developing Mammalian Nervous System." *Nature* 323: 538~539.

14. E. M. Hedgecock, J. G. Culotti, and D. H. Hall. 1990. "The *unc-5*, *unc-6*, and *unc-40* Genes Guide Circumferential Migrations of Pioneer Axons and Mesodermal Cells on the Epidermis in C. elegans." *Neuron* 4: 61~85.

15. T. E. Kennedy, T. Serafini, J. R. de la Torre, and M. Tessier-Lavigne. 1994. "Netrins Are Diffusible Chemotropic Factors for Commissural Axons in the Embryonic Spinal Cord." *Cell* 78: 425~435.

16. A. Meneret, E. A. Franz, O. Trouillard, T. C. Oliver, Y. Zagar, S. P. Robertson, Q. Welniarz, et al. 2017. "Mutations in the Netrin-1 Gene Cause Congenital Mirror Movements." *J Clin Invest* 127: 3923~3936.

17. Y. Luo, D. Raible, and J. A. Raper. 1993. "Collapsin: A Protein in Brain That Induces the Collapse and Paralysis of Neuronal Growth Cones." *Cell* 75: 217~227.

18. M. Gorla and G. J. Bashaw. 2020. "Molecular Mechanisms Regulating Axon Responsiveness at the Midline." *Dev Biol* 466: 12~21.

19. W. A. Harris, C. E. Holt, and F. Bonhoeffer. 1987. "Retinal Axons with and without Their Somata, Growing to and Arborizing in the Tectum of Xenopus embryos: A Time-Lapse Video Study of Single Fibres in vivo." *Development* 101: 123~133.

20. C. E. Holt, K. C. Martin, and E. M. Schuman. 2019. "Local Translation in Neurons: Visualization and Function." *Nat Struct Mol Biol* 26(7): 557~566.

21. Ramón y Cajal. *Recollections of My Life.*

22. https://www.themiamiproject.org.

6. 발화

1. R. W. Sperry. 1945. "The Problem of Central Nervous Reorganization after Nerve Regeneration and Muscle Transposition." *Q Rev Biol* 20: 311~369.

2. C. Lance-Jones and L. J. Landmesser. 1980. "Motoneurone Projection Patterns in the Chick Hind Limb Following Early Partial Reversals of the Spinal Cord." *J Physiol* 302: 581~602.

3. R. W. Sperry. 1943. "Effect of 180 Rotation of the Retinal Field on Visuomotor Coordination." *J Exp Zool* 92: 263~279.

4. R. W. Sperry. 1943. "Chemoaffinity in the Orderly Growth of Nerve Fiber Patterns and Connections." *Proc Natl Acad Sci USA* 50: 703~710.

5. C. E. Holt. 1984. "Does Timing of Axon Outgrowth Influence Initial Retinotectal Topography in *Xenopus*?" *J Neurosci* 4: 1130~1152.

6. J. Walter, S. Henke-Fahle, and F. Bonhoeffer. 1987. "Avoidance of Posterior Tectal Membranes by Temporal Retinal Axons." *Development* 101: 909~913. J. Walter, B. Kern-Veits, J. Huf, B. Stolze, and F. Bonhoeffer. 1987. "Recognition of Position-Specific Properties of Tectal Cell Membranes by Retinal Axons in vitro." *Development* 101: 685~696. U. Drescher, C. Kremoser, C. Handwerker, J. Löschinger, M. Noda, and F. Bonhoeffer. 1995. "In vitro Guidance of Retinal Ganglion Cell Axons by RAGS, a 25 kDa Tectal Protein Related to Ligands for Eph Receptor Tyrosine Kinases." *Cell* 82: 359~370.

7. H. J. Cheng, M. Nakamoto, A. D. Bergemann, and J. G. Flanagan. 1995. "Complementary Gradients in Expression and Binding of ELF-1 and Mek4 in Development of the Topographic Retinotectal Projection Map." *Cell* 82: 371~381.

8. J. R. Sanes and S. L. Zipursky. 2020. "Synaptic Specificity, Recognition Mole-

cules, and Assembly of Neural Circuits." *Cell* 181: 536~556.

9. F. Ango, G. di Cristo, H. Higashiyama, V. Bennett, P. Wu, and Z. J. Huang. 2004. "Ankyrin-Based Subcellular Gradient of Neurofascin, an Immunoglobulin Family Protein, Directs GABAergic Innervation at Purkinje Axon Initial Segment." *Cell* 119: 257~272.

10. J. R. Sanes and J. W. Lichtman. 1999. "Development of the Vertebrate Neuromuscular Junction." *Annu Rev Neurosci* 22: 389~442.

11. J. E. Vaughn, C. K. Henrikson, and J. Grieshaber. 1974. "A Quantitative Study of Synapses on Motor Neuron Dendritic Growth Cones in Developing Mouse Spinal Cord." *J Cell Biol* 60: 664~672.

12. Y. H. Takeo, S. A. Shuster, L. Jiang, M. C. Hu, D. J. Luginbuhl, T. Rülicke, X. Contreras, et al. 2021. "GluD2-and Cbln1-Mediated Competitive Interactions Shape the Dendritic Arbors of Cerebellar Purkinje Cells." *Neuron* 109: 629~644.

13. F. W. Pfrieger and B. A. Barres. 1997. "Synaptic Efficacy Enhanced by Glial Cells in Vitro." *Science* 277: 1684~1687.

14. B. Barres. 2018. *The Autobiography of a Transgender Scientist*. Cambridge, MA: MIT Press.

15. W. A. Harris. 1984. "Axonal Pathfinding in the Absence of Normal Pathways and Impulse Activity." *J Neurosci* 4: 1153~1162. P. R. Hiesinger, R. G. Zhai, Y. Zhou, T. W. Koh, S. Q. Mehta, K. L. Schulze, Y. Cao, et al. 2006. "Activity-Independent Prespecification of Synaptic Partners in the Visual Map of *Drosophila*." *Curr Biol* 16: 1835~1843.

7. 예선 통과

1. R. R. Buss, W. Sun, and R. W. Oppenheim. 2006. "Adaptive Roles of Programmed Cell Death during Nervous System Development." *Annu Rev Neurosci* 29: 1~35. R. W. Oppenheim. 1991. "Cell Death during Development of

the Nervous System." *Annu Rev Neurosci* 14: 453~501.

2. J. E. Sulston and H. R. Horvitz. 1977. "Post-embryonic Cell Lineages of the Nematode, *Caenorhabditis elegans.*" *Dev Biol* 56: 110~156.

3. P. O. Kanold and H. J. Luhmann. 2010. "The Subplate and Early Cortical Circuits." *Annu Rev Neurosci* 33: 23~48. M. Riva, I. Genescu, C. Habermacher, D. Orduz, F. Ledonne, F. M. Rijli, G. López-Bendito, et al. 2019. "Activity-Dependent Death of Transient Cajal-Retzius Neurons Is Required for Functional Cortical Wiring." *Elife* 31: 8.

4. V. Hamburger. 1952. "Development of the Nervous System." *Ann N Y Acad Sci* 55: 117~132.

5. R. Levi-Montalcini and G. Levi. 1944. "Correleziani nello svillugo tra varie parti del sistema nervoso. I. Consequenze della demolizione delle abbozzo di un arts sui centri nervosi nell'embrione di pollo." *Comment Pontif Acad Sci* 8: 527~568.

6. V. Hamburger and R. Levi-Montalcini. 1949. "Proliferation, differentiation and degeneration in the spinal ganglia of the chick embryo under normal and experimental conditions." *J Exp Zool* 111: 457~502.

7. M. Hollyday and V. Hamburger. 1976. "Reduction of the Naturally Occurring Motor Neuron Loss by Enlargement of the Periphery." *J Comp Neurol* 170: 311~320.

8. S. Cohen, R. Levi-Montalcini, and V. Hamburger. 1954. "A Nerve Growth-Stimulating Factor Isolated from Sarcomas 37 and 180." *Proc Natl Acad Sci USA* 40: 1014~1018.

9. S. Cohen and R. Levi-Montalcini. 1956. "A Nerve Growth-Stimulating Factor Isolated from Snake Venom." *Proc Natl Acad Sci USA* 42: 571~574.

10. W. M. Cowan. 2001. "Viktor Hamburger and Rita Levi-Montalcini: The Path to the Discovery of Nerve Growth Factor." *Annu Rev Neurosci* 24: 551~600.

11. H. M. Ellis and H. R. Horvitz. 1986. "Genetic Control of Programmed Cell Death in the Nematode *C. elegans*." *Cell* 44: 817~829.

12. M. C. Raff. 1992. "Social Controls on Cell Survival and Cell Death." *Nature* 356: 397~400.

13. R. Levi-Montalcini. 1948. "Consequences of the Eradication of the Otocyst on the Development of the Acoustic Centers in the Chicken Embryo." *Schweiz Med Wochenschr* 78: 412.

14. I. Gonsalvez, R. Baror, P. Fried, E. Santarnecchi, and A. Pascual-Leone. 2017. "Therapeutic Noninvasive Brain Stimulation in Alzheimer's Disease." *Curr Alzheimer Res* 14: 362~376. D. S. Xu and F. A. Ponce. 2017. "Deep Brain Stimulation for Alzheimer's Disease." *Curr Alzheimer Res* 14: 356~361.

15. M. Denaxa, G. Neves, J. Burrone, and V. Pachnis. 2018. "Homeostatic Regulation of Interneuron Apoptosis during Cortical Development." *J Exp Neurosci* 5: 12. F. K. Wong and O. Marín. 2019. "Developmental Cell Death in the Cerebral Cortex." *Annu Rev Cell Dev Biol* 35: 523~542.

8. 정제기

1. S. S. Freeman, A. G. Engel, and D. B. Drachman. 1976. "Experimental Acetylcholine Blockade of the Neuromuscular Junction. Effects on End Plate and Muscle Fiber Ultrastructure." *Ann N Y Acad Sci* 274: 46~59. E. M. Callaway and D. C. Van Essen. 1989. "Slowing of Synapse Elimination by Alpha-Bungarotoxin Superfusion of the Neonatal Rabbit Soleus Muscle." *Dev Biol* 131: 356~365.

2. D. H. Hubel and T. N. Wiesel. 1977. "Ferrier Lecture. Functional Architecture of Macaque Monkey Visual Cortex." *Proc R Soc Lond B Biol Sci* 198: 1~59.

3. E. I. Knudsen. 1999. "Mechanisms of Experience-Dependent Plasticity in the Auditory Localization Pathway of the Barn Owl." *J Comp Physiol A* 185:

305~321.

4. K. Lorenz. 1935. "Der Kumpan in der Umwelt des Vogels. Der Artgenosse als auslösendes Moment sozialer Verhaltensweisen." *Journal für Ornithologie* 83: 137~215.

5. N. T. Burley. 2006. "An Eye for Detail: Selective Sexual Imprinting in Zebra Finches." *Evolution* 60: 1076~1085.

6. D. O. Hebb. 1949. *The Organization of Behavior.* New York: Wiley and Sons, p. 62.

7. M. Meister, R. O. Wong, D. A. Baylor, and C. J. Shatz. 1991. "Synchronous Bursts of Action Potentials in Ganglion Cells of the Developing Mammalian Retina." *Science* 252: 939~943.

8. C. J. Shatz. 1996. "Emergence of Order in Visual System Development." *Proc Natl Acad Sci USA* 93: 602~608.

9. L. A. Kirkby, G. S. Sack, A. Firl, and M. B. Feller. 2013. "A Role for Correlated Spontaneous Activity in the Assembly of Neural Circuits." *Neuron* 80: 1129~1144.

10. L. Gluck. 1996. *Meadowlands.* Hopewell, NJ: Ecco Press, p. 43.

11. J. S. Espinosa and M. P. Stryker. 2012. "Development and Plasticity of the Primary Visual Cortex." *Neuron* 75: 230~249.

12. L. I. Zhang, H. W. Tao, C. E. Holt, W. A. Harris, and M. Poo. 1998. "A Critical Window for Cooperation and Competition among Developing Retinotectal Synapses." *Nature* 395: 37~44.

9. 인간 그리고 나

1. G. Streider. 2004. *Principles of Brain Evolution.* Sunderland, MA: Sinauer.

2. A. A. Polilov. 2012. "The Smallest Insects Evolve Anucleate Neurons." *Arthropod Struct Dev* 41: 29~34.

3. D. C. Van Essen, C. J. Donahue, T. S. Coalson, H. Kennedy, T. Hayashi,

and M. F. Glasser. 2019. "Cerebral Cortical Folding, Parcellation, and Connectivity in Humans, Nonhuman Primates, and Mice." *Proc Natl Acad Sci USA* 116: 26173~26180. D. C. Van Essen, C. J. Donahue, and M. F. Glasser. 2018. "Development and Evolution of Cerebral and Cerebellar Cortex." *Brain Behav Evol* 91: 158~169.

4. M. L. Li, H. Tang, Y. Shao, M. S. Wang, H. B. Xu, S. Wang, D. M. Irwin, et al. 2020. "Evolution and Transition of Expression Trajectory during Human Brain Development." *BMC Evol Biol* 20: 72.

5. S. Benito-Kwiecinski, S. L. Giandomenico, M. Sutcliffe, E. S. Riis, P. Freire-Pritchett, I. Kelava, S. Wunderlich, et al. 2021. "An Early Cell Shape Transition Drives Evolutionary Expansion of the Human Forebrain." *Cell* 184: 2084~2102.

6. A. Levchenko, A. Kanapin, A. Samsonova, and R. R. Gainetdinov. 2018. "Human Accelerated Regions and Other Human-Specific Sequence Variations in the Context of Evolution and Their Relevance for Brain Development." *Genome Biol Evol* 10: 166~188.

7. C. A. Trujillo, E. S. Rice, N. K. Schaefer, I. A. Chaim, E. C. Wheeler, A. A. Madrigal, J. Buchanan, et al. 2021. "Reintroduction of the Archaic Variant of *NOVA1* in Cortical Organoids Alters Neurodevelopment." *Science* 371: eaax2537.

8. P. Broca. 1861. "Perte de la Parole: Ramollissement chronique et destruction partielle du lobe antérieur gauche du cerveau." *Bulletin de la Société Anthropologique* 2: 235~238. Translated in E. A. Berker, A. H. Berker, and A. Smith. 1986. "Localization of Speech in the Third Left Frontal Convolution." *Arch Neurol* 43: 1065~1072.

9. P. Broca. 1861. "Nouvelle Observation d'Aphémie Produite par une Lésion de la Moitié Postérieure des Deuxième et Troisième Circonvolution Frontales Gauches." *Bull Soc Anat* 36: 398~407.

10. C. Wernicke. 1874. *Der Aphasische Symptomencomplex: Eine Psychologische Studie auf Anatomischer Basis.* Breslau: Max Cohn & Weigert.

11. J. Li, D. E. Osher, H. A. Hansen, and Z. M. Saygin. 2020. "Innate Connectivity Patterns Drive the Development of the Visual Word Form Area." *Sci Rep* 10: 18039. C. S. Lai, S. E. Fisher, J. A. Hurst, F. Vargha-Khadem, and A. P. Monaco. 2001. "A Forkhead-Domain Gene Is Mutated in a Severe Speech and Language Disorder." *Nature* 413: 519~523.

12. M. Co, A. G. Anderson, and G. Konopka. 2020. "FOXP Transcription Factors in Vertebrate Brain Development, Function, and Disorders." *Wiley Interdiscip Rev Dev Biol* 9: e375.

13. W. Enard, S. Gehre, K. Hammerschmidt, S. M. Hölter, T. Blass, M. Somel, M. K. Brückner, et al. 2009. "A Humanized Version of Foxp2 Affects Cortico-Basal Ganglia Circuits in Mice." *Cell* 137: 961~971.

14. J. den Hoed and S. E. Fisher. 2020. "Genetic Pathways Involved in Human Speech Disorders." *Curr Opin Genet Dev* 65: 103~111.

15. J. den Hoed and S. E. Fisher. 2020. "Genetic Pathways Involved in Human Speech Disorders." *Curr Opin Genet Dev* 65: 103~111.

16. S. Curtiss. 1977. *Genie: A Psycholinguistic Study of a Modern-Day "Wild Child." Perspectives in Neurolinguistics and Psycholinguistics.* Cambridge, MA: Academic Press.

17. V. Duboc, P. Dufourcq, P. Blader, and M. Roussigné. 2015. "Asymmetry of the Brain: Development and Implications." *Annu Rev Genet* 49: 647~672.

18. R. Sperry. 1982. "Some Effects of Disconnecting the Cerebral Hemispheres." Nobel Lecture, *Biosci Rep* 2: 265~276.

19. S. C. Harvey and H. E. Orbidans. 2011. "All Eggs Are Not Equal: The Maternal Environment Affects Progeny Reproduction and Developmental Fate in *Caenorhabditis elegans. PLoS One* 6: e25840.

20. L. H. Lumey, A. D. Stein, H. S. Kahn, K. M. van der Pal-de Bruin, G. J.

Blauw, P. A. Zybert, and E. S. Susser. 2007. "Cohort Profile: The Dutch Hunger Winter Families Study." *Int J Epidemiol* 36: 1196~1204.

21. J. P. Curley and F. A. Champagne. 2016. "Influence of Maternal Care on the Developing Brain: Mechanisms, Temporal Dynamics and Sensitive Periods." *Front Neuroendocrinol* 40: 52~66. R. Feldman, K. Braun, and F. A. Champagne. 2019. "The Neural Mechanisms and Consequences of Paternal Caregiving." *Nat Rev Neurosci* 20: 205~224.

22. B. G. Dias and K. J. Ressler. 2014. "Parental Olfactory Experience Influences Behavior and Neural Structure in Subsequent Generations." *Nat Neurosci* 17: 89~96.

23. R. Toro, J. B. Poline, G. Huguet, E. Loth, V. Frouin, T. Banaschewski, G. J. Barker, et al. 2015. "Genomic Architecture of Human Neuroanatomical Diversity." *Mol Psychiatr* 20: 1011~1016.

24. D. Duan, S. Xia, I. Rekik, Z. Wu, L. Wang, W. Lin, J. H. Gilmore, D. Shen, and G. Li. 2020. "Individual Identification and Individual Variability Analysis Based on Cortical Folding Features in Developing Infant Singletons and Twins." *Hum Brain Mapp* 41: 1985~2003.

25. T. T. Brown. 2017. "Individual Differences in Human Brain Development." *Wiley Interdiscip Rev Cogn Sci* 8: e1389. A. I. Becht and K. L. Mills. 2020. "Modeling Individual Differences in Brain Development." *Biol Psychiatry* 88: 63~69.

26. B. Hagekull and G. Bohlin. 2003. "Early Temperament and Attachment as Predictors of the Five Factor Model of Personality." *Attach Hum Dev* 5: 2~18.

27. C. M. Kelsey, K. Farris, and T. Grossmann. 2021. "Variability in Infants' Functional Brain Network Connectivity Is Associated with Differences in Affect and Behavior." *Front Psychiatry* 12: 685754.

28. K. L. Jang, W. J. Livesley, and P. A. Vernon. 1996. "Heritability of the Big Five Personality Dimensions and Their Facets: A Twin Study." *J Pers* 64:

577~591. S. Sanchez-Roige, J. C. Gray, J. MacKillop, C. H. Chen, and A. A. Palmer. 2018. "The Genetics of Human Personality." *Genes Brain Behav* 17: e12439.

29. E. Castaldi, C. Lunghi, and M. C. Morrone. 2020. "Neuroplasticity in Adult Human Visual Cortex." *Neurosci Biobehav Rev* 112: 542~552. I. Fine and J. M. Park. 2018. "Blindness and Human Brain Plasticity." *Annu Rev Vis Sci* 4: 337~356.

30. M. C. Diamond, D. Krech, and M. R. Rosenzweig. 1964. "The Effects of an Enriched Environment on the Histology of the Rat Cerebral Cortex." *J Comp Neurol* 123: 111~120.

31. Ö. de Manzano and F. Ullen. 2018. "Same Genes, Different Brains: Neuro-anatomical Differences between Monozygotic Twins Discordant for Musical Training." *Cereb Cortex* 28: 387~394.

이 책은 우리 눈앞에 놓인 현미경, 배율이 어마어마한 첨단의 전자현미경이다. 그 렌즈 아래 미시적 세계가 펼쳐진다. 수정란 하나가 유사분열을 할 때마다 그 수가 2배씩 늘어난다. 그중 일부는 신경세포(뉴런)로 태어나고, 성장하면서 다른 신경세포나 근육과 연결된다. 축삭과 수상돌기 그리고 시냅스가 쉴 새 없이 만들어진다. 조금 더 깊이 들여다보면 유전자와 특수한 인자(단백질)가 보인다. 이 인자들의 도움으로 신경섬유는 적절한 신경세포나 근육을 찾아가서 짝을 이룬다. 생명체가 세상에 나오기 전, 이 모든 일이 자궁이나 알 속에서 일어난다. 뇌와 신경계는 우리의 행동과 감정, 의식과 무의식을 만들어내는 신비하기 이를 데 없는 기관이지만, 이 순간에도 전 세계 과학자들이 어둠 속에 깊이 감춰진 비밀을 하나씩 밝혀내고 있다.

먼저 저자는 신경세포의 기원으로 우리를 데려간다. 생명의 출발은 40억 년 전에 출현한 단세포생물이고, 신경세포는 35억 년 전 다세포생물과 함께 출현했다. 이 생물이 현재 지구상에 거주하는 모든 생물의 공통조상인 셈이다. 실제로 계통수를 더듬어 올라가면 인간은 유인원, 영장류, 포유동물, 양막류, 사지동물, 척추동물, 동물, 진핵생물의 후손이다. 그 모든 조상의 경험이 우리의 DNA에 부분적으로 축적돼 있다. 다시 말해서 유전자는 결국 진화적 조상들이 축적해온 경험이며, 진화적 적응이 집약된 서판이다.

뇌에 관한 책은 대부분 뇌의 기능을 다룬다. 하지만 이 책은 뇌의 물리적 구성 요소인 신경세포가 어떻게 발생하고 성장해서 우리의 신경계를 구성하는가에 초점을 맞춘다. 배아에서 신경줄기세포가 만들어지고, 신경줄기세포에서 신경세포가 만들어지는 과정은 놀랍기만 하고, 신경세포에서 나온 신경섬유가 척수를 거쳐 우리 몸 구석구석으로 길을 찾아가는 과정도 신기하기 이를 데 없지만, 그 과정을 밝혀낸 위대한 과학자들의 실험과 연구는 흔한 감정을 뛰어넘어 감탄과 존경심을 자아낸다. 그들의 끈기와 창의성이 지금 우리를 있게 만들었다는 작은 감사와 함께.

뇌과학 책을 번역하다 보면 항상 본성과 양육(또는 유전자와 경험)의 이분법이 극복돼가는 방식에 눈길이 머문다. 요즘 내가 곰곰이 생각하는 또 하나의 요소는 우연이다. 하버드 대학교 정치학과 마이클 샌델 교수는 본성과 양육 이외에 제3의 요소인 운을 강조한다. 인간의 행동은 본성과 양육 그리고 우연의 합작품이라는 것이다. 한동안 우리는 본성과 양육의 이분법에 몰두했다. 특히 유전자의 역할은 본성을 무시하고 외면한 19세기와 20세기 이데올로기의 반작용으로 최근 수십 년 동안 지나치게 부각됐다. 하지만 다윈과 진화 이론을 편견 없이 재조명하는 오늘날, 우리는 양자가 만나는 지점, 본성과 양육의 적절한 비율을 이해하고 그 역학 관계에 주목할 필요가 있다. 예를 들어, 외모와 신체는 유전자의 비중이 매우 높을 테고, 예술적 취미나 정치적 성향은 양육의 비중이 높을 것이다. 성격과 개성의 차이에서는 유전자의 영향이 절반 이하라고 한다. 여기서 우리는 샌델 교수가 우연을 강조하는 의도에 주목할 필요가 있다. 우리의 드라마 같은 삶, 그 모든 성공과 실패에는 유전자와 환경 이외에도 우연이 작용한다는 걸 깨닫고 자만을 경계하라는 겸손의 명령이자 위로의 메시지인 것이다. 사실, 인간의 삶이 우연에 크게 좌우된다는 건 문학과 예술의 오랜 주제였다. 하지만 샌델 교수는 자본주의가 늙어가고 빈부 격차가 가속화하는 이 시대에는 삶에 대한 겸손이 인간 현실에 그 어느 때보다 중요하다고 본다.

하지만 우연은 문학과 예술, 정치에만 있는 게 아니다. 뇌라는 세계에서도 삶과 죽음, 성공과 실패가 우연을 통해 이뤄진다. 이 책의 저자는 9장에서 이렇게 말한다.

인간 뇌가 왜 그토록 큰 편차를 보이는지는 아직 밝혀지지 않았다. 어쩌면 우연 때문일지 모른다. 유전자가 켜지고 꺼지는 것에서부터 신경줄기세포가 한 번 더 분열하는지 안 하는지에 이르기까지 발달은 우연으로 충만해 있다(285~286쪽).

재미있는 사실은, 저자가 일란성쌍둥이의 차이를 언급한다는 것이다. 그간 쌍둥이 연구는 본성의 존재와 유전자의 역할을 뒷받침하는 최고의 증거였다. 특히 떨어져 자란 일란성쌍둥이가 그 모든 환경의 차이에도 성인이 됐을 때 대단히 비슷한 행동과 취향을 보인다는 연구 결과는 수많은 저자의 입에서 끝없이 강조되었다. 하지만 저자는 쌍둥이의 뇌에도 많은 차이가 있으며 그러한 차이는 뇌 구조의 후천적 요인이나 우연 요인을 말해준다고 지적한다. 다시 한번 말하지만, 특히 개성과 성격의 차이는 유전에 의해서는 절반 이하밖에 설명되지 못한다. 나머지는 유전자 바깥의 영역, 즉 환경과 우연이 지배하는 것이다.

언젠가는 유전자가위기술(CRISPR)을 활용해서 인간의 문제를 해결할 날이 올지 모른다. 하지만 현재 우리가 통제할 수 있는 것은 환경적 요인뿐이므로, 유전자를 탓(또는 자랑)하거나 운을 원망(또는 감사)하는 것은 문제 해결에 도움이 되지 않는다. 그럼에도 이 요인들의 역할과 비중을 제대로 이해한다면, 질병을 비롯한 인간의 문제를 개선하고자 할 때 실패와 낭비를 줄여 효율적으로 대처하고, 더 나아가 갈수록 희소해지는 겸손과 위로의 미덕을 회복하지 않을까 하고 조심스럽게 예측해본다. 이 책에 그려진 신경세포의 미시적 세계가 그러한 삶의 가치를 다시 한번 생각하게 한다.

2024년 봄
김한영

뉴런의 정원

초판 1쇄 인쇄 2024년 5월 8일
초판 1쇄 발행 2024년 5월 18일

지은이 윌리엄 A. 해리스
옮긴이 김한영
펴낸이 최순영

출판2 본부장 박태근
지적인 독자 팀장 송두나
편집 김예지
교정교열 장미향
디자인 김준영

펴낸곳 ㈜위즈덤하우스   **출판등록** 2000년 5월 23일 제13-1071호
주소 서울특별시 마포구 양화로 19 합정오피스빌딩 17층
전화 02) 2179-5600   **홈페이지** www.wisdomhouse.co.kr

ISBN 979-11-7171-197-0 03400